シリーズ：最適化モデリング 5

日本オペレーションズ・リサーチ学会 監修
室田一雄・池上敦子・土谷　隆 編

モデリングの諸相
― ORと数理科学の交叉点 ―

山下　浩・蒲地政文・畔上秀幸・斉藤　努
枇々木規雄・滝根哲哉・金森敬文　共著

近代科学社

◆ 読者の皆さまへ ◆

平素より，小社の出版物をご愛読くださいまして，まことに有り難うございます．
㈱近代科学社は1959年の創立以来，微力ながら出版の立場から科学・工学の発展に寄与すべく尽力してきております．それも，ひとえに皆さまの温かいご支援があってのものと存じ，ここに衷心より御礼申し上げます．

なお，小社では，全出版物に対してHCD（人間中心設計）のコンセプトに基づき，そのユーザビリティを追求しております．本書を通じまして何かお気づきの事柄がございましたら，ぜひ以下の「お問合せ先」までご一報くださいますよう，お願いいたします．

お問合せ先：reader@kindaikagaku.co.jp

なお，本書の制作には，以下が各プロセスに関与いたしました：

・企画：小山　透
・編集：石井沙知
・組版：藤原印刷（LaTeX）
・印刷：藤原印刷
・製本：藤原印刷
・資材管理：藤原印刷
・カバー・表紙デザイン：川崎デザイン
・広報宣伝・営業：冨髙琢磨・山口幸治・西村知也

●本書に記載されている会社名・製品名等は，一般に各社の登録商標または商標です．本文中の©, ®, ™等の表示は省略しています．

・本書の複製権・翻訳権・譲渡権は株式会社近代科学社が保有します．
・ JCOPY 〈（社）出版者著作権管理機構 委託出版物〉
本書の無断複写は著作権法上での例外を除き禁じられています．
複写される場合は，そのつど事前に（社）出版者著作権管理機構
（電話 03-3513-6969 FAX 03-3513-6979，e-mail: info@jcopy.or.jp）
の許諾を得てください．

刊行にあたって

　日本オペレーションズ・リサーチ学会創立60周年記念事業の一つとして，ここに「シリーズ：最適化モデリング」を刊行する．

　最適化は「モデリング」と「アルゴリズム」と「数理」の三つの要素から構成され，これらは切り離すことができない緊密な関係にある．その精神は，Dantzigの教科書をはじめとする斯界の名著においても繰り返し述べられ，表現されている通りである．

　しかし，最近は，最適化という言葉に対し，アルゴリズムと数理だけを想像する向きも少なくない．本シリーズでは，上に述べた「最適化の原点」に戻ることも含め，最適化とモデリングについて，あらゆる角度から議論して考察する．最適化の思想に基づく様々なモデリングを幅広く対象として扱い，学問としての最適化モデリングの深化を目指す．

　第1巻では，モデリングに関する幅広い視点での議論を紹介し，第2巻以降では，いくつかの研究テーマを対象に，モデリングの視点で，問題や解決方法，そして，それらのベースとなる基本モデルやアルゴリズムに関する知識や話題を紹介する．本シリーズが「問題解決や研究の原点とは」を問いかけることで，読者にとっての新しい視点を見つける一助となれば幸いである．

編集委員
室田一雄・池上敦子・土谷 隆

はじめに

「シリーズ：最適化モデリング」第5巻である本書『モデリングの諸相』では，最適化モデリングやオペレーションズ・リサーチ(OR)とかかわりの深い分野を取り上げ，第一線で活躍されている研究者の方々に「モデリング」をキーワードとして分野の紹介とご自身の研究も交えてご執筆いただいた．

取り上げられている分野はモデリングシステム，データ同化，最適設計，現場におけるモデリング，金融工学，待ち行列，機械学習と多岐に渡る．このように幅広い分野の本格的論説が一冊に自然な形で収められているのも本シリーズの特色の一つである．それぞれお忙しい中を充実した素晴らしい論考をご寄稿いただいた執筆者の皆様に改めて心より感謝の意を表したい．

各章の難易はさまざまである．各々の論考が経験に裏打ちされた含蓄の深いものであることはいうまでもないが，気楽に寝ころびながら読んで楽しめるものもあれば，きっちりと読破するにはそれなりの数理的素養を必要とされるものもある．数式が多く難し目に見える論考も「数式はイメージを膨らませるための図のようなものだ」と思って眺めれば結構楽しく読めるものなので，ぜひ，数式の間に込められた，著者からのモデリングに対するメッセージを受け取っていただけたらと思う．もちろん，紙と鉛筆を手にして式を追うように丁寧に読んでいただけば，読者の数理モデリングの世界が一段と深まり拡がることはうけあいである．一見親しみやすく書いてある論考も，深い経験に基づくものであり，全ての読者にとって触発される点が多いものと確信している．如何様に読んでも何かが得られる．そのような力作が集められているのが本書である．

個別の論考を楽しんでいただく一方で，少し引いた視点で本書全体を眺めていただくのも一興ではないだろうか．モデリングの現在の一断面がそこにあるといえなくもない．ここでは二つの論点を指摘したい．

一つは，ヨコ型とタテ型の相克である．ORや最適化は問題解決型のいわば

はじめに

ヨコ型分野である．それに対し，建築，機械，金融，気象・海洋などの具体的な対象を持つタテ型分野がある．最適化はいろいろな分野で必要とされるが，個別分野における最適化と専門分野としての最適化の関係は微妙である．最適化を単なる道具として使うのではなく，モデリングの段階から最適化の専門家と一緒に考えることが問題解決には有効である，ということはしばしばいわれることである．他の OR 的手法も然りである．副題の『OR と数理科学の交叉点』はタテ型とヨコ型分野の交わるところの混沌の面白さと悩ましさを象徴的に表したものである．

もう一つは，予測等に用いられるモデルと意思疎通を行う手段としてのモデルの相克である．21 世紀に入り後者の役割がより重要になってきている．この文脈においては，モデルは共有されるイメージであり，それを記述し伝えるための言語が数学である．そこにおいては数学は「真理を非常に精密に記述できる特別な言語である」というよりは意思疎通の手段としての日常言語と同じような効用と限界を持つものであり，それは，後者のモデルの効用と限界に直結しているのである．この点は，モデルを活用していくにあたり，社会全体でもっと強く意識されて然るべきであろう．二つのタイプのモデルの差異を自覚しつつ両者の調和を図ることは，社会的存在としての科学技術にとって重要な課題の一つであり，さらに，数理モデルが意思決定や政策決定にどのような形で生かされていくのが理想的であるか，という大きな論点にも繋がっていく．

本書は世の中のさまざまなモデルについて論じている点で「多様性」に重きをおいた本である．発展途上の若い読者の皆様には，ゼミでもするような形で議論しながら読んでいただいて，多彩なモデリングの世界の広がりと面白さをしかと実感して夢を膨らませてもらえれば嬉しく思う．また，既に経験のある研究者や技術者の方々におかれては，本書が普段慣れ親しんだ分野を新鮮な気分で新たな方向から見つめ直すきっかけとなり，さらに新しいモデルやシステムの創造へと繋がっていくようなことがあれば，それは望外の幸せである．

2016 年 8 月

室田一雄・池上敦子・土谷　隆

目 次

はじめに... v

1章　モデリング環境とORモデリングの展望 (山下 浩)
1.1　はじめに 1
1.2　最適化モデリング環境の構成要素 2
1.3　モデリング言語 4
1.4　いくつかの試み 23
1.5　モデリング環境の未来 29

2章　データ同化：海洋での大規模最適化の例のインフォーマルなイントロダクション (蒲地政文)
2.1　はじめに 35
2.2　データ同化とは 35
2.3　海洋をとりまく最適化の応用例 43
2.4　まとめ 55

3章　最適形状設計 (畔上秀幸)
3.1　はじめに 57
3.2　簡単な最適設計問題 59
3.3　最適形状設計問題 68
3.4　おわりに 90

目 次

4章　現場でのモデル化 (斉藤　努)
- 4.1　はじめに ... 95
- 4.2　背景 ... 95
- 4.3　学び方 ... 99
- 4.4　OR の心得 ... 111
- 4.5　最適化事例 ... 113
- 4.6　最適化の未来 ... 124

5章　金融工学とモデリング (枇々木規雄)
- 5.1　はじめに ... 127
- 5.2　ポートフォリオ最適化モデリング ... 129
- 5.3　1期間ポートフォリオ最適化 ... 137
- 5.4　多期間ポートフォリオ最適化 ... 149
- 5.5　まとめ ... 155

6章　待ち行列 (滝根哲哉)
- 6.1　はじめに ... 159
- 6.2　系内客数分布と構造化されたマルコフ連鎖 ... 170
- 6.3　待ち客が途中退去する待ち行列モデル：M/G/1+G ... 185
- 6.4　おわりにかえて ... 199

7章　統計的機械学習における損失関数とリスク尺度
(金森敬文)
- 7.1　はじめに ... 203
- 7.2　統計的判別問題 ... 203
- 7.3　学習アルゴリズム：サポートベクトルマシン ... 208
- 7.4　判別のための凸損失関数 ... 215
- 7.5　数理ファイナンスにおけるリスク尺度 ... 218
- 7.6　リスク尺度 OCE を用いる学習アルゴリズム ... 222
- 7.7　おわりに ... 236

索　引	239
著者紹介	243

1章

モデリング環境と
ORモデリングの展望

●●● 山下　浩

1.1　はじめに

　オペレーションズリサーチの各分野，最適化に限らず広く数理的な方法で問題解決を目指す分野においては，対象の的確なモデリングは最も重要なテーマの一つである．私の会社では数理科学的手法を現実の問題解決に適用するためのソフトウェアを開発して実際の問題解決にあたる，あるいは，そのソフトウェアを広く利用してもらうということをビジネスにしている．この分野で数少ない日本製のソフトウェアであるが，何とか国内のみならず広く海外にも普及させたいと常日頃思って活動してきた．私自身は，最適化のアルゴリズムの研究あるいはそれを実際問題に応用するためのソフトウェアの開発にはじまって，流行の言葉で言えば，データサイエンス的なアプローチで現実社会の問題解決を図るための統合プラットフォームの構築に進んできた．それらは，最適化に限らず，統計科学的手法，データマイニング，テキストマイニング，（離散/連続/エージェント）シミュレーションなどを含むものである．モデリングという行為を広く捉えると，最適化以外にこのプラットフォームで行われるものが多く含まれることになり，それはそれで興味深い議論が可能と思われるが，ここではこのシリーズの本来の目的に沿って最適化の周辺に関する話題に絞ることにする．最後にモデリングの将来展望に関する議論でもう少しこの話題に触れることになる．

　ユーザーの問題解決コンサルティングに際しては，当然のことながら個々の対象の具体的モデル化が必須のこととなり，さまざまな分野でのモデリングの各種ノウハウが私の周辺でも蓄積してきた．もちろん，これらの具体的なノウハウは重要であるが，これらのソフトウェアを開発していく過程でモデリング

のための環境・ツールが同様に重要であると確信するようになった．この章では主にこれらのモデリングを実施する環境・ツールについて私の個人的体験を通して述べることにして，各分野でのモデリングノウハウに関しては，本シリーズの各書あるいは本書の各章に譲りたい．ひとつ強調したいのは，このようなツールの実現・実用化に至るまでにはさまざまな関連技術・周辺状況の成熟・進歩が不可欠ということである．この事情を理解してもらうために少し回り道をしながら話を進めたい．

1.2 最適化モデリング環境の構成要素

　まず最適化を目的としたモデリングのための環境の具体例を少し述べて，読者にイメージを持ってもらうことにしよう．極めて単純化して言ってしまうと，コンピューターのデスクトップに向かって，最適化モデルを作り上げ，実際に最適化計算を行い，その結果を見てモデルを修正するというサイクルが基本であろう．十分に満足のいく結果が得られたときにこのサイクルは終わって，最適化の計算結果を元に何らかの意思決定がなされ，具体的なアクションに移るであろう．それぞれのフェーズでどんなことが行われるか，どんな機能が必要になるか，挙げてみる．

(1) 最適化モデルを作る
　通常，最適化モデルは以下で述べるモデリング言語によって記述されることが多い．モデリング言語を使わない方法については，この章の後半でその可能性について述べ，またモデリング言語の詳細な使用法は1.3節に譲るとして，まず大まかにどんな作業になるか考えてみよう．
　具体的なモデルは一から作られる場合もあるが，既存のモデルの修正によって新しいモデルが作られることも多い．したがって，モデリング環境のデスクトップにはモデルライブラリと言われるものが必須となる．多くの完成品モデルやモデルの部品の倉庫である．これらから，適宜関連する部品を持ってきてつなぎ合わせるような作業が行われるであろう．また，大規模なモデルでは，モデルのモジュール化・階層化が必要ともなるであろう．モデルに使われるデータも別途用意する必要があり，これらのデータとモデルの中のオブジェクトを

関連付ける作業も必要となる．

　これらの作業を能率よく行うためのユーザーインターフェース，そして細部の記述を補助するエディティング環境などが必須のものとなる．

(2) 最適化計算を行う

　一応モデルの形が多少なりとも出来上がったら，まずは最適化計算を試みる．実行の前に，モデルが文法的に正しく書けているかどうかのチェックがシステムによって当然なされ，誤りがある場合はモデル作成作業に戻る．初心者の場合は，このサイクルが長くなるかもしれない．最適化の実行の前に，各種データが正しくセットされているかどうかのチェックも必要になるであろう．最適化のアルゴリズムは自動的に選択される場合もあるし，ユーザーが指定する場合もあろう．複雑なモデルの場合は，いわゆるデバッグ的な計算もあり得るし，長時間の計算の場合は適宜中断して途中結果を見ることも必要になろう．また，計算過程を（数字やグラフで）レポーティングして，ユーザーに最適化がどの段階にあるか理解させる機能も必要であろう．

　最適化計算が期待通り終了しない場合も多々ある．その原因はさまざまであろうが，たとえば設定した制約条件をみたす点が求まらない場合もある．いわゆる実行不可能問題かもしれないし，単にアルゴリズムが失敗したのかもしれない．このような場合にその原因を手際よく探るための手段も必要となるであろう．

(3) 結果を見る

　最適化計算が無事終了したら，まずはその結果を見ることになるが，十分な精度で終了したかどうか，チェックする必要がある．必要な精度で最適解らしいものが求まった場合には，その値をさまざまな観点から眺めることになる．目的関数の値，変数や双対変数の具体的な値，どの制約条件が効いているか，などなど．これらを表の形で見る場合もあるし，ざっと概観したい場合にはグラフにしてみる場合もあるだろう．

　以上述べた以外にも色々な側面・作業があり得るが，大まかにはこのようなものであろう．図1.1にNuorium環境[9]の1シーンを示してある．上記の作

1章 モデリング環境と OR モデリングの展望

業のすべてではないが，同様な作業を効率的に行うために開発中のソフトウェアである．Nuorium は Numerical Optimizer パッケージ [8] に付属したものであるが，各種数理計画パッケージには同様な環境が提供されていることが多い．独立した環境としては AIMMS [1] が良く知られている．

図 1.1 Nuorium モデリング環境

1.3 モデリング言語

本章で述べるモデリングのためのさまざまなツールの背後に存在するものとしてモデリング言語がある．ある意味で，あらゆる最適化モデリングツールの中心にある必須の存在である．それは，各モデリングツールが色々と異なったユーザーインターフェースを持っていたとしても，その背後にモデリング言語が存在していると言う意味である．

筆者が最適化のアルゴリズムに興味を持って，自分なりのアルゴリズムを考えたり，そのプログラムを作ったりし始めた頃（大昔）は，「数値計算は FOR-

TRAN」の時代であった．現在は，FORTRAN の代わりに C, C++, Python などがよく使用されるが，以下の事情は同じである．非線形のモデルを計算機に教えるためには，関数の非線形部分を目的関数と制約条件の数だけ計算するプログラムを具体的に書いてやる必要があった．偏導関数が必要なアルゴリズムには，上記の関数一つずつに対して変数の数だけ偏導関数を書かなくてはいけない．2 階偏導関数が必要な場合にそれを間違いなくコーディングするのは，超人的な能力を要する作業である．

　線形計画問題は基本的に係数行列を何らかの形で定義すればよいので，事情はもう少し簡単だった．MPS ファイルという形式で係数データを定義してやれば基本的に問題定義はできたことになる．しかし，この場合も問題（モデル）全体の構造などが一見して分かるようにはなっていない．データファイルを見ただけでどんなモデルか理解できる人は稀であろう．

　このような状況から脱するために，最適化モデルを記述するためのモデリング言語の必要性が徐々に明らかになってきた．以下では我々の開発した SIM-PLE(System for Interactive Modeling in Programming Language Environment) モデリング言語 [10, 12] について詳しく述べるが，開発を始めた 1995 年頃には既存のモデリング言語として GAMS [4] と AMPL [3] が代表的なものとして存在していた．最近では，それぞれの最適化パッケージに付属したモデリング言語も各種存在するようになった．文法の細部はそれぞれの言語で異なっているが，典型的なモデリング言語では大規模問題を扱うために集合とその要素の概念を採用したり，モデルとデータを分離してモデルの汎用化を図るあたりは共通している．

1.3.1　高速自動微分

　話を非線形モデルの偏導関数の計算に戻す．これを機械に教えることが実際の応用においてバリヤになっていたことは上で述べたとおりである．この流れの中での技術革新は高速自動微分 (FAD: Fast Automatic Differentiation) の技術であろう．

　高速自動微分とは，「任意」の表式によって定義された関数の偏導関数の値を鎖律 (chain rule) を適用して「自動的」に「高速」に求める方法で，数値微分

1章 モデリング環境とORモデリングの展望

の精度の問題や数式処理の計算の手間の問題をクリアする，ある意味で画期的な実用技術である．基本原理は古くから知られていたが，1980年代初めから活発な研究が行われるようになった．日本では，伊理（久保田）グループが精力的に研究をしてきた．詳しくは，[6]を参照されたい．また，最近の発展については[5]が詳しい．高速自動微分の実装の多くは，関数を計算するプログラムから偏導関数を計算するプログラムを自動生成するものであるが，以下の文脈でのモデリング言語内での実装では，数理モデルの内容から必要な導関数を内部で計算可能とするものである．

以下で，基本的な仕組みを簡単に述べるが，詳しくは前述の参考文献[6]を参照されたい．ここでの記述もこの文献に沿ったものである．簡単のために，あるひとつの関数fの計算を例にとって，どのようにしてその導関数を（高速に）自動的に計算することが可能となるかを述べる．

(1) 基本演算

基本演算とは，四則演算や初等関数など

$$+, -, \times, /, \sqrt{}, \exp, \log, \sin, \cos, ...$$

の単項演算 (unary operation) や2項演算 (binary operation) の集まりと定義される．そして，関数fを計算する手続きが基本演算と条件分岐によって書かれていると仮定する．すなわち，関数計算がプログラムとして与えられているとする．

(2) 計算グラフ

計算グラフ (computational graph) とは，関数$f(x_1, ..., x_n)$の計算を基本演算の積み重ねとみなし，その計算過程をグラフとして表したものである．そのために，基本演算が行われる度に，その結果を格納する中間変数を導入する．したがって，基本演算は元の変数あるいは中間変数に対して実行されることになる．以下に，関数$f(x_1, x_2, x_3)$：

$$f(x_1, x_2, x_3) = \frac{x_2 \cdot \sin(x_3)}{1 + \exp(x_1)}$$

を例にして,その計算過程と対応する計算グラフを作ってみる.この関数 $f(x_1, x_2, x_3)$ を計算する過程は

$$v_1 = \exp(x_1)$$
$$v_2 = 1 + v_1$$
$$v_3 = \sin(x_3)$$
$$v_4 = x_2 \cdot v_3$$
$$f \leftarrow v_5 = v_4/v_2$$

のように分解される.そして,この過程を計算グラフに表すと,図 1.2 のようになる.

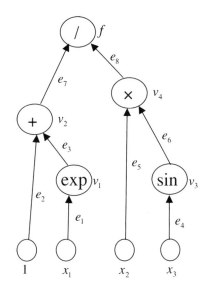

図 **1.2** 計算グラフ

(3) 計算グラフ (V, E)

もう少し厳密に計算グラフを定義すると,以下のようになる.グラフの頂点の集合 V は,計算過程に現れる入力変数,中間変数,定数からなる.頂点には,計算の順序を表す半順序関係がある.あるステップの基本演算に対して,引数

1章　モデリング環境と OR モデリングの展望

に対応する頂点を始点にして演算結果を終点とする有向枝を作る．そのような有向枝の集合を E とする．そして，ある基本演算の結果となる中間変数のその引数に対する偏導関数を「要素的偏導関数」と呼ぶ．枝に要素的偏導関数を対応づける関数を $d: E \to \mathbf{R}$ とする．上の例では，V と E は

$$V = \{x_1, x_2, x_3, 1, v_1, v_2, v_3, v_4, f\}$$
$$E = \{e_1, e_2, e_3, e_4, e_5, e_6, e_7, e_8\}$$

となり，要素的偏導関数 $d(e)$ は

$$d(e_1) = v_1, d(e_2) = 1, d(e_3) = 1, d(e_4) = \cos(x_3)$$
$$d(e_5) = v_3, d(e_6) = x_2, d(e_7) = -f/v_2, d(e_8) = 1/v_2$$

で与えられる．

(4) 関数 f の偏導関数の計算（TD 算法）

以上の準備のもとで，関数 $f(x), x = (x_1, ..., x_n)$ の変数 x_j に関する偏導関数は鎖則より

$$\frac{\partial f(x)}{\partial x_j} = \sum_v \frac{\partial f}{\partial v} \frac{\partial v}{\partial x_j}$$

と書ける．ここで，和は f を表す頂点（上の例では v_5）に入るすべての頂点 v（上の例では v_2 と v_4）に対してとられる．これらの頂点に対応する $\frac{\partial f}{\partial v}$ は，v から f に入る枝 e に対応する要素的偏導関数 $d(e)$（上の例では，$d(e_7)$ と $d(e_8)$）で与えられる．同様にそれぞれの $\frac{\partial v}{\partial x_j}$ も，それぞれの頂点 v に入る頂点での偏導関数の和で書ける．この手続きを f に対応する頂点から下に続けて行って，本来の変数 x_j に到達するまで行うと

$$\frac{\partial f(x)}{\partial x_j} = \sum_{f \text{と} x_j \text{を結ぶすべての有向道}} \prod_{\text{各有向道上の枝}} d(e) \tag{1.1}$$

と書ける．式 (1.1) の計算を，ノード f から出発して，計算グラフの上から下へ半順序関係を逆に辿りながら計算を進める方法を TD(Top Down) 算法とい

1.3 モデリング言語

う．上の例では

$$\frac{\partial f}{\partial v_2} = d(e_7)$$

$$\frac{\partial f}{\partial v_1} = \frac{\partial f}{\partial v_2}d(e_3) = d(e_7)d(e_3)$$

$$\frac{\partial f}{\partial x_1} = \frac{\partial f}{\partial v_1}d(e_1) = d(e_7)d(e_3)d(e_1)$$

$$\frac{\partial f}{\partial v_4} = d(e_8)$$

$$\frac{\partial f}{\partial x_2} = \frac{\partial f}{\partial v_4}d(e_5) = d(e_8)d(e_5)$$

$$\frac{\partial f}{\partial v_3} = \frac{\partial f}{\partial v_4}d(e_6) = d(e_8)d(e_6)$$

$$\frac{\partial f}{\partial x_3} = \frac{\partial f}{\partial v_3}d(e_4) = d(e_8)d(e_6)d(e_4)$$

となる．

　TD 算法の計算の手間（演算回数）は関数計算の手間の高々定数倍（正確には 6 倍以下）となることが証明される．また，計算に必要な領域は計算グラフの大きさに比例する．

(5) 関数 f の偏導関数の計算（BU 算法）

　式 (1.1) の計算は，ノード x_j から出発して，計算グラフの下から上へ半順序関係にしたがって計算を進めることも可能である．この算法を BU (Bottom Up) 算法という．上の例では

$$\frac{\partial v_1}{\partial x_1} = d(e_1)$$

$$\frac{\partial v_2}{\partial x_1} = d(e_3)\frac{\partial v_1}{\partial x_1} = d(e_3)d(e_1)$$

$$\frac{\partial f}{\partial x_1} = d(e_7)\frac{\partial v_2}{\partial x_1} = d(e_7)d(e_3)d(e_1)$$

$$\frac{\partial v_4}{\partial x_2} = d(e_5)$$

$$\frac{\partial f}{\partial x_2} = d(e_8)\frac{\partial v_4}{\partial x_2} = d(e_8)d(e_5)$$

1 章　モデリング環境と OR モデリングの展望

$$\frac{\partial v_3}{\partial x_3} = d(e_4)$$
$$\frac{\partial v_4}{\partial x_3} = d(e_6)\frac{\partial v_3}{\partial x_3} = d(e_6)d(e_4)$$
$$\frac{\partial f}{\partial x_3} = d(e_8)\frac{\partial v_4}{\partial x_1} = d(e_8)d(e_6)d(e_4)$$

となる．

　BU 算法の計算の手間は，変数の数に比例する．また，計算グラフを明示的に構成しないでも，計算を進めることができる．すなわち，関数値を計算するのに必要な領域の高々定数倍の領域でよい．

　大規模な計算グラフとなるモデルの導関数を高速に計算するためには，さまざまなアルゴリズム・実装の工夫が必要となる．典型的には上記の TD 算法と BD 算法をミックスしたような算法などがある．詳しくは先にあげた二つの文献を参照されたい．

1.3.2　モデリング言語の構想から実現まで

　話を再度モデリング言語に戻す．もう一つ 1980 年代後半に私が興味を持っていたのは，いわゆるオブジェクト指向言語である．今では当たり前の技術であるが，当時は新しかった．その流れの中で現れた C++ に興味を持ったのは自然な成り行きであった．この言語はプログラミング言語としてはあまりスマートとは言えず，色々問題もありそうだったが，設計者の Stroustrap の書いた教科書を読むと色々な可能性が見えてきた．Stroustrap 自身は明示的に書いてはいないが，以下で述べるような利用法を念頭に言語のある種の機能を設計したのは（少なくとも私には）明らかに思えた．

　我々の構想は，以下で述べる SIMPLE において数理計画のためのモデリング言語と高速自動微分の両方を C++ の機能で実現しようというものだった．その当時では，モデリング言語で高速自動微分を実装したものは無かったと理解している．

　SIMPLE によるモデル記述には多くの機能があり，自由度の高いモデル記述が可能である．また,「集合とその要素」の概念を活用することによって簡潔なモデル記述から大規模なモデルを生成することが可能であり，多くの実際的問

題が解かれてきた．たとえば，ある生産工場全体の最適化モデルでは，さまざまな物理的・化学的関係を記述した数多くの部分モデルからなり，全モデルが1万ステップにもなる非線形モデルが，実際に記述されて最適化されている．モデリングツールを提供している側の我々が驚くような使い方が，現場でなされているのである．

1.3.3 モデリング言語 SIMPLE の特徴

モデリング言語はプログラミング言語ではないとは言え，コンピューターにある種の情報を教える手段である．プログラミング言語との重要な違いは，後者がコンピューターの実行する手続きを指定するのに対して，モデリング言語は単に対象としている数理モデルの内容を伝えるという点にある．多くの場合，数理モデルは数式で表現されている．したがって，我々の方針はなるべく数式に忠実な言語にしたいということだった．その点で既存のモデリング言語には不満があった．

以下に SIMPLE の当初の設計方針の主なものを箇条書きにしてみる．

(i) システムの要素の数学的関係が自然な形で記述できる．
(ii) 大規模モデルを簡便に記述できる．
(iii) モジュール化・階層化記述ができる．
(iv) システムの解析法に関してユーザが意識する必要がない．
(v) 新しい解析プログラム（ソルバ）とのリンクが簡単にできる．
(vi) システムに対する細かい調整が簡単に指定出来る．

これらの中で (i),(ii),(iii) あたりが最も重要なポイントであろうか．大規模モデルの記述は他のモデリング言語でも採用している集合とその要素が利用できればよい．その他の点に関しては色々な工夫が必要である．

ここで，モデリング言語の実現の方法について考えると，このような言語の実装は専用のインタープリターを作るのが普通であろう．この方法でも特に問題はないが，高速自動微分の実装，数式記述，任意の前処理・後処理の手続きが書けるという点から，既存のプログラミング言語の演算子オーバーローディングの機能を利用するという選択肢を採用した．演算子オーバーローディング

1章　モデリング環境と OR モデリングの展望

とは（たとえば四則演算の）演算子の機能を，言語の持っている標準的な働きとは別に，特別に別個に設定できる機能のことである．

　演算子オーバーローディングの可能なプログラミング言語は数多くあるが，数理解析的な用途としてよく使われるものとしては，C++，R，Python などがある．以下のモデリング言語の記述は C++ を例にとって解説するが，他言語でもほぼ同様な仕組みと記述が可能である．この機能を使うと，ユーザーが複雑な数式を書いても，ある意味で自動的に高速自動微分に必要な計算グラフを作成することができる．また計算グラフだけではなく，モデルのさまざまな情報を演算子経由でシステムに教えることが可能になる．基本的には，モデルを記述したプログラムを 1 度実行するだけで，すべての情報が演算子経由で SIMPLE システムに蓄えられる．最適化のソルバーは，計算グラフやその他の情報を保持している SIMPLE システムと情報のやり取りをすることによって必要な情報を得て（たとえば，最適化の反復の途中でその時点での変数の値を SIMPLE システムに渡して，各種関数値とその偏導関数値をもらって）最適化を実行する．

　オーバーロードされた演算子には以下のようなものがある．

$$+ \quad - \quad * \quad / \quad ! \quad = \quad < \quad > \quad <= \quad >= \quad \&\&$$
$$|| \quad (\ ) \quad [\ ] \quad \& \quad | \quad == \quad != \quad ,$$

(1) 簡単な線形計画問題

以下のような線形計画問題を例にとる：

$$\begin{aligned}
&\text{maximize} && profit = 25x_1 + 30x_2 \\
&\text{subject to} && x_1/150 + x_2/200 \leq 50, \\
& && 0 \leq x_1 \leq 5000,\ 0 \leq x_2 \leq 4000
\end{aligned}$$

この問題を SIMPLE で記述すると，以下のようになる．

```
Variable x1, x2;
Maximize profit = 25*x1 + 30*x2;
x1/150 + x2/200 <= 50;
0 <= x1 <= 5000;
```

```
    0 <= x2 <= 4000;
```

　この記述（プログラム）を一度実行すると，システム内部に計算グラフ等の必要な情報が貯えられることになる．まず，変数 x1,x2 を宣言して，最大化する目的関数 profit を定義する．そして，1 本の不等式制約条件と 2 組の上下限制約を定義している．ここに現れる四則演算*,+,/や代入演算子=,不等式条件を表す<=等が現れるたびに背後で計算グラフその他の情報が構築されることになる．演算子オーバーロードは SIMPLE のオブジェクト x1,x2 にかかわる演算のみになされて，SIMPLE 以外のオブジェクトに対する演算はシステムに元より備わっている機能が実行されることに注意されたい．

(2) 簡単な非線形計画問題

　次に問題の目的関数に非線形性を導入してみると：

$$\begin{aligned}\text{maximize} \quad & profit = 25x_1 + 30\log(x_2+1)\\ \text{subject to} \quad & x_1/150 + x_2/200 \leq 50,\\ & 0 \leq x_1 \leq 5000,\ 0 \leq x_2 \leq 4000\end{aligned}$$

のようになる．この問題の SIMPLE コードも

```
Variable x1, x2;
Maximize profit = 25*x1 + 30*log(x2+1);
x1/150 + x2/200 <= 50;
0 <= x1 <= 5000;
0 <= x2 <= 4000;
```

となる．関数も普通にたとえば log(x2+1) のように書けば，log 関数がオーバーロードされて，内部で計算グラフの生成に必要な処理が行われる．

(3) 定数（パラメータなど）を表すオブジェクト

　上の線形計画問題の例題に出てきた定数を，パラメータを使って書き直してみる．

```
Variable x1, x2;
```

1章　モデリング環境と OR モデリングの展望

```
Parameter a1, a2;
Parameter b1=150, b2;
b2=200;
Maximize profit = a1*x1 + a2*log(x2+1);
x1/b1 + x2/b2 <= 50;
0 <= x1 <= 5000;
0 <= x2 <= 4000;
```

ここでは，a1,a2,b1,b2というパラメータを導入して，b1,b2はプログラムの中で具体的に定義している．値が指定されていない a1,a2 はこのままでは不定となるが，データファイルに値を書いておけば，Parameter の宣言時に自動的に値が読み込まれる．

(4) 複雑な式の定義のための式オブジェクト

上であげた例題はそれぞれ 1 行で書けるような簡単な式であったが，現実に現れるモデルでは長大な式となる場合も多い．そのために式オブジェクトを使える：

```
Variable x1, x2;
Expression p1, p2;
p1 = 25*x1;
p2 = 30*log(x2+1);
Maximize profit = p1 + p2;
x1/150 + x2/200 <= 50;
0 <= x1 <= 5000;
0 <= x2 <= 4000;
```

この例では，p1 と p2 という式 (Expression) を宣言して対応する内容を代入している．式の定義の際に式を使うことも可能なので，定義が何段階にもなるような複雑な数式も使うことが可能となる．

(5) 大規模な問題のための集合

上述の例のような x1 とか x2 という少数の変数ではなく，多数の変数を扱

1.3 モデリング言語

う必要があるときには，それらは大抵グループ分けされてそれぞれのグループの変数は添え字で区別されることが多い．添え字 i が集合 S の要素，すなわち $i \in S$ となるとき

$$-0.5 \leq \sin(x_i) + \cos(y_i) \leq 0.5$$

という不等式条件が書かれると，任意の $i \in S$ に対して，この条件が存在すると解釈するのが普通であろう．すなわち，i の個数だけ上記条件が存在する．

SIMPLE で

```
Set S;
Element i(set=S);
```

と宣言して

```
-0.5 <= sin(x[i]) + cos(y[i]) <= 0.5;
```

と書くと，集合 S 内のすべての i に対して上記条件が成立すると解釈される．通常のプログラミング言語では，このような場合には i に関するループで表現するが，SIMPLE では一行の式で済むことに注意されたい．

上記の不等式が，ある添え字 $i \in T$ に対してのみ成り立つとき

$$-0.5 \leq \sin(x_i) + \cos(y_i) \leq 0.5, i \in T$$

のように書くことが多いが，SIMPLE でも同様な書き方ができる．上の例と同様に，

```
Set S;
Set T;
Element i(set=S);
```

と宣言して

```
-0.5 <= sin(x[i]) + cos(y[i]) <= 0.5, i < T;
```

と書くと，集合 S の要素 i が集合 T に含まれる時に限って上記の不等式条件が

15

1章 モデリング環境と OR モデリングの展望

存在することになる．

ASCII 文字列には集合の要素を表す $\in$ を表す適当な文字が無いので，< を使っている．また，上の書き方で肝心なのは，（コンマ）が C++ において演算子として扱われていることである．コンマに対応する演算子関数を定義することによってシステム内部で適切な処理がなされる．

"東京　大阪　京都" という三つの要素からなる集合 S とその要素 $i \in S$ の定義は

```
Set S = "東京 大阪 京都";
Element i(set=S);
```

と書かれる．i を添え字にもつ変数 x の宣言は

```
Variable x(index=i);
```

となる．そして，集合 S の要素を添え字に持つ変数 x の宣言は

```
Variable x(index=S);
```

となる．したがって

$$\begin{aligned}
&\text{maximize} \quad profit = \sum_{i \in S} c_i \cdot x_i \\
&\text{subject to} \quad \sum_{i \in S} a_i \cdot x_i \leq 50, \\
&\qquad\qquad\quad 0 \leq x_i \leq b_i, i \in S
\end{aligned}$$

という問題は

```
Set S;
Element i(set=S);
Variable x(index=i);
Parameter c(index=i), a(index=i), b(index=i);
Maximize profit = sum(c[i]*x[i], i);
sum(a[i]*x[i], i) <= 50;
0 <= x[i] <= b[i];
```

となる.

ここで，添え字に依存した制約条件に対して，添え字による場合分けの方法をもう少し詳しく解説する．添え字 i が集合 S の要素である場合に限り課せられる制約条件は，たとえば

$$x_i \geq b_i,\ i \in S$$

のように書くことが多いが，これは上で例をあげたように

    x[i] >= b[i], i < S;

となる．i が集合 S に入っていない場合，すなわち $i \notin S$ の場合に成立する制約条件，たとえば

$$x_i \geq b_i,\ i \notin S$$

は

    x[i] >= b[i], i > S;

と表す．集合に含まれないという意味の記号 $\notin$ は>で代用する．

条件式には，一致，不一致や大小関係を表す意味で，==, <= >=, < >, != などが使用できる．

制約条件が成立する条件として，添え字に依存した（変数を含まない）条件式を書くこともできる．たとえば，a_i を添え字つきパラメータとして $a_i > 0$ が成立しているような i の値に対してのみ制約条件が課せられる場合，たとえば

$$x_i \geq a_i,\ a_i > 0$$

は

    x[i] >= a[i], a[i] > 0;

となる．

条件式には，論理式を書くこともできて，$a_i > 0$ かつ $b_i = 0$ (b_i も添え字つきパラメータ) の場合というような AND 条件：

1章　モデリング環境と OR モデリングの展望

$$x_i \geq b_i,\ a_i > 0 \wedge b_i = 0$$

は

```
x[i] >= a[i], (a[i] > 0) && (b[i] = 0);
```

となる．同様に，$a_i > 0$ あるいは $b_i = 0$ の場合というような OR 条件：

$$x_i \geq a_i,\ a_i > 0 \vee b_i = 0$$

は

```
x[i] >= a[i], (a[i] > 0) || (b[i] = 0);
```

と書ける．

条件式の応用例として，所望の条件をみたす要素の集合の定義（生成）のために

```
Set T;
T = setOf(i, a[i] > 0);
```

とすると，$a_i > 0$ をみたす要素 i からなる集合 T が生成される．

(6) 整数計画問題

次に整数計画問題の記述を解説する．$x_i, i \in S$ が $\{0, 1\}$ の値のみをとるとして，以下の問題：

$$\begin{aligned}
\text{maximize} \quad & obj = \sum_{i \in S} c_i x_i \\
\text{subject to} \quad & \sum_{i \in S} a_i x_i \leq b,\ x_i \in \{0, 1\}
\end{aligned}$$

は

```
Set S;
Element i(set = S);
Parameter c(index = i), a(index = i), b;
IntegerVariable x(index =i , type = binary);
```

```
Maximize obj = sum(c[i]*x[i], i);
sum(a[i]*x[i], i) <= b;
```

と書くことができる．すなわち変数 x を IntegerVariable で type = binary と宣言する．一般の整数変数の場合は type = binary を指定しなければよい．

(7) モデルとデータ

上でモデリング言語による簡単な数理計画モデルの記述を示してきた．そこに現れる定数やデータは，モデルに直接具体的な値を記述することも可能であるが，これらをパラメータとして抽象的に扱い，具体的な値は最適化の実行時にデータファイルから読み込むように設定することは可能である．すなわち，モデルはデータと独立に存在している抽象的なモデルとして扱うことが可能である．そして，モデルにデータを加えて初めて現実の具体的なモデルとなる．

ここで，データの読み込みの際の振る舞いについて，ひとつ注意しておく．オブジェクトの宣言（C++のコンストラクタ）の際に，背後でデータが読み込まれることは先に解説した．その際に，添え字付きのデータが読み込まれると，対応する集合の要素にその添え字が集合の要素として自動追加される．データの読み込み以外にも，モデル内にある添え字が現れて，その添え字が対応する集合に要素として存在していない場合にも，自動追加される．

```
Set S;
Element i(set = S);
Parameter c(index = i), a(index = i), b;
c[1]=1.0
```

上の例で，Parameter c と a がデータから読み込まれる際に，現れた添え字が Set S に追加される．c[1]=1.0 の実行の際も S に 1 が存在しなければ，追加される．

(8) 関数

上で簡単に触れたように SIMPLE では標準的な関数を使うことができる．これらは，C++の関数をオーバーロードして計算グラフの作成に使用される．使用可能な関数は以下のようなものがある

sin	cos	tan	asin	acos	atan
sec	csc	cot	asec	acsc	acot
sinh	cosh	tanh	asinh	acosh	atanh
sech	coth	asech	acsch	acoth	atan2
hypot	erf	exp	log	log10	pow
sqrt	ceil	floor	fabs	fmod	

(9) 変数の値による条件分岐

変数の値によってモデルが変化するような記述が必要となる場合も多い．そのような場合には，ifelse という構文を使用する．たとえば，以下の例：

```
Expression f;
f = ifelse(x>=0, x, 0);
```

では，$x \geq 0$ の場合には x，それ以外では 0 となる式 f を定義している．

(10) 集合の添え字付け（べき集合の表現）

SIMPLE では，集合の集合（べき集合）の概念を，集合にある別の集合の要素で添え字を付加することで実現している．たとえば，要素 i が集合 P に属する場合に，集合の集まり $N_i, i \in P$ を

```
Set P;
Element i(set = P);
Set N(index = P);
```

と宣言することによって定義できる．さらに，集合 $N_i, i \in P$ の要素を添え字として持つオブジェクト J は

```
Parameter J(index = (i, N(i)));
```

あるいは

```
Element j(set = N(i));
Parameter J(index = (i, j));
```

1.3 モデリング言語

によって定義される.

(11) 有限差分法の例題

集合の集合という概念には多くの用途があるが，ここでは少し違った分野での使い方を示す．次のポアソン方程式を 2 次元空間上の有界な領域 Ω で考える．

$$\nabla(\varepsilon(x,y)\nabla\phi(x,y)) = \rho(x,y), \quad (x,y) \in \Omega \tag{1.2}$$

ここで，未知量は電位 ϕ である．電流密度 $\rho(x,y)$ は Ω 上で与えられ，Ω の境界の電極部では電位 ϕ の値が与えられている．上式を有限差分近似によって離散化すると以下のような方程式が得られる．

$$\sum_{j \in N_i} \varepsilon_{ij} \frac{l_{ij}}{z_{ij}} (\phi_j - \phi_i) = \rho_i S_i, \quad i \in P, \tag{1.3}$$

$$\phi_i = \phi_{ei}, \quad i \in P_e$$

ここで,

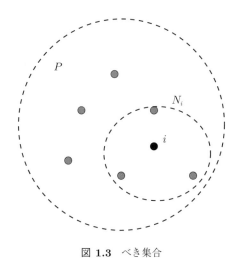

図 1.3 べき集合

P は Ω の点の集合,

1章　モデリング環境と OR モデリングの展望

P_e は Ω の境界の電極の点の集合,
N_i は点 i の隣接点の集合,
S_i は点 i に関するコントロールヴォリュームの面積,
z_{ij} は辺 $i-j$ の長さ,
l_{ij} は辺 $i-j$ に直交するフラックス辺の長さ,

である．上記の集合 N_i は点 i の近くの点の集合ということで，まさに添え字つき集合となっている．

上の問題を SIMPLE で記述するためには，以下のようになる．各種パラメータの値は簡単のためデータで与えられているものとする．

```
Set P, Pe(superset=P);
Element i(set = P);
Parameter x(index = P), y(index = P),
rho(index = P), phib(index = Pe);

Set N(index = P);
Element j(set = N[i]);
Parameter area(index = P), epsilon(index = (i, N[i]));
Parameter z(index = (i, N[i])), l(index = (i, j));
Variable phi(index = P),

//Poisson equation
Equation poisson(index = P);
poisson[i] =
    sum(epsilon[i,j]*l[i,j]*(phi[i]-phi[j])/z[i,j], j)
        == rho[i]*area[i], i > Pe;
// boundary condition
phi[i] == phib[i], i < Pe;
```

上記モデルは，未知変数 ϕ に関する連立方程式となっている．非線形モデルも同様な考え方で定式化できるので，モデリング言語が偏微分方程式の数値解

法にも使えることが理解されるであろう．実際に，ある企業では SIMPLE を使って半導体関連の偏微分方程式を解くことのできるシステムを実現している．

1.4 いくつかの試み

1.4.1 数式によるモデル記述

モデリング言語は機能が豊富で実用的，最適化のシステムにおいては必須のものとは言っても，どのようなモデリング言語でもある種のプログラミング言語ではあるので，その使用にはやはりバリヤがある．筆者がかねてから実現したいと思っていたモデリングツールは，教科書などに書いてある数式モデルがそのまま実行されて最適解を得られるような環境である．現実社会の複雑な現象を精緻にモデル化して最適化するという目的のためには，最終的にはモデリング言語の使用が必須であろうが，もう少し抽象的な典型的な数理モデルの最適化を実施したい場合に，普通に数式で書かれたモデルがそのまま実行できれば，それに越したことはない．たとえば，以下のようなポートフォリオ最適化問題:

$$
\begin{aligned}
&\text{minimize} \quad risk = \sum_{i \in S} \sum_{j \in S} \sigma_{ij} x_i x_j \\
&\text{subject to} \quad \begin{aligned} &\sum_{i \in S} r_i x_i = \rho \\ &\sum_{i \in S} x_i = 1 \\ &x_i \geq 0, i \in S \end{aligned}
\end{aligned}
$$

を（しかるべくデータは用意するとして）そのまま解くことができれば，モデリング言語の勉強はしたくないが，自分に関係のある最適化モデルを実行してみたい，その結果を見て数式モデルを少し変更して結果の変化を見てみたい，というような要望には応えられるであろう．また，学生が数理計画の勉強の途上で自分で作った数式モデルを解いてみるというような（教育での）用途も大いに考えられる．

このような目的のための最も現実的な実現方法はどのようになるだろうか？上記のような数式モデルを入力するインターフェースは，既存の専用ツールを使わざるを得ないであろう．そして，そのツールの持っている情報を変換して

1章 モデリング環境と OR モデリングの展望

モデリング言語（我々の場合は SIMPLE）に渡して最適化ソルバーと連携して最適化を実行し，最適解を上記専用ツールの周辺に返して表記するということになるであろう．具体化の方法にはさまざまな可能性が考えられるが，以下では我々の経験を簡単に述べる [11]．

我々は数式を何らかの方法によって自動的に SIMPLE に変換できることを想定し，入力ツールとモデリング言語・ソルバー間の仲介情報のやり取りの形式として，TeX を選んだ．数式の入力・表示ツールは，数式から TeX を出力する・TeX から数式を表示する，ことが可能であることが多い．現在では，その他に XML 形式なども有力な候補になり得るであろうが，SIMPLE との相性は TeX の方が断然良い．

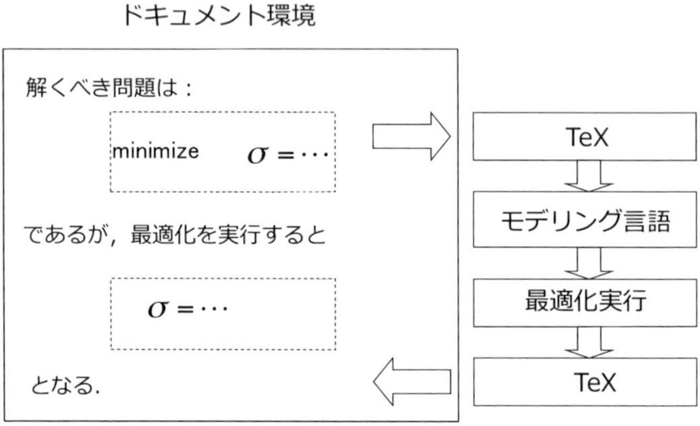

図 1.4 数式によるモデリング

数式を入力するツールは数多く存在する．我々の過去の実装では，それらの中から Windows の Word の中で動く MathType を採用した．数理計画問題を Word に書かれた数式として表現すると，結果をギリシャ文字などを含んだ出力として表示したり，Excel との連携によって自動的に表やグラフとしても出力することも可能になる．したがってモデルを変更したりデータを変えたりして対話的に最適化を行い，その結果を自動的にドキュメントに取り込んで表示することが可能となり，ある意味でライブドキュメントと言えるものとなる．

1.4 いくつかの試み

情報の流れは，図 1.4 を参照されたい．

現在は，Web ベースの動作を基本とする MathJax [7] の利用が可能になっているので，その選択肢も大いにあり得る．MathJax を利用しても上で述べたような環境の多くの部分の構築は実現可能と思われる．

以下では，数式で問題を表現して最適化ソルバーに解かせるという作業で出てくる問題点のいくつかを述べる．数式による表現は，ある意味で規則というものはないので，任意性・曖昧さが存在する．

(1) 四則演算：足し算・引き算の書き方には曖昧さは無いが，掛け算にはさまざまな書き方が存在する．たとえば a と b の掛け算は

$$a \cdot b \quad ab \quad a \times b \quad a\,b$$

などと書かれる．割り算も同様で，b を a で割るのに

$$\frac{b}{a} \quad b/a \quad b \div a$$

などと書かれる．数式入力可能と言うからには，このような任意性に対応する必要がある．

(2) 文字列の分解：abc と書かれた文字列は

$$a \times b \times c \quad a \times bc \quad ab \times c \quad abc$$

のどれかであろうが，$a \cdot bc$ と書かれた場合は $a \times bc$ に違いない．

(3) 添え字の分解：上の掛け算の場合とまったく同様に添え字として現れた表式 ijk は

$$i,j,k \quad i,jk \quad ij,k \quad ijk$$

のどれかであろうが，i,jk と明示的に書かれた場合は i と jk という二つの添え字に分解すべきであろう．

(4) 関数の表記：関数も以下に例を示すように，さまざまな書き方がある：

1章　モデリング環境と OR モデリングの展望

$\exp(x)\quad e^x\quad \sin(\theta)\quad \sin\theta$

(5) 定数：数学や物理でよく使われる定数として π（円周率）や $\hbar$（プランク定数 $/2\pi$）などがあるが，これら以外にも色々あり得る．

(6) 集合の表記：具体的な要素の並べ方として

$\{1,2,3,4\}\quad \{1..4\}\quad \{1...4\}\quad \{1,...,4\}$

これらは常識的には同じものを意味するであろう．

```
problem
Variable σ, γ, β
index i, j
Variable e_i
Parameter x_i, y_i, rp = 0.1768
Expression A, b_j
```

$A := 10\beta - 12\gamma^2 - 18$
$b_0 := -\sigma^2(4\beta - 3\gamma^2)/A$
$b_1 := -\sigma\gamma(\beta+3)/A$
$b_2 := -(2\beta - 3\gamma^2 - 6)/A$
$x_i := x_i - rp$
minimize $z = \sum_i e_i^2$

subject to

$e_i = \dfrac{1}{2b_2}\log\left(\left|b_2 x_i^2 + b_1 x_i + b_0 + 1\right|\right) - \dfrac{2b_1 + (b_1/b_2)}{\sqrt{4b_0 b_2 - b_1^2}}\tan^{-1}\left(\dfrac{2b_2 x_i + b_1}{\sqrt{4b_0 b_2 - b_1^2}}\right) - y_i$

図 **1.5**　フィッティング問題

その他にも色々考えられるが，これらの点をある程度クリアしないと数式入力に対応しているとは言えないであろう．しかし，人間が書くような数式記述は何でも許すというわけにはいかないので，ある程度のルールを設定した上で，

1.4 いくつかの試み

上記のような事情（曖昧さ）を可能な限り考慮に入れて柔軟な解釈を許すことにする．我々の実装では，たとえば図 1.5 のような非線形の最小二乗問題を解くことができて，解が図 1.6 のように Word ドキュメントの該当部分に出力される．

$$OBJECTIVE = 3.660632156 \times 10^{-5}$$
$$\sigma = -1.31913$$
$$\gamma = 0.000113753$$
$$\beta = 5.87959$$

図 **1.6** フィッティング最適解出力

1.4.2 ビジュアルモデリング

モデリング言語によるモデリングや数式によるモデリングのある意味で対極にあるのが，ビジュアルモデリングあるいはグラフィカルモデリングと呼ばれるものであろう．これは，ビジュアリゼーションツールに向かって対話的に各種の作業を行うと，最適化ソルバーが実行可能なモデルができ上がっているというものである．以下に具体例を示しながら解説する．以下の例は Microsoft の Visio と Excel を使って実装したものである．

図 1.7 には，ある企業で実際に使われているモデルを簡略化したものが示してある．内容は，いわゆるエネルギーのコジェネレーションで，電力・冷水・温水需要家へ最適にエネルギー供給をするモデルである．

各エネルギーの流れを説明すると，「ガスエンジンコジェネ」は都市ガスを燃料に，電力および蒸気を製造する．電力は，「電力需要家」および「ターボ冷凍機」に送られる．電力が発電のみで不足する場合は買電元から電力を購入する．蒸気は「排ガスボイラ」で温水に変換され，「熱交換器」を介して温水ヘッダに送られる．温水ヘッダから，「温水吸収冷凍機」と「熱交換器」を介して「温水需要家」へ温水を送る．「温水需要家」への温水が不足する場合は，「温水ボイラ」を起動する．「ターボ冷凍機」および「温水吸収冷凍機」は冷水を製造し，「冷水需要家」へ送る．

1章　モデリング環境と OR モデリングの展望

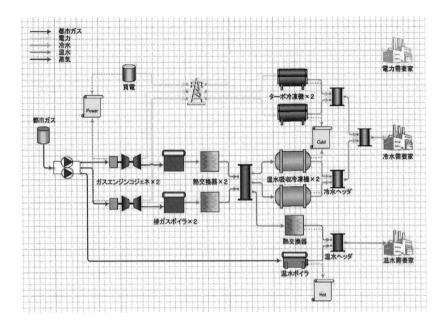

図 1.7　グラフィカルモデリング例

　これらの動作をグラフィカルなオブジェクトをシート上に配置して線でつなぐことによって，指定している．これだけでは，絵を描いただけであるが，それぞれのオブジェクトは自分の振る舞い・状態を保持していて，ユーザーはそれらをクリックして編集画面を開いて編集することによって具体的なモデルの作成が可能になる．背後にあるシステムがそれらをまとめて，一つの数理計画モデルとして最適化ソルバーに渡すことになる．
　一見して分かるように，このようなモデリング技法はモデルができてしまえば多くの人に理解してもらえる魅力的なものである．しかし，一般性に欠けることも明らかで，現状では特定分野の特定用途（たとえば何らかの目的を持ったプレゼンテーション用途）のためにそれなりの手間をかけても良いという場合に価値のあるものである．ただ，将来はこのようなアプローチももっと簡便に行えるようになると期待されるので，このようなモデリング技法も存在し続けるものと思われる．

1.5 モデリング環境の未来

最後に最適化に限らずシステムのモデリング環境のこれからの発展について，想像を交えて議論しておきたい．以下に述べることは既に実現されている部分と将来に実現されるであろう部分が混在していることをお断りしておく．

1.5.1 情報のより一層のビジュアル化へ

モデルの内容も最適化の結果も，ビジュアルな表し方がますます求められることになる．

モデルの内容は，その構造を俯瞰的に眺めたり，変数やパラメータなどの個別のオブジェクトが最適化モデルのコンポーネント（目的関数や制約条件）にどのように現れるかを一覧したい．

また，各種の情報をさらに容易に（半ば自動的に）グラフ化して眺めたい．BI（ビジネスインテリジェンス）の分野で行われている，構造を持った多次元データを多角的に階層的に眺めるためのドリルダウン・ドリルアップ・ドリルスルーのような視点の移動も望ましい．最適化モデルの情報を計算グラフによって保持すると，モデルや得られた最適解の内容のドリルダウン・ドリルアップを容易に行えることに注意されたい．

1.5.2 数式モデルの混在化へ

ある種の人にとっては，数式モデルも一種のビジュアル化とみなすことができる．モデリング言語で記されたモデルを数式に変換してくれれば，モデルの不具合（バグ）などが一目瞭然となる．また，上で述べたように数式モデルを自動的にモデリング言語に変換して最適化を行うことも可能である．したがって，モデリング言語の記述と数式モデルが相互に変換可能で，ある意味で並行して存在するようなケースもあり得るであろう．

また，上で述べたようにモデリング言語は偏微分方程式の離散式を記述する能力を持っている．したがって，たとえば式 (1.2) のような連続形で記述された偏微分方程式を式 (1.3) のような離散式に自動的に変換し問題を解くというようなシステムは，原理的には可能と思われる．また，最適化の分野でも偏微

1章　モデリング環境とORモデリングの展望

分方程式制約つき最適化問題 (PDE constrained optimization) が注目を浴びているが，このような問題に対しても数式モデルから自動的に離散化を行い最適化まで実行するというシステムが期待される．また，離散化を自動的に行わなくても，離散化された偏微分方程式モデルをモデリング言語で記述することによって，最適化アルゴリズムがPDE制約を自然に扱えることになることに注意されたい．

1.5.3　ブラックボックス最適化への道

モデリングを精緻に行うことの対極がブラックボックスモデルである．入力と出力はあるが，中がどうなっているか分からないモデルをブラックボックスモデルという．中身がすべて分かっているものをホワイトボックス，よく分かっている部分と分かっていない部分が混ざっているものをグレーボックスと呼んだりもするようである．また，中で何をやっているか分かっていても（たとえばシミュレーションやニューラルネットモデル），最適化ソルバーから見た場合にその内容を適切に利用できない場合もソルバーから見ればブラックボックスと呼んでも良いであろう．

入力も出力も連続値あるいは離散値のどちらを取るか分からない場合もあるし，出力が滑らかに変化するか不連続に変化するかということも分からない場合もある．複雑なシステムを扱う場合には，対象全体あるいはその一部をブラックボックスとして扱う必要が出てくる場合も多い．

世の中はすべからく自動化に向かって進んでいる．その中で，精緻な数理モデル構築を丹念に構築するだけではなく，与えられた（一部あるいは全部がブラックボックスの）モデルを最適化するというテーマも重要になってくる．最適化ソルバーもそのような対象に対して，既存の連続・離散アルゴリズムやDFO (Derivative Free Algorithm) タイプのアルゴリズム [2] に加えて，対象の構造・性質を探っていく人工知能的・機械学習的なアプローチも必要になってくるであろう．すなわち，探索をしながらよく分からない対象のモデルをアルゴリズム自身が構築していくのである．

1.5 モデリング環境の未来

1.5.4 モデリングのための統合環境へ向けて

あらためて，対象とするシステムのモデル化とはどのような作業か考えてみよう．極めて単純化して言ってしまうと，システムの振る舞いを示すデータ（入力と対応する出力）やその他の傍証から，似た振る舞いをする（同一の入力に対して似た出力を返す）システムを作り上げることである．それは，紙の上の数学モデルかもしれないし，コンピュータ上のプログラム（シミュレータ/エミュレータ）かもしれない．モデリングの過程では，データの解析から，線形モデル，2次モデル，一般の非線形モデル，離散モデルなどを部品として作り，それらを組み合わせて全体のモデルを作るような作業が典型である．システムの最適化とは，そのモデルに存在する（制約条件があるかもしれないが）ある程度自由にコントロール可能なパラメータ（最適化の変数）を，何らかの指標に基づいて最適な値に設定することとなる．そして，そのようにして設定された（最適）モデルは，現実の意思決定，問題解決あるいはルーチン作業の一環に埋め込まれて効果を発揮することになる．

上記の線形モデルなどのモデル部品の生成は，結局データのフィッティング，一般的には最小二乗フィッティングなどの作業が伴ってくるであろう．すなわち，モデル作成の前段階としてデータ解析的な側面が現れる．また，数理モデルをもう少し広く捉えると，複雑な出来合いのモデル，たとえばニューラルネットやベイジアンネットなどのモデルもモデル部品の一つとして考えても良いかもしれないし，上述のブラックボックスモデルも含まれるようなモデルを通常のアルゴリズムに加えて人工知能的・機械学習的アルゴリズムが協力して探索するイメージも考えられる．このように考えると，モデルビルディングの環境は，必然的にデータハンドリング，データ解析，機械学習，マイニング，シミュレーション，そして最適化までを含んだ環境とならざるを得ない．

このような見方は，すぐに出てきたわけではなく，いくつかの（個人的）経緯が絡んでいる．さまざまな最適化アルゴリズムの実装から始まって，上で解説したモデリング言語の構想とその実現．そして，それから少し遅れて，データマイニングシステムをビジュアルプログラミング環境として構築するプロジェクトをスタートした．その後，この環境の発展的な展開として Visual Analytics Platform と呼ばれる統合的環境に形を変えて行き，数理的方法による問題解決

1章 モデリング環境と OR モデリングの展望

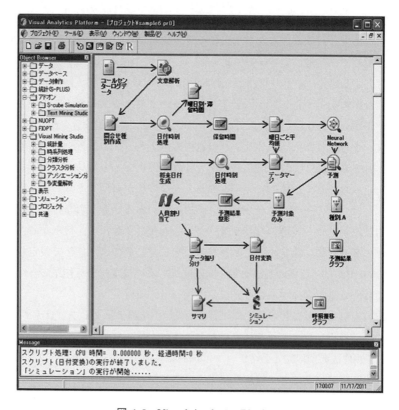

図 1.8 Visual Analytics Platform

を包括的に行うためには，各種方法のシームレスな連携と対象のモデル化の柔軟性（対象のさまざまな側面をさまざまな形式で表した分散したモデル構造）が必要と考えるにいたった．

図 1.8 に，あるデータからデータマイニング・テキストマイニングによってデータの加工・将来予測を行い，数理計画によって最適スケジューリングを作成し，シミュレーションによって検証する，という一連の作業プロジェクトの画面を示してある．このような例から，異分野の技法が連携して総合的な意思決定に供するという概念が容易に想像できるであろう．この例は，どちらかと言うと作業の流れを色々な技法が分担しているが，異分野のさまざまなモデル

形態が協力して全体として一つのモデル・一つの流れを構成しているようなイメージは想像に難くない．

このようなプラットフォーム上で，今まで述べてきた各種のツールが協力して動き，より広く深い解析の実用化となることが期待される．また，このような解析がより広いユーザーがアクセス可能になるように，プロジェクトが簡単に一つの (Web) アプリケーションとして実行されるような仕組みが望ましい．

参考文献

[1] AIMMS ホームページ．aimms.com
[2] Conn, A. R., Scheinberg, K., Vicente, L. N.: *Introduction to Derivative-Free Optimization*, Society for Industrial and Applied Mathematics and Mathematical Programming Society, 2009.
[3] Fourer, R., Gay, D. M., Kernighan, B. W.: *AMPL: A Modeling Language for Mathematical Programming*, Duxbury Press, 2002.
[4] GAMS ホームページ．https://www.gams.com/
[5] Griewank, G and Walther, A: *Evaluating Derivatives: Principles and Techniques of Algorithmic Differentiation, Second Edition*, Society for Industrial and Applied Mathematics Philadelphia, 2008.
[6] 久保田光一，伊理正夫：『アルゴリズムの自動微分と応用』，コロナ社，1998．
[7] MathJax ホームページ．https://www.mathjax.org/
[8] Numerical Optimizer ホームページ．http://www.msi.co.jp/nuopt/
[9] Nuorium ユーザーマニュアル，(株) NTT データ数理システム，2016．
[10] SIMPLE マニュアル．http://www.msi.co.jp/nuopt/docs/v17/manual/html/01-00-00.html
[11] 高橋良徳，山下 浩：数式による記述で数理計画問題を解く試み，『2003 年秋季研究発表会アブストラクト集』，日本オペレーションズリサーチ学会，2003．
[12] 山下 浩，田辺隆人，逸見宣博：数理計画のためのモデリング言語 SIMPLE I 概要，『1997 年春季研究発表会アブストラクト集』，日本オペレーションズリサーチ学会，1997．

2章

データ同化：海洋での大規模最適化の例のインフォーマルなイントロダクション

蒲地政文

2.1 はじめに

　2015年はエルニーニョの年といわれ，夏は比較的涼しかった．今年（2016年）は，エルニーニョ現象が春の間に終息するとみられ，夏にはラニーニャ現象が発生する可能性が高いといわれており，この夏は暑くなりそうである．1982年に発生した非常に強いエルニーニョでは，オーストラリアは大干ばつで住民避難まで引き起こす森林火災や，夏の異常な高温が続いた．筆者は1983年の2月のオーストラリアでの経験をデータ同化の教科書[1]に述べたが，これらの異常気象や集中豪雨，海洋での海流・海水温・塩分等の変化の予測を行う際に最適な初期条件を求めたり，（物理法則を満たすという意味で）現実的で物理的に整合性がとれ，かつ過去・現在の欠損のないデータを作成する手法として，データ同化が用いられている．このデータ同化は，最適化手法の応用である．

　本章では，主に海洋にまつわるデータ同化の応用に関する諸象を取り上げて，最適化手法が海洋での研究ひいては社会へどのような情報を発信するために用いられているかの例を紹介したい．

2.2 データ同化とは

　海洋分野で予測を行う場合，数値モデルをまず構築する．この「モデル」という場合，このテキストのシリーズでこれまで述べられている意味とは少し異なるかもしれない．海洋分野でのモデルとは，物理学でのニュートンの第2法則（流体力学ではナビエ・ストークス方程式），質量保存則，熱力学的な保存則を，数値的に方程式を解くモデルである．これらの数値モデルは基本的には物理学の原理に沿っているが，種々の解像できない現象（例えば乱流に伴う散逸

2章 データ同化：海洋での大規模最適化の例のインフォーマルなイントロダクション

過程）をパラメータ化したりして，現実と合わないこともある．一方で，海洋での観測は，観測誤差を伴うが現実の海洋を測っている．しかし，海洋の一面のみ測っているという制約がある．例えば，船舶で計測される水温や塩分はその船舶の航路上でしか得られない．人工衛星からの観測では，電磁波の一種であるマイクロ波が水に吸収されるため，主に海表面しか観測できない．これらの原理的ではあるが現実からずれる（ランダム誤差とバイアスがある）数値モデルと，現実ではあるが一面しか測っていない観測の両者を，最適化手法で結び付けて，より現実的で，物理的に整合性のとれた海洋の状態を求める手法を総称してデータ同化と呼んでいる．また，海洋の状態を求めることを主眼にしている場合，状態推定とも呼んでいる．

海洋や気象でのデータ同化の目的は [1,4]

(1) 数値モデルの初期値の作成と予測
(2) 時空間的に均質で物理的に整合性のとれた4次元データセットの作成とその欠損のないデータによる現象解明
(3) 数値モデルの境界条件・パラメータの改善
(4) 効率的な観測網の設計

であると考えられる．これらの目的のために各種のデータ同化手法が開発・研究されてきたが，主として2つの系列があることが知られている．まず，統計的推定法として最小分散推定 (minimum variance estimate) を採用することで統計的な平均値が求められ，その推定法に基礎を置く最適内挿法やカルマンフィルターの系列がある．一方最頻値は，最尤法あるいは MAP 推定 (maximum a posteriori estimate) により求められるが，その推定法に基礎を置く変分法という系列に分けられている [1,12]．

さて，データ同化の基礎について，ここでは，インフォーマルなデリベーションを簡単に紹介する（数学的な厳密性は端折り，なるべく直感的な紹介をするので，詳しくは参考文献 [1,12] を参照されたい）．あるスカラー物理量 x に対して，2つの方法による観測値 x_1, x_2 が与えられたとする．このとき，推定値 x_a を x_1, x_2 の線形結合で表す．

2.2 データ同化とは

$$x_a = \alpha_1 x_1 + \alpha_2 x_2 \tag{2.1}$$

ここで x_1, x_2 について，特定の分布は仮定しないがバイアスはなく，誤差は無相関とする．α_1, α_2 は重みである．推定誤差（推定量の，推定の目的値の周りの確率変動）の分散 σ_a^2 は

$$\alpha_1 \sigma_1^2 + (1 - \alpha_1)^2 \sigma_2^2 \tag{2.2}$$

と表される．この推定誤差の分散を最小にする重みは，式 (2.2) を α で微分して 0 とおくことで求められる．すなわち，分散最小という意味で最適な x の推定値と分散は，それぞれ

$$x_a = \frac{\sigma_2^2}{\sigma_1^2 + \sigma_2^2} x_1 + \frac{\sigma_1^2}{\sigma_1^2 + \sigma_2^2} x_2 = \frac{\frac{1}{\sigma_1^2}}{\frac{1}{\sigma_1^2} + \frac{1}{\sigma_2^2}} x_1 + \frac{\frac{1}{\sigma_2^2}}{\frac{1}{\sigma_1^2} + \frac{1}{\sigma_2^2}} x_2 \tag{2.3}$$

$$= x_1 + \frac{\sigma_1^2}{\sigma_1^2 + \sigma_2^2} (x_2 - x_1), \tag{2.4}$$

$$\sigma_a^2 = \frac{\sigma_1^2 \sigma_2^2}{\sigma_1^2 + \sigma_2^2} \tag{2.5}$$

となる．式 (2.3) の 1 行目の式は，二つの観測値の重み付き平均（各重みは誤差の逆数に比例する）になっているし，2 行目の表現は，二つの観測値の差に誤差を組み合わせた重みで修正する形になっている．

一方，上記の条件に加えて x_1, x_2 が正規分布に従うことを仮定すると，二つの観測値の確率密度分布関数は期待値を x とすると，

$$\begin{aligned} p(x_1; x) &= \frac{1}{\sqrt{2\pi}\sigma_1} \exp\left[-\frac{(x_1 - x)^2}{2\sigma_1^2}\right], \\ p(x_2; x) &= \frac{1}{\sqrt{2\pi}\sigma_2} \exp\left[-\frac{(x_2 - x)^2}{2\sigma_2^2}\right] \end{aligned} \tag{2.6}$$

と記述でき，x_1, x_2 が同時に観測される確率密度関数は

$$p(x_1, x_2) = \frac{1}{2\pi \sigma_1 \sigma_2} \exp\left[-\frac{(x_1 - x)^2}{2\sigma_1^2} - \frac{(x_2 - x)^2}{2\sigma_2^2}\right] \tag{2.7}$$

2章 データ同化：海洋での大規模最適化の例のインフォーマルなイントロダクション

と書き表せる．この確率密度関数を最大にする x を最適推定値 x_a とすると，指数関数の肩の表式（の符号を反転したもの）

$$J = \frac{(x-x_1)^2}{2\sigma_1^2} + \frac{(x-x_2)^2}{2\sigma_2^2} \tag{2.8}$$

を最小にする x を求めればよい．関数 J は，評価関数と呼ばれている．J を x で微分して 0 とおくと最適推定値が

$$x_a = \frac{\sigma_2^2}{\sigma_1^2+\sigma_2^2}x_1 + \frac{\sigma_1^2}{\sigma_1^2+\sigma_2^2}x_2 \tag{2.9}$$

と求まる．この導出は，「確率（尤度）」を最大にすることを用いて導いたので，最尤推定になっていることがわかっていただけるだろう．式 (2.9) は式 (2.3) と一致しており，線形で正規分布に従う場合は，両手法の結果が一致する．

次に，上記の導出を，多次元で行おう．これまで，二つの観測値 x_1, x_2 はスカラーであったが，今度は空間的に異なるところでの値を含み，それらを並べた縦ベクトルと考えてほしい．それらをそれぞれ $\mathbf{x}_b$, $\mathbf{y}_0$ とおく．ベクトル $\mathbf{x}_b$ は海洋のモデルの計算結果であり，緯度・経度・水深で格子点を決めて計算され，その次元 n は大まかには 10^8 くらいになる．またベクトル $\mathbf{y}_0$ は海洋での観測結果を並べたベクトルで，次元は m とする．ただし，海洋では，計算の格子点の値 n に比べて格段に疎らな ($m \ll n$) 観測しか得られない．また，観測される場所も計算される格子点の位置には一致しないし，その物理的な意味合いもモデルで計算される変数（たとえば，流速，水温，塩分）とは異なる物理量が観測されることもままある．そのため，$\mathbf{x}_b$, $\mathbf{y}_0$ を直接比較することはできない（ベクトルの次元が違うし，物理的な変数も異なる）．モデルの計算結果のほうが次元が圧倒的に多いので，$\mathbf{x}_b$ から $\mathbf{y}_0$ の観測された場所・変数への変換行列を $\mathbf{H}$ とおく．この行列を観測演算子と呼び mxn の次元を持つ．簡単な例としては，計算される格子点から観測された位置への内挿も1つの例である．また，ここでは $\mathbf{x}_b$ も「観測値」の1つとして扱われている点に注意しよう．

式 (2.4) を上記の状況でベクトル表記すると

$$\mathbf{x}_a = \mathbf{x}_b + \mathbf{W}(\mathbf{y}_0 - \mathbf{H}\mathbf{x}_b) \tag{2.10}$$

と書ける．ここで $\mathbf{W}$ は重み行列 (nxm) である．式 (2.4) の導出と同様に，最

2.2 データ同化とは

小分散推定を行ってみる．推定値 x_a の（推定誤差 σ_a に対応する）誤差は誤差共分散行列

$$\mathbf{P}_a = \langle \Delta \mathbf{x}_a \Delta \mathbf{x}_a^T \rangle \tag{2.11}$$

で表される．ここで Δ は真値からの差を表している．$\mathbf{P}_a$ の対角成分 $tr(\mathbf{P}_a)$ を最小にする重み行列 $\mathbf{W}$ を求める．$tr(\mathbf{P}_a)$ を $\mathbf{W}$ で微分して 0 とおき，変形すると

$$\mathbf{x}_a = \mathbf{x}_b + \mathbf{B}\mathbf{H}^T(\mathbf{R} + \mathbf{H}\mathbf{B}\mathbf{H}^T)^{-1}(\mathbf{y}_0 - \mathbf{H}\mathbf{x}_b) \tag{2.12}$$

$$\mathbf{P}_a = \mathbf{B} - \mathbf{B}\mathbf{H}^T(\mathbf{R} + \mathbf{H}\mathbf{B}\mathbf{H}^T)^{-1}\mathbf{H}\mathbf{B} \tag{2.13}$$

が得られる．ここで，行列 $\mathbf{B}$ と $\mathbf{R}$ は，それぞれ $\mathbf{x}_b$ と $\mathbf{y}_0$ の（空間の次元が入ってきていることを考慮した）背景誤差共分散行列と観測誤差共分散行列である．これらの式は，それぞれ (2.4), (2.5) に対応した式になっている．例えば $\mathbf{x}_b$ を x_1，$\mathbf{y}_0$ を x_2，$\mathbf{B}$ を σ_1^2, σ_2^2 を $\mathbf{R}$，$\mathbf{H}$ を $\mathbf{I}$ と考えれば，大まかなアナロジーが見て取れ，イメージがわくと思われる．

さて，上記で求めた最小分散推定において背景誤差共分散行列 $\mathbf{B}$ を毎ステップ予測するつまり時間方向への拡張を試みよう．その結果がカルマンフィルターになっている．この $\mathbf{B}$ を $\mathbf{P}_f$ と書き，（慣例に従って）予報誤差共分散行列と呼ぶことにする．海洋での時間発展する（時間の進み具合を k で表す）数値モデルが以下のように（例えば差分形で）書き下せたとする．

$$\mathbf{x}_{k+1}^f = \mathbf{M}_k \mathbf{x}_k^f \quad (k = 0, 1, \ldots, n-1) \tag{2.14}$$

観測とモデル出力から最小分散推定値を式 (2.12) と同様の形として

$$\mathbf{x}_k^a = \mathbf{x}_k^f + \mathbf{K}(\mathbf{y}_k^0 - \mathbf{H}_k \mathbf{x}_k^f) \tag{2.15}$$

と書ける．ここで重みはカルマンゲインと呼ばれて

$$\mathbf{K}_k = \mathbf{P}_k^f \mathbf{H}_k^T (\mathbf{R}_k + \mathbf{H}_k \mathbf{P}_k^f \mathbf{H}_k^T)^{-1} \tag{2.16}$$

と求まる．その時の推定誤差は

2章 データ同化：海洋での大規模最適化の例のインフォーマルなイントロダクション

$$\mathbf{P}_k^a = (\mathbf{I} - \mathbf{K}\mathbf{H}_k)\mathbf{P}_k^f \tag{2.17}$$

と求められる．この最小分散推定値から出発して，数値モデルを積分する：

$$\mathbf{x}_{k+1}^f = \mathbf{M}_k \mathbf{x}_k^a \tag{2.18}$$

それと同時に，予報誤差共分散行列も時間発展する：

$$\mathbf{P}_{k+1}^f = \mathbf{M}_k \mathbf{P}_k^a \mathbf{M}_k^T + \mathbf{Q}_k \tag{2.19}$$

ここで $\mathbf{Q}$ はモデルのシステム誤差である．以上の式を式 (2.12)，(2.13) と同じように眺めると，最初の 2 変数の場合の形が残っていることに気付く（その説明は読者自ら試みてほしい）．

次に，最尤推定に対応した多次元の場合を考えよう．上記の表式をいくつか用いると，まず評価関数は

$$J(\mathbf{x}) = \frac{1}{2}(\mathbf{x} - \mathbf{x}_b)^T \mathbf{B}^{-1}(\mathbf{x} - \mathbf{x}_b) + \frac{1}{2}(\mathbf{H}\mathbf{x} - \mathbf{y}^0)^T \mathbf{R}^{-1}(\mathbf{H}\mathbf{x} - \mathbf{y}^0) \tag{2.20}$$

となる．観測演算子が線形の場合，$J(\mathbf{x})$ は x の 2 次関数となるので，解析的に x_a を求めることができる．評価関数を x で微分して 0 とおくと，推定値は式 (2.12) と同じ式が得られる．実際には，観測演算子は線形ではない場合が多く，評価関数の微分（最適な推定値を求めたい変数 x に関する J の勾配）はゼロでなく，その勾配を最適化手法（例えば準ニュートン法）に用いて，逐次的に最適な推定値を求める．解析が空間 3 次元に対応しているため，この手法を 3 次元変分法と呼んでいる．

時間発展を考慮して，カルマンフィルターを導出したように，数値モデルを用いて，時間方向に 3 次元変分法を拡張した手法が 4 次元変分法あるいはアジョイント法と呼ばれる手法である．評価関数に時間方向のある期間すべての観測も考慮すると，以下のように書き下せる：

$$J(\mathbf{x}) = \frac{1}{2}(\mathbf{x}_0 - \mathbf{x}_b)^T \mathbf{B}^{-1}(\mathbf{x}_0 - \mathbf{x}_b) + \sum_{k=0}^{n} \frac{1}{2}(\mathbf{H}_k \mathbf{x}_k - \mathbf{y}_k^0)^T \mathbf{R}_k^{-1}(\mathbf{H}_k \mathbf{x}_k - \mathbf{y}_k^0) \tag{2.21}$$

2.2 データ同化とは

右辺第2項が，ある期間 n にわたって観測データを利用していることを示している．数値モデルに式 (2.14)（ただし簡略化のため上付き f を省く）を用いて，そのモデルを満たすような制約条件付き最適化法を考える．ラグランジュ未定乗数法を用いて，制約条件なしの最適化法に変換する．まずラグランジュ関数 L を

$$L = J + \sum_{k=1}^{n}(M_{k-1}\mathbf{x}_{k-1} - \mathbf{x}_k)^T \lambda_k \tag{2.22}$$

とおく．ここで λ_k はラグランジュの未定乗数あるいはラグランジュ変数と呼ばれている．$\mathbf{x}_k$，λ_k について第一変分をとって，0 とおくと

$$\lambda_k = \mathbf{M}_k^T \lambda_{k+1} + \mathbf{H}_k^T \mathbf{R}_k^{-1}(\mathbf{H}_k \mathbf{x}_k - \mathbf{y}_k^0) \quad (k = n, n-1, \cdots, 0) \tag{2.23}$$

が求まる．この式は $\mathbf{M}^T$ で時間発展するためアジョイント方程式と呼ばれている．ただし $k+1 \to k$ の逆の時間方向に発展する．ここでは実空間での導出であったが，複素空間での導出を行うと $\mathbf{M}^*$，すなわち転置と複素共役を施した時間発展の式になることがわかる（例えば [7]）．また評価関数の勾配は

$$\nabla_{x_0} J = \lambda_0 + \mathbf{B}^{-1}(\mathbf{x}_0 - \mathbf{x}_b) \tag{2.24}$$

と求められる．逆の時間方向にアジョイント方程式を解いて，数値モデルの結果と合わせて式 (2.24) で表される勾配を，準ニュートン法などに用いて最適な海洋の状態を求める．この手法を4次元変分法と呼んでいる．

カルマンフィルターでは予報誤差共分散行列 $\mathbf{P}^f$ を式 (2.19) に従って時間発展させている．この4次元変分法では，上述の導出からわかるように背景誤差共分散行列 B は一定のままであるように見えるが，実際はモデルの時間発展を用いて予報誤差の時間発展を暗に行っている．また，この4次元変分法では，式 (2.22) から式 (2.23) を導くときに第一変分をとって求めていることからわかるように，数値解析や最適化分野で知られている高速自動微分法の応用にもなっている．実際，10^8 の次元を持つ数値モデルのプログラムを用いて，アジョイント方程式に書き換えたプログラムを作成する場合には，高速自動微分を用いて書き換えることもできる．例えば，海洋分野では TAMC(Tangent

2 章 データ同化：海洋での大規模最適化の例のインフォーマルなイントロダクション

linear and Adjoint Model Compiler)[1] や TAPENADE(Tangent and Adjoint PENultimate Automatic Differentiation Engine)[2] が開発されている．高速自動微分に関して，詳しくは参考文献 [9] を参照されたい．

　さて，数値モデルが非線形の場合，カルマンフィルターでは，式 (2.14) の代わりに各状態変数周りで線形化を行って計算することになる（これを拡張カルマンフィルターと呼んでいる）が，実際の海洋分野ではモデルが巨大になり線形化が難しくなることや，推定が不安定になるなどの問題がある．この問題を回避するために，多数のアンサンブルメンバーを作成し，モンテカルロ近似（すなわち，簡単に述べると，アンサンブルメンバーを用いて確率分布を近似）することにより，上記のカルマンフィルターで用いられる各式をアンサンブルメンバーによる記述に代えて同化システムを構築するアンサンブルカルマンフィルターという手法も開発されている．このアンサンブルカルマンフィルターでは，一期間の予測を行って求められるアンサンブルが，予測分布の良い近似になっているし，アンサンブルのサンプル平均・共分散行列がカルマンフィルターのそれぞれに近似的に一致する性質がある．このアンサンブルカルマンフィルターは，その実装の容易さから多くの研究で用いられている．詳しくは最近の代表的な教科書 [4] を参照されたい．

　これまでの説明からすぐわかるように，データ同化を行うのに線形・ガウス分布を仮定してきたが，現実には非線形あるいは非ガウス分布になる現象を対象とする場合，必ずしも妥当な状態が得られるとは限らない．その問題に対処するために，アンサンブルカルマンフィルターと同様であるが，状態の確率密度分布を多数のメンバーを用いてアンサンブル近似を行う手法が開発されている．そのメンバーを粒子に例えて扱うため粒子フィルターと呼ばれている [4]．アンサンブルカルマンフィルターとの違いは，カルマンフィルターの定式化を用いず，粒子を用いてフィルター分布を近似する．その粒子の数が確率密度分布に対応しているが，それらの粒子が観測にどの程度当てはまっているか尤度を計算して観測への当てはまりが悪い粒子（低い尤度）を破棄し，観測への当てはまりのよい粒子を複製して増やす操作（復元抽出）を行う．この操作は，遺伝

---

[1] http://autodiff.com/tamc/

[2] http://www-sop.inria.fr/tropics/tapenade.html

子の組み換えを取り入れて最適化を行う遺伝的アルゴリズムと同様である．違いは，遺伝的アルゴリズムは最適な状態を求めることを目的とし，粒子フィルターは確率分布を求めることを目的としている点である．この粒子フィルターは津波のシミュレーションなどへの応用が報告されている．ここで述べたアンサンブルカルマンフィルターも粒子フィルターも，確率密度分布を近似するため，多数のアンサンブルメンバーを用いることが必要になるため，今後スーパーコンピューターの発達とともに実装もより容易になってくると思われる．

カルマンフィルターは当初ロケットの軌道推定設計に利用されてから，理学・工学等の多くの分野で用いられている．変分法やカルマンフィルター（あるいはそれらに類する最適化手法）は，例えば，沿岸での波浪予測，地震発生予測に関するシミュレーション，生命保険での数理予測，リニアモーターカーの設計，遺伝子発現調節モデル，地球磁気圏荷電粒子分布など様々な分野での利用が広がりつつある [1,4]．

次の節では，海洋でのデータ同化の例として5つの話題を取り上げて紹介する．ただし，ここでの例では，3次元変分法で求められた海洋の最適な状態が活用されている．

2.3 海洋をとりまく最適化の応用例

2.3.1 エルニーニョ・ラニーニャの再現

エルニーニョ・ラニーニャは，数年ごとに熱帯太平洋に起こる経年変動であり，その海面水温の変化の大きさから，大気に多大な影響を与え，ひいては日本の気候にも大きく影響する．熱帯太平洋では，通常（ラニーニャ）時には貿易風（東風）により西側に暖かい水を吹き寄せているが，数年おきに貿易風が弱まり暖かい水が中央から東側に移動する（エルニーニョ）．これらの現象は，大気と海洋で互いに相互作用を及ぼして起こっている現象であるが，ここでは，主に海洋での現象に着目してデータ同化の結果を示す．

気象庁と気象研究所で開発・運用している全球の海洋データ同化システムMOVE/MRI.COM-Gでは，気象庁の大気でのデータ同化結果によって得られた，風，気温，水に関する大気海洋間のフラックスを駆動力として全球の海洋数

2章 データ同化：海洋での大規模最適化の例のインフォーマルなイントロダクション

値モデル MRI.COM の積分を行う．観測データとしては，船舶による水温・塩分のデータや人工衛星，海洋中に係留してある観測網（例えば TAO/TRITON ブイ）や海中を移動して観測する ARGO フロートなどを 3 次元変分法に用いて，海洋の最適な状態を得ている．その状態を初期条件として（それに大気でのデータ同化の結果も）用いて，大気と海洋を同時に計算する結合モデルを積分し，全球の季節予報などを行っている．

図 2.1 は，海洋でのデータ同化 [2] を用いて描いたエルニーニョ時の海洋の状態の一例である．図 2.1(a) は 2015 年 12 月の海面水温の水平分布図を示す．熱帯太平洋の西部から中央部にかけて，海面水温が高い領域が広がっていることがわかる．図 2.1(b) では，赤道に沿った東西鉛直断面での（すなわち，横軸が経度，縦軸が水深を表す）水温分布を示している．やはり表層の西部から日付変更線の東まで水温の高い水が占めていることがわかる．しかし，このような水温の値は，実際に（相対的に）高いのかより明瞭に示すには，30 年間の平均値から算出された平年値との差を見てみる必要がある．図 2.2 に図 2.1 の (a), (b) 図と同じ座標軸で，平年値からの水温偏差を描いた図を示す．水温偏差でみると平年値よりも 3°C も暖かい水が熱帯太平洋中央部から東部にかけて広がっており，近年まれにみる強いエルニーニョであったことがわかる．これらの図は，観測だけでもあるいは海洋数値モデルだけでも得ることはできず，データ同化があって初めて得ることのできた描像である．気象庁では，このようにして得られた海洋の状態（と大気でも同様にデータ同化して得られた最適な状態）を初期値として，大気と海洋を同時に計算する大気海洋結合モデルにより，エルニーニョ予報や季節予報を行っている．詳しくは気象庁のホームページ[3] を参照願いたい．

2.3.2 黒潮の予測

日本近海に目を転じてみよう．日本南岸には黒潮といわれる，暖かい海流が流れており，太平洋側の温暖な気候に大きな影響を与えている．この黒潮は，大気の海上風の回転成分の南北分布や密度成層の状態などに応じて変動している．

---

[3] http://www.data.jma.go.jp/gmd/cpd/elnino/index.html

2.3 海洋をとりまく最適化の応用例

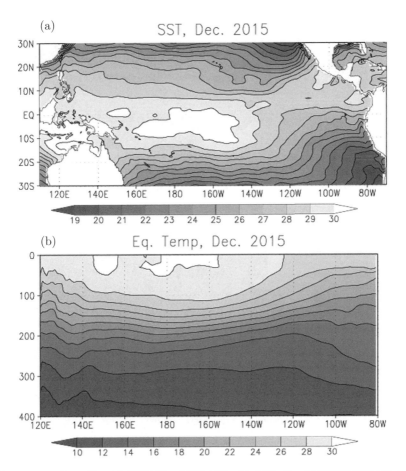

図 2.1 2015 年 12 月の (a) 海面水温の水平分布図. (b) 赤道に沿った東西鉛直断面での水温分布. 藤井陽介氏（気象研究所）提供.

最も特徴的な黒潮の流軸は, 日本南岸を直進する場合（この状態のほうが多い）と時には東海沖で大きく蛇行して流れる「大蛇行流路」をとる場合とがある.

図 2.3 には, 日本南岸での 50m 水深の水平流速の平面図を示す. この図の作成には, 気象庁・気象研究所で運用されている海洋データ同化システム (MOVE/MRI.COM_WNP) の海流情報が用いられており, データ同化手法には 3 次元変分法が用いられたシステムの同化計算結果である. 図 2.3(a) は 2003

2章 データ同化：海洋での大規模最適化の例のインフォーマルなイントロダクション

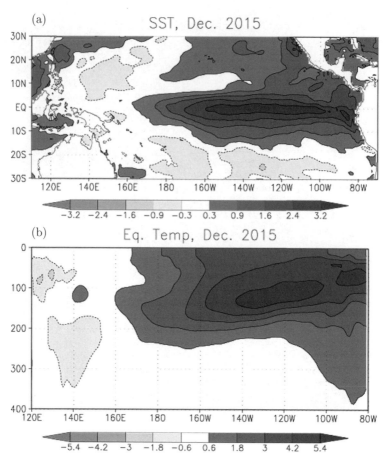

図 2.2 平年値（30年間の平均値）からの水温偏差分布．(a), (b) 共に図 2.1 に対応する．藤井陽介氏（気象研究所）提供．

年8月10日の直進の流路を示す．その後図 2.3(b) に示すように，2004年8月10日には大蛇行流路で黒潮が流れた．黒潮が大蛇行流路を流れる場合には，蛇行した岸側の水温は低くなり，その結果，東海沖は冷涼な気候になる．また，水温の急激な変化により，近海の水産業に多大な影響を与えることが知られている．これらの流路変動の現象を解明し，現在は1か月から2か月先までの海洋の状態を予測できるようになった [13]．

2.3 海洋をとりまく最適化の応用例

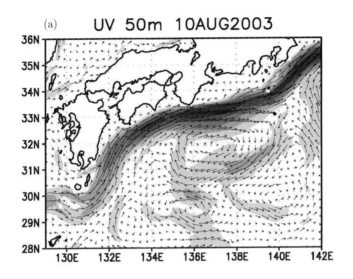

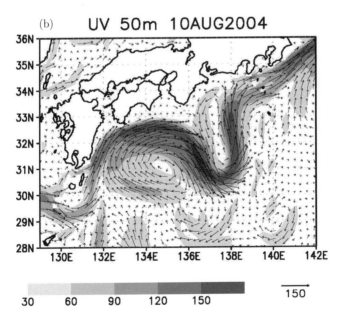

図 2.3 日本南岸での水深 50m での水平流速の平面図．矢印は流速ベクトル，灰色の陰影は流速の絶対値を表す．(a)2003 年 8 月 10 日．(b)2004 年 8 月 10 日．碓氷典久氏（気象研究所）提供．

2.3.3 海洋での水塊の追跡：起点・終点を設定した場合の経路上の確率空間分布

海洋の水は一様ではなく，海洋の表層下には水深 6000m を超える海底まで様々な水が入り組んで存在している．海洋の中での水を特徴づける一つの指標は，水温と塩分である．もちろんこの他にも地球化学的な成分によっても分類できる．それらによって特徴づけられる水（海洋学では「水塊」と呼んでいる）はどこで生成され，どのような経路をたどって，移動していくのか？ その疑問に答えるために，歴史的には長年にわたり世界各海域での水塊の指標となる水温・塩分などを船舶で精力的に測り，水の移動と変動を解析するのが海洋学での伝統的な方法であった．その疑問を解決するために，海洋数値モデルとデータ同化を用いて答えることは，海洋での密で長期間に渡る困難な海洋観測に頼らずに，海洋での水の循環を理解することにつながる．

近年このテーマに取り組むための新しい手法が研究されている [3,5]．図 2.4 に示すように，時刻 $t = 0$ に F という海域（起源海域）で水塊が形成され，平均的な流れと乱流拡散により，徐々に個性を失いながら海洋中に広がっていく．その広がっていく水塊の中で，時刻 $t = T$ に B という海域（終着海域）に到達する水塊はどの程度の割合であるのか，またどのようなルートを通ってきたのか？その確率はどの程度なのか？を計算するための手法である．

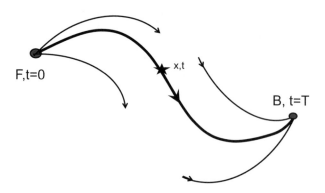

図 2.4 起源海域（図中 F）で水塊が生成され，終着海域（図中 B）まで到達する場合の概念図．

2.3 海洋をとりまく最適化の応用例

起源海域 F から海域 x を時刻 t に通過して終着海域 B へ到達する確率 $p(B|F)$ は，チャップマン・コルモゴロフの式により

$$p(B|F) = \int p(B|x,F)p(x|F)dx = \int L_B(x,t)P_F(x,t)dx \tag{2.25}$$

と書き表せる．2 番目の式中 $p(B|x,F)$ は，x から B へ到達するには起源海域 F からのルートは関係ないので $p(B|x)$ と書き表せる．またその確率は，終着海域から途中の海域 x までの尤度 $L_B(x,t)$ とみなせる．この尤度は，アジョイント方程式 (2.23) で求められる．また，起源海域 F から海域 x に到達する確率 $p(x|F)$ は，通常の数値モデル (2.14) 式で求められるので，$P_F(x,t)$ と表記した．数値モデル（この水塊移動の場合，トレーサーに関する移流拡散方程式）の変数とアジョイント方程式の変数を掛けた変数は保存することが知られており [3,11]，そのことにより式 (2.25) は保存する．またその掛けた変数の空間構造を調べることにより，起源海域 F から終着海域 B に到達する水塊の確率分布を求めることができる．

図 2.5 は，例として北西太平洋での北太平洋中層水の移動ルートを示した図である．北太平洋中層水は北太平洋の北方で形成され中層（例えば水深 800m 位，この水深は海域により変化する）を流れている塩分の非常に薄い水である．この計算では，起源海域は北緯 37.5° 以北の北部太平洋亜寒帯循環の海域とし，終着海域を北緯 26°～31°，東経 136°～140° で囲まれた日本南方の海域を設定した．また，期間は 1997 年から 2006 年を選んでおり，この 10 年間で北太平洋亜寒帯域で生成された水塊が日本南方まで移動した場合どの程度の確率で生き残っているかを表す．図 2.5 から，この中層で塩分が低いことで特徴づけられる北太平洋中層水が，亜寒帯起源域から西の端に沿って南下し，本州東方では東に向かう黒潮の流れに流されながら迂回して日本南方に到達している様子が確率情報の空間分布として初めて求められた．

2.3.4 漂流物の分布予測

東日本大震災は，2011 年 3 月 11 日 14 時 46 分に三陸沖を震源とする東北地方太平洋沖地震（モーメントマグニチュード 9.0）という国内観測史上最大規模の地震で引き起こされた震災であった．またそれに伴って発生した津波は，

2章　データ同化：海洋での大規模最適化の例のインフォーマルなイントロダクション

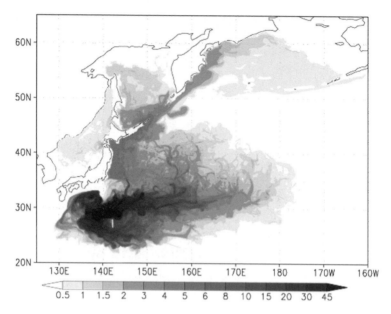

図 2.5　北太平洋中層水の亜寒帯海域で生成され，日本南方海域が終着海域である水塊の結合確率密度空間分布．藤井陽介氏（気象研究所）提供．参考文献 [3] の Fig.6 を改変して転載．

福島県相馬で高さ 9.3m 以上の非常に高い津波であり，東北地方から関東地方北部の太平洋側を中心に沖縄から北海道にかけて広い範囲で観測された．この史上まれにみる津波により，北海道から東北太平洋側沿岸では甚大な災害が発生し，その結果，150 万トンもの震災漂流物 (JTMD: Japan Tsunami Marine Debris) が沿岸から太平洋に流れ出した．この震災漂流物は，通常 1 年間に太平洋を流れている漂流物の総量に匹敵すると見積もられている [10]．

この大量の震災漂流物は，航行船舶や漁業に被害をもたらす可能性があり，また漂着先の沿岸国での環境汚染，さらには漂流中に付着した海洋生物が沿岸国では外来種として沿岸域の生物環境にも大きな影響を与えることが懸念される．そのため，内閣官房総合海洋政策本部の要請の元，関係省庁連絡会議を通じて各省庁から得られた情報をもとに，2011 年から 3 年間，震災がれきの漂流予測を行うプロジェクトが遂行された．またその後の震災漂流物の現状把握と

2.3 海洋をとりまく最適化の応用例

生態系への影響を調査する目的で，環境省と北太平洋海洋科学機構 (PICES) 主導の元，日米の研究者が協力して研究を行っている．

これらの震災漂流物の挙動を把握し沿岸国に適切な情報を提供することは重要な課題である．その情報提供には，船舶による目視観測と衛星観測による実況の把握に加えて，海洋数値モデルを用いた漂流状況シミュレーションによる過去と現在の状況把握および予測が不可欠である．上記のプロジェクトでは，2.2 節で述べたデータ同化手法を海洋数値モデルや大気海洋結合モデルに応用した結果の海流や海上風が用いられている [8]．

一般に海洋中を漂う漂流物は，海上に出ている部分には海上風が直接作用し，また海中に没している部分には海流が作用してその総和として漂流している．実際の漂流物の種類・形状に応じてその作用の仕方は異なる．これらの情報は海上保安庁での救命救難活動や漂流物予測の基礎的な資料として作成されており，今回の震災漂流物のシミュレーションでも用いられた．その一例を，図 2.6 に示す．シミュレーションは，過去と現在の状況把握には，気象庁・気象研究所で運用されている海洋データ同化システム (MOVE/MRI.COM_WNP,NP) の海流情報及び気象庁での季節予報の結果の海上風，震災漂流物の予測には京都大学と海洋研究開発機構で開発された大気・海洋結合同化・予測システム (K7) の海流・海上風を，漂流計算を行う日本原子力研究開発機構で開発された海洋拡散モデル (SEA-GEARN) に挿入して行われた．図 2.6 は，2011 年 3 月から流れ出した震災漂流物の 2013 年 8 月 15 日時点での分布と海上風分布を示す．シミュレーションには 4 種類の海上と海中の割合を変えた漂流物をモデル化している．このシミュレーション結果は，実際にカナダ西海岸と米国西海岸及びハワイ沿岸に漂着した漂流物の時期と場所は一致している．大まかには，海上に多く出ている漂流物は海上風の影響を大きく受けて早く沿岸に到達した．また，図中ハワイ北東海域に集まっている様子が特徴的である．この海域は Garbage Patch と呼ばれる海域で，海流が収束しているため，歴史的に漂流物の集まる海域として有名である．プロジェクトでは，データ同化とシミュレーションによって，これらの漂流物の全体像が得られた．現在まで，米国研究者との比較実験を行っており，その予測精度を向上させている．また，これまでの漂流物の漂着予測は米国とカナダの在外公館を通じて，特に米国では震災漂流物対策

2章 データ同化：海洋での大規模最適化の例のインフォーマルなイントロダクション

本部である IMDCC（Interagency Marine Debris Coordinating Committee, 米国海洋大気庁 (NOAA) が事務局）を通じて情報共有を行っている．このような災害後の緊急の対応を国際的に協力して行おうという取り組みが，国連の下部組織である WMO（世界気象機関）と IOC（政府間海洋学委員会）のもと始まっている．

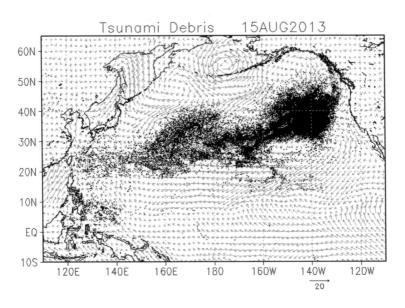

図 2.6　2013 年 8 月 15 日の震災漂流物分布と海上風分布．川村英之氏（日本原子力研究開発機構）提供．

2.3.5 漁場の探索

日本は，四方を海に囲まれ，水産業は重要な第 1 次産業である．水産資源の空間分布やその時間変動は，海洋環境・生態系の変動や気候変動に影響を強く及ぼされている．現在あるいは将来の環境場の変動とそれに応じた水産資源の変動予測ひいては資源管理を行うには，環境の状態推定をなるべく正確に行い，その不確実性を低減することが喫緊の課題である．

　海洋環境場の状態推定には，海洋でのデータ同化が力を発揮することが最近

2.3 海洋をとりまく最適化の応用例

の研究で明らかになってきている [6]．海洋環境場と漁獲位置・量などを非線形の統計的な手法あるいは機械学習を用いて漁場推定を行う試みがなされている．

この小節では，対象魚種としてアカイカを選んで，海洋データ同化で得られた環境場，漁獲高と漁場情報，それらを組み合わせた好適棲息度指数 HSI (Habitat Suitability Index) による漁場推定例を紹介する．海洋環境場には，2.3.2 節で用いた気象庁・気象研究所で運用されている海洋データ同化システム (MOVE/MRI.COM_WNP) の海洋情報（例えば海面水温・海面の高さ・海面の高さの勾配）を用いた．これらの環境変数の各々とアカイカの資源量（過去に漁船で得られた漁獲高）を統計的に比較し（非線形の関係になり SI 曲線と呼ぶ），環境変数毎に棲息程度を数値化する．その数値を好適度指数 SI(Suitability Index) と呼ぶ．それらを組み合わせた値を好適棲息度指数 HSI と呼んでいる．この HSI 値が高い海域ほど，対象魚種が多く棲息すると期待される．

図 2.7 に好適度指数 SI の例を示す．ここでは海洋環境変数として海面高度を選んである．横軸は海面高度，縦軸は SI を表し，1999 年から 2008 年の 10 年間のデータを SI の算出に使用した．海面高度の値によりアカイカの棲息度が異

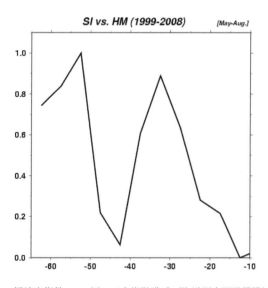

図 **2.7** 好適度指数 SI の例．五十嵐弘道氏（海洋研究開発機構）提供．

2章 データ同化：海洋での大規模最適化の例のインフォーマルなイントロダクション

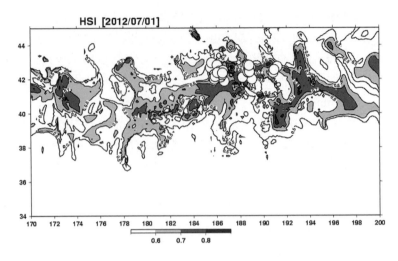

図 2.8 2012年7月1日のアカイカの好適棲息度指数の分布と漁船の位置（○印）．横軸は経度，縦軸は緯度．五十嵐弘道氏（海洋研究開発機構）提供．

なることがわかる．海洋物理的には，海面高度（やほかの変数，例えば，表層流速に比例する海面高度の勾配，亜表層からのプランクトンの沸き上がりを示す指標になる海面での流速発散域）に応じて，アカイカの生存に好適な状態があることを示している．この関係は通常非線形となっている．

　図2.8 に，2012年7月1日のアカイカの好適棲息度指数の分布と漁船の位置（○印）を示す．横軸は経度，縦軸は緯度を表す．海域は，黒潮が日本列島から離岸して東方に向かって流れている海域である．そのため黒潮の流れに沿って東西に伸びた形で漁場が形成されているということを示している．図中，色が濃い海域ほどアカイカの棲息数が多いと期待される．○印が漁業位置を示しており，予測計算の結果と大まかにあっている．しかしながら，すべての HSI が高い海域で漁業がおこなわれているわけではない．この理由は，漁船がその海域で操業していないのか，あるいは操業したが漁獲が得られなかったのかの区別が非常に困難であり，通常の実験室や海洋観測で計算・予測結果を検証するプロセスとは異なり，人間の行動が要素として介在している．このような研究は，OR 技術を応用して漁業者の長年の勘に頼った漁業形態の現代化を図る方向性

を示しているといえ，第 1 次産業に第 5 次産業での技術を応用した例である．

2.4 まとめ

　最適化手法を海洋での現象に応用する場合のデータ同化技術の基礎的な手法を，数学的な厳密性をある程度犠牲にして紹介した．またそのデータ同化で得られる現実的な海洋の状態は，海洋変動予測（いわゆる「海の天気予報」）やエルニーニョ予報から海洋漂流物の予測，水産業への応用等，社会への様々な面での応用がなされている．さらには，最適化されたモデルアウトプット（インフォメーション）を，社会のユーザーに使いやすいように自動的に（あるいは自働的に）変換し，社会的な認知に役立つ研究・開発も進行している．このような研究分野は「海洋・地球インフォマティクス」と呼ばれており[4]，今後最適化手法が海洋に関する社会事象での情報化に向かってますます役立つと思われる．

参考文献

[1] 淡路敏之，蒲地政文，池田元美，石川洋一（編著）：『データ同化』，pp.284, 京都大学出版会，2009.

[2] Fujii, Y., Nakaegawa, T., Matsumoto, S., Yasuda, T., Yamanaka, G., and Kamachi, M.: Coupled climate simulation by constraining ocean fields in a coupled model with ocean data. *Journal of Climate*, Vol.22, pp.5541–5557, 2009.

[3] Fujii, Y, Nakano, T., Usui, N., Matsumoto, S., Tsujino, H., and Kamachi, M.: Pathways of the North Pacific Intermediate Water identified through the tangent linear and adjoint models of an ocean general circulation model, *Journal of Geophysical Research. Oceans*, Vol.118, pp.2035–2051, 2013.

[4] 樋口知之（編著）：『データ同化入門』，p.240, 朝倉書店，2011.

[5] Holzer, M., and Primeau, F. W.: The path-density distribution of oceanic surface-to-surface transport, *Journal of Geophysical Research*, Vol.113, C01018, doi:10.1029/2006JC003976, 2008.

[6] 五十嵐弘道，淡路敏之，蒲地政文，石川洋一，杉浦望実，増田周平，土居知将，碓氷典久，藤井陽介，豊田隆寛，日吉善久，佐々木祐二，齊藤誠一，酒井光夫，加藤慶樹，佐

---

[4] 例えば，https://www.jamstec.go.jp/ceist/sympo/2015/を参照．

2章　データ同化：海洋での大規模最適化の例のインフォーマルなイントロダクション

藤晋一：気候変動に伴う水産資源・海況変動予測技術の革新と実利用化．『土木学会論文集 G（環境）』，Vol.1_67, pp.I_9-I_15, 2011.

[7] 蒲地政文：変分法による随伴方程式を用いたデータ同化作用について，『日本流体力学会誌論文集「ながれ」』，第 13 巻，pp.440-451, 1994.

[8] Kawamura, H., Kobayashi, T., Nishikawa, S., Ishikawa, Y., Usui, N., Kamachi, M., Aso, N., Tanaka, Y., and Awaji, T.: Drift simulation of tsunami debris in the North Pacific, *Global Environmental Research*, Vol.18, pp.81–96, 2014.

[9] 久保田光一，伊理正夫：『アルゴリズムの自動微分と応用』(現代非線形科学シリーズ)，p.282, コロナ社，1998.

[10] Maximenko N., MacFadyen, A., and Kamachi, M.: Modeling the drift of marine debris generated by the 2011 tsunami in Japan. *PICES Press*, Vol.23, pp.32–36, 2015.

[11] Morse, P. M. and Feshbach, H.: *Methods of Theoretical Physics*, Part I (International Series in Pure and Applied Physics), p.997, McGraw-Hill Book, 1953.

[12] 露木義，川畑拓矢（編集）：『気象学におけるデータ同化』，気象研究ノート第 217 号，日本気象学会，pp.277, 2008.

[13] Usui, N., Tsujino, H., Fujii, Y., and Kamachi, M.: Generation of a trigger meander for the 2004 Kuroshio large meander. *Journal of Geophysical Research*, Vol.113, C01012, doi:10.1029/2007JC004266, 2008

3章

最適形状設計

畔上秀幸

3.1 はじめに

　工学の分野ではモデリングと最適化は設計のイメージとかさなることが多いと思われる．筆者は，機械工学において機械を設計する際に現れる弾性体，流れ場あるいは電磁場などの連続体における境界形状を最適化する問題を定式化し，それらの数値解を得る方法について研究してきた．本章では，連続体におけるさまざまな現象を偏微分方程式の境界値問題として記述することをモデリングとみなし，連続体の形状を記述するパラメータを設計変数とみなしたときの最適化問題について考えてみたい．

　実は，筆者は，25年以上前に，樹木や骨のふるまいをヒントにした素朴なアイディアにとりつかれ，最適形状設計の研究をはじめるはめになった．そのアイディアとは，外力によって変形した弾性体を考えたとき，その内部で発生している応力（正確には，応力テンソルをスカラー化した値，例えば Mises 応力）が，基準となる大きさよりも大きければ，その偏差に比例して膨張し，小さければ，その偏差の絶対値に比例して収縮する変形を繰り返していけば，働いていない部分はそぎ落とされ，働いている部分が補強されることによって，無駄のない形状が得られのではないか，というものであった [1]．その方法は，その後，成長ひずみ法とよばれるようになった．その後，そのアイディアには欠陥があることがわかり，それを改善した方法が，本章の後半で紹介する方法の基になっている．最初のアイディアが不完全であったことが，幸いにして興味を持続させ，改善した方法でよいことを証明したいという願望が，関数解析と最適化理論を学ぶ強い動機付けとなった．

　このような経緯で最適化理論を学ぶことになって，最初の戸惑いは，設計変

3章 最適形状設計

数とは何かについての疑問であった．最適設計においては，設計したいシステムがあり，そこには入力が与えられたときに，出力としてシステムの状態が決定されるような方程式が用意されている．ちなみに，最適制御問題でも，入力に対して制御のための評価関数や評価規準に対して最適になるように制御力が決定されるしくみになっていると考えれば，制御力も状態の中に含まれることになる．本章では，状態を記述するパラメータを状態変数とよぶことにする．一方，設計変数は，システムを記述するパラメータであり，その状態方程式の中では定数として扱われる．すなわち，設計変数が与えられたとき，システムが確定し，入力に対して状態が決定するという構造になっている．システム設計のための評価関数は設計変数と状態変数の関数として定義される．最適設計における研究者の多くは，設計変数はシステムを記述するパラメータであって，状態変数は設計変数とは別であると理解している．ある工学の講演会に参加したときに，この混乱に起因する討論に遭遇した．

ところが，最適化理論のテキストをみると，設計変数しかでてこないのである．最適化理論を学んでいくにしたがってわかってきたことは，最適設計における状態変数は，最適化理論では設計変数として扱われるべき変数であったということである．最適設計では，設計変数が与えられたとき，入力は既知と仮定されるので，状態方程式という等式制約によって状態変数は一意に決定される．そこで，最適化理論の枠組みでみれば，最適設計における状態変数は，設計変数とみなされるが，等式制約によって独立にえらべる設計変数（最適設計における設計変数）の従属変数になるという特徴をもつ．このような対応が理解されれば，最適設計は，等式制約つき最適化問題のクラスに入り，最適設計における設計変数の変動に対する評価関数の微分を求めることも，勾配を用いた制約つき問題に対するアルゴリズムを使うこともできて，さまざまな最適設計問題が解けることになる．

筆者の経緯にもどって，もうひとつ必要となった知識が関数解析であった．最適形状設計では，偏微分方程式の境界値問題が状態方程式に対応する．そこで，状態変数は境界値問題の解によって与えられることになる．さらに，設計変数は，偏微分方程式の境界値問題が定義された領域の変動を表す関数ということになる．このような対応を考えたとき，設計変数や状態変数が定義された

3.2 簡単な最適設計問題

線形空間は関数空間になる．評価関数は設計変数や状態変数の汎関数（関数空間から実数への写像）によって与えられる．その結果，最適形状設計問題は，関数最適化問題のひとつして考えていく必要が生じたのである．

本章では，筆者の経験に基づいて，上で説明した二つのことに対応させて，次のことを解説してみたい．最初に，3.2 節において，有限次元空間の簡単な最適設計問題を定義して，その問題に対する数値解を得るまでの手続きについてみてみたい．その後，3.3 節において，線形弾性体の最適形状設計問題を定義して，簡単な最適設計問題との対応を確認しながら，その問題に対する解法をみていくことにする．その結果，最適形状設計問題は，関数最適化問題ではあるが，簡単な最適設計問題と同様のアルゴリズムで解けることが理解されるであろう．

3.2 簡単な最適設計問題

ここでは，図 3.1 のような二つの断面積をもつ 1 次元線形弾性体を例にあげて，最適設計問題を構成して，その解法までをみてみよう．ここで 1 次元とよんだ理由は，実際には断面積と長さで構成された 3 次元物体であるが，変位が長さ方向にとった x 座標のみの関数で与えられると仮定するからである．また，ひずみが応力に比例すること（一般化 Hooke 則）と，変位は微小であると仮定したときに，変位は外力の線形関数になることから，線形弾性体とよばれる．

3.2.1 問題の定義

図 3.1 のような 1 次元線形弾性体に対して，断面積 $\boldsymbol{a} = (a_1, a_2)^{\mathrm{T}} \in X = \mathbb{R}^2$（$\mathbb{R}$ は実数の全体集合を表す）を設計変数とする．本章では，有限次元のベクトルを縦ベクトルと定義して，その転置を $(\,\cdot\,)^{\mathrm{T}}$ で表すことにする．長さ l と剛性係数 e_{Y}

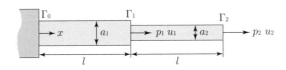

図 **3.1** 二つの断面積をもつ 1 次元線形弾性体

3章 最適形状設計

および外力 $\bm{p} = (p_1, p_2)^\mathrm{T} \in \mathbb{R}^2$ を既知とする．変位 $\bm{u} = (u_1, u_2)^\mathrm{T} \in U = \mathbb{R}^2$ を状態変数とおき，$\bm{a}$ が与えられたときに，$\bm{u}$ が決定されるように構成された問題を状態決定問題とよぶことにする．この力学系では，外力が作用する前の状態を基準にすれば，ポテンシャルエネルギーは

$$\pi(\bm{u}) = \frac{1}{2}\frac{e_\mathrm{Y}}{l} a_1 u_1^2 + \frac{1}{2}\frac{e_\mathrm{Y}}{l} a_2 (u_2 - u_1)^2 - p_1 u_1 - p_2 u_2 \tag{3.1}$$

となる．状態方程式（力の釣合方程式）は，$\partial \pi / \partial \bm{u} = \bm{0}_{\mathbb{R}^2}$ より

$$\frac{e_\mathrm{Y}}{l} \begin{pmatrix} a_1 + a_2 & -a_2 \\ -a_2 & a_2 \end{pmatrix} \begin{pmatrix} u_1 \\ u_2 \end{pmatrix} = \begin{pmatrix} p_1 \\ p_2 \end{pmatrix} \tag{3.2}$$

のように得られる．式 (3.2) を

$$\bm{K}(\bm{a}) \bm{u} = \bm{p} \tag{3.3}$$

とかくことにする．また，システムが連続体になっても同様の議論をしたいので，式 (3.3) を次のようにかきかえておこう．$\bm{v} \in \mathbb{R}^2$ を等式制約に対する Lagrange 乗数とみなし，

$$\mathscr{L}_\mathrm{M}(\bm{a}, \bm{u}, \bm{v}) = \bm{v} \cdot (-\bm{K}(\bm{a})\bm{u} + \bm{p}) \tag{3.4}$$

を状態決定問題に対する Lagrange 関数とよぶことにする．本章では，ベクトル同士の内積を $\cdot$ で表すことにする．このとき，任意の $\bm{v} \in \mathbb{R}^2$ に対して

$$\mathscr{L}_\mathrm{M}(\bm{a}, \bm{u}, \bm{v}) = 0 \tag{3.5}$$

を満たす $\bm{u}$ は状態決定問題の解と一致する．

このシステムは外力をささえる構造であることを考えれば，変位ができるだけ小さいほうが性能がよいことになる．そこで，$\bm{p}$ を重みとみなして $\bm{u}$ をスカラー化した

$$f_0(\bm{u}) = \bm{p} \cdot \bm{u} \tag{3.6}$$

は変形のしやすさ（コンプライアンス）を表すことになる．そこで，f_0 は平均

コンプライアンスとよばれる．一方，

$$f_1(\boldsymbol{a}) = l\boldsymbol{i} \cdot \boldsymbol{a} - c_1 \tag{3.7}$$

を $f_1 \leq 0$ によって体積制約を与えるための評価関数とする．ただし，$\boldsymbol{i} = (1,1)^{\mathrm{T}}$，$c_1$ を体積の上限値を表す正定数とする．このとき，体積を制限したもとで，変形しにくい断面積を求める最適設計問題は，

$$\min_{\boldsymbol{a} \in \mathcal{D}} \left\{ f_0(\boldsymbol{u}) \mid f_1(\boldsymbol{a}) \leq 0, \ \boldsymbol{u} \in U, \ \text{条件 (3.3)} \right\} \tag{3.8}$$

を満たす $\boldsymbol{a}$ を求める問題となる．ただし，$\boldsymbol{a}_0 = (a_{01}, a_{02})^{\mathrm{T}}$ を最小断面積を表す正の定数ベクトルとして，

$$\mathcal{D} = \{ \boldsymbol{a} \in X \mid \boldsymbol{a} \geq \boldsymbol{a}_0 \} \tag{3.9}$$

を設計変数の許容集合とよび，$X = \mathbb{R}^2$ と $U = \mathbb{R}^2$ をそれぞれ設計変数と状態変数が定義された線形空間を表すことにする．X と U は微分を定義するときに必要となる線形空間であり，$\mathcal{D}$ は設計変数が満たすべき条件を備えた集合であるという役割の違いに注意されたい．

3.2.2 評価関数の断面積による微分

最適設計問題 (3.8) の最適解を勾配法を用いて解くことを考えたい．そのために f_0 と f_1 の設計変数 $\boldsymbol{a}$ に対する微分が必要となる．$\boldsymbol{a}$ の任意変動を $\boldsymbol{b} \in X$ とかくことにする．このとき，f_1 の断面積による微分（以下断面積微分とよぶ）は，

$$f_1'(\boldsymbol{a})[\boldsymbol{b}] = \frac{\partial f_1}{\partial \boldsymbol{a}} \cdot \boldsymbol{b} = l\boldsymbol{i} \cdot \boldsymbol{b} = \boldsymbol{g}_1 \cdot \boldsymbol{b} \tag{3.10}$$

のように得られる．ここで，$\boldsymbol{g}_1 = l\boldsymbol{i}$ を断面積勾配とよぶことにする．

一方，f_0 は $\boldsymbol{u}$ の関数である．ここでは，$\boldsymbol{a}$ のときの式 (3.3) を満たす $\boldsymbol{u}$ を $\boldsymbol{u}(\boldsymbol{a})$ とかいたとき，$f_0(\boldsymbol{u}(\boldsymbol{a}))$ を $\tilde{f}_0(\boldsymbol{a})$ とかくことにして，$\tilde{f}_0'(\boldsymbol{a})[\boldsymbol{b}]$ を求めることを考える．この問題では，状態変数が

$$\boldsymbol{u} = \boldsymbol{K}^{-1}(\boldsymbol{a}) \boldsymbol{p} = \boldsymbol{h}(\boldsymbol{a}) \tag{3.11}$$

によって一意に決まることから，

$$\tilde{f}'_0(a)[b] = \frac{\partial f_0(u)}{\partial u^{\mathrm{T}}}\frac{\partial h(a)}{\partial a^{\mathrm{T}}}b = g_0 \cdot b \tag{3.12}$$

によって，f_0 の断面積勾配 g_0 を求めることができる．ただし，$\partial/\partial u^{\mathrm{T}}$ は $(\partial/\partial u_1, \partial/\partial u_2)$ を表すことにする．ここで，$i \in \{1,2\}$ に対して $\partial h(a)/\partial a_i$ は $\left(\partial K^{-1}(a)/\partial a_i\right)p$ の計算となる．設計変数の数を増やしていけば，$\left(\partial K^{-1}(a)/\partial a_i\right)p$ の計算回数が増加する．一方，次節では，設計変数が関数となり，その次元は無限大となる．このような計算を無限回繰り返すわけにはいかず，別の方法を考えなければならないことになる．

そこで，Lagrange 乗数法を用いることにする．f_0 の a に対する微分を求めるためには，等式制約つき最適化問題

$$\min_{a \in \mathcal{D}}\{f_0(u) \mid u \in U, \text{条件 (3.3)}\} \tag{3.13}$$

を考える必要がある．問題 (3.13) に対する Lagrange 関数を

$$\mathscr{L}_0(a,u,v_0) = f_0(u) + \mathscr{L}_{\mathrm{M}}(a,u,v_0) = p \cdot u - v_0 \cdot (K(a)u - p) \tag{3.14}$$

とおく．ここで，$v_0 = (v_{01}, v_{02})^{\mathrm{T}} \in U$ は式 (3.3) の等式制約に対する Lagrange 乗数（随伴変数）である．$\mathscr{L}_0$ を f_0 に対する Lagrange 関数とよぶことにする．(a,u,v_0) の任意変動 $(b,u',v'_0) \in X \times U^2$ に対する $\mathscr{L}_0$ の微分は

$$\begin{aligned}\mathscr{L}'_0(a,u,v_0)[b,u',v'_0] &= \mathscr{L}_{0a}(a,u,v_0)[b] \\ &+ \mathscr{L}_{0u}(a,u,v_0)[u'] + \mathscr{L}_{0v_0}(a,u,v_0)[v'_0]\end{aligned} \tag{3.15}$$

となる．ここで，$\mathscr{L}_{0a}$, $\mathscr{L}_{0u}$, $\mathscr{L}_{0v_0}$ はそれぞれ $\mathscr{L}_0$ の a, u, v_0 についての偏導関数を表す．そして，任意の u', $v'_0 \in U$ に対して

$$\mathscr{L}_{0u}(a,u,v_0)[u'] = -u' \cdot \left(K^{\mathrm{T}}(a)v_0 - p\right) = 0, \tag{3.16}$$

$$\mathscr{L}_{0v_0}(a,u,v_0)[v'_0] = -v'_0 \cdot (K(a)u - p) = 0 \tag{3.17}$$

のとき，

3.2 簡単な最適設計問題

$$\tilde{f}_0'(a)[b] = \mathscr{L}_{0a}(a, u, v_0)[b]$$

が成り立つ．式 (3.17) は u が状態決定問題 (3.3) の解ならば成り立つ．また，式 (3.16) は v_0 が

$$K^{\mathrm{T}}(a) v_0 = p \tag{3.18}$$

を満たすならば成り立つ．式 (3.18) は問題 (3.13) における条件 (3.3) に対する随伴変数 v_0 を決定する問題になっている．式 (3.18) において，$K(a) = K^{\mathrm{T}}(a)$ が成り立つので，結局，自己随伴関係

$$v_0 = u \tag{3.19}$$

が成り立つことになる．このような自己随伴関係が成り立てば，随伴問題を解く必要がないことに注意されたい．このように決定された u と v_0 を用いれば，

$$\begin{aligned}
\tilde{f}_0'(a)[b] &= \mathscr{L}_{0a}(a, u, v_0)[b] = -\left\{ v_0 \cdot \left(\frac{\partial K(a)}{\partial a_1} u \quad \frac{\partial K(a)}{\partial a_2} u \right) \right\} b \\
&= -\frac{e_{\mathrm{Y}}}{l} \begin{pmatrix} u_1 v_{01} & (u_2 - u_1)(v_{02} - v_{01}) \end{pmatrix} \begin{pmatrix} b_1 \\ b_2 \end{pmatrix} = g_0 \cdot b
\end{aligned} \tag{3.20}$$

となる．ここで，g_0 は式 (3.12) の g_0 と一致する．これ以降，g_0 が断面積勾配として使われるときには，$\tilde{f}_0$ を f_0 とかくことにする．

3.2.3 最適性の条件

前項で得られた g_0 と g_1 はそれぞれ f_0 と f_1 の断面積勾配を表している．そこで，これらを用いるかぎりにおいては，状態変数 u の存在をわすれてもよいことになる．最適設計問題 (3.8) に対する Lagrange 関数を

$$\mathscr{L}(a, \lambda_1) = f_0(a) + \lambda_1 f_1(a)$$

とおく．$\lambda_1 \in \mathbb{R}$ は $f_1(a) \leq 0$ に対する Lagrange 乗数である．このとき，最適性の必要条件（KKT 条件）は

$$\mathscr{L}_a(a, \lambda_1) = g_0 + \lambda_1 g_1 = \mathbf{0}_{\mathbb{R}^2}, \tag{3.21}$$

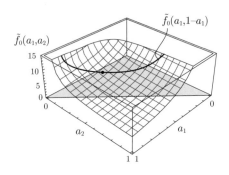

図 3.2 最適設計問題 (3.8) の数値例

$$\mathscr{L}_{\lambda_1}(\boldsymbol{a}, \lambda_1) = f_1(\boldsymbol{a}) = l(a_1 + a_2) - c_1 \leq 0, \tag{3.22}$$

$$\lambda_1 f_1(\boldsymbol{a}) = 0, \tag{3.23}$$

$$\lambda_1 \geq 0 \tag{3.24}$$

で与えられる．

最適性の必要条件を使って，具体的に最適解を求めてみよう．ここでは，$l = 1$, $e_Y = 1$, $c_1 = 1$, $\boldsymbol{p} = (1,1)^T$, $\boldsymbol{a}_0 = (0.1, 0.1)^T$ とおく．式 (3.6) に式 (3.3) を満たす $\boldsymbol{u}$ を代入し，式 (3.20) と式 (3.10) より

$$f_0(\boldsymbol{a}) = \frac{4}{a_1} + \frac{1}{a_2}, \quad \boldsymbol{g}_0 = -\begin{pmatrix} \frac{4}{a_1^2} \\ \frac{1}{a_2^2} \end{pmatrix}, \quad \boldsymbol{g}_1 = \begin{pmatrix} 1 \\ 1 \end{pmatrix} \tag{3.25}$$

を得る．f_0 を図 3.2 に示す．ここで，$\boldsymbol{a}$ が最小点であるならば，式 (3.21) より

$$\lambda_1 = \frac{4}{a_1^2} = \frac{1}{a_2^2} \tag{3.26}$$

が成り立つ．$\boldsymbol{a}$ が式 (3.9) で定義された $\mathcal{D}$ の要素であれば，λ_1 は正であることが確認され，KKT 条件の式 (3.24) は不等号で成り立つことになる．そのとき，式 (3.23)（相補性条件）より，式 (3.22) は等式で成り立つことになり，$a_2 = 1 - a_1$ が成り立つ．この関係を式 (3.26) に代入すれば，

$$\boldsymbol{a} = \begin{pmatrix} \frac{2}{3} \\ \frac{1}{3} \end{pmatrix}, \begin{pmatrix} 2 \\ -1 \end{pmatrix}$$

を得る．このうち $a \geq a_0$ を満たすのは $a = (2/3, 1/3)^{\mathrm{T}}$ である．f_0 と f_1 は a の凸関数であることから，最適設計問題 (3.8) は凸最適化問題となり，KKT 条件を満たすこの a はこの問題の最小点であることが確認される．

最小点の物理的な意味について考えておこう．式 (3.20) の g_0 と式 (3.10) の g_1 を式 (3.21) に代入し，ひずみ $\varepsilon(u_1) = u_1/l$ と応力 $\sigma(u_1) = e_{\mathrm{Y}} \varepsilon(u_1)$ にかきかえれば，

$$l \begin{pmatrix} -\sigma(u_1)\varepsilon(u_1) \\ -\sigma(u_2-u_1)\varepsilon(u_2-u_1) \end{pmatrix} + \lambda_1 l \begin{pmatrix} 1 \\ 1 \end{pmatrix} = \begin{pmatrix} 0 \\ 0 \end{pmatrix}$$

となる．この式は

$$\sigma(u_1)\varepsilon(u_1) = \sigma(u_2-u_1)\varepsilon(u_2-u_1) = \lambda_1 \qquad (3.27)$$

を意味する．ここで，$\sigma(u_1)\varepsilon(u_1)$ と $\sigma(u_2-u_1)\varepsilon(u_2-u_1)$ は二つの弾性体のひずみエネルギー密度（単位体積あたりのひずみエネルギー）の 2 倍になっている．そこで，最適設計問題 (3.8) の最小点では，二つの弾性体のひずみエネルギー密度は一致して，λ_1 はひずみエネルギー密度の 2 倍の意味をもつことになる．したがって，二つの 1 次元弾性体に非零の応力が発生するような p が与えられたときには，$\lambda_1 > 0$ となり，体積制約が有効な最小点が存在することになる．

3.2.4 制約つき問題に対する勾配法

最適設計問題 (3.8) の数値解を勾配法を使って求める方法について考えてみよう．ここでは，制約条件が $f_1(a) \leq 0, \ldots, f_m(a) \leq 0$ の場合に一般化して考えよう．ステップ数 $k \in \{0, 1, 2, \ldots\}$ のときの設計変数を a_k とかくことにして，$g_0(a_k)$ と $g_1(a_k), \ldots, g_m(a_k)$ は与えられているとする．また，

$$I_{\mathrm{A}}(a_k) = \{i \in \{1, \ldots, m\} \mid f_i(a_k) \geq 0\} = \{i_1, \ldots, i_{|I_{\mathrm{A}}(a_k)|}\} \qquad (3.28)$$

を有効な制約に対する添え字の集合とする．このとき，

$$q(b_g) = \min_{b \in X} \left\{ q(b) = \frac{1}{2} b \cdot (c_a A b) + g_0(a_k) \cdot b + f_0(a_k) \right.$$

$$f_i(\boldsymbol{a}_k) + \boldsymbol{g}_i(\boldsymbol{a}_k) \cdot \boldsymbol{b} \le 0 \quad \text{for } i \in I_\mathrm{A}(\boldsymbol{a}_k) \biggr\} \tag{3.29}$$

を満たす探索ベクトル $\boldsymbol{b}_g$ を求め，設計変数を $\boldsymbol{a}_{k+1} = \boldsymbol{a}_k + \boldsymbol{b}_g$ に更新していく方法を考える．ただし，$\boldsymbol{A} \in \mathbb{R}^{2\times 2}$ は勾配法で使われる正定値実対称行列，c_a はステップサイズ $\|\boldsymbol{b}_g\|$ を調整するための正の定数とする．式 (3.29) は逐次 2 次近似問題（2 階微分を用いた近似の意味ではない）とよばれる．

式 (3.29) の問題に対する Lagrange 関数を

$$\mathscr{L}_\mathrm{S}(\boldsymbol{b}, \lambda_{1k+1}) = q(\boldsymbol{b}) + \lambda_{1k+1}(f_1(\boldsymbol{a}_k) + \boldsymbol{g}_1(\boldsymbol{a}_k) \cdot \boldsymbol{b}) \tag{3.30}$$

とおく．この問題の最小点 $\boldsymbol{b}_g$ における KKT 条件は

$$c_a \boldsymbol{A} \boldsymbol{b}_g + \boldsymbol{g}_0(\boldsymbol{a}_k) + \sum_{i \in I_\mathrm{A}(\boldsymbol{a}_k)} \lambda_{ik+1} \boldsymbol{g}_i(\boldsymbol{a}_k) = \boldsymbol{0}_{\mathbb{R}^2}, \tag{3.31}$$

$$f_i(\boldsymbol{a}_k) + \boldsymbol{g}_i(\boldsymbol{a}_k) \cdot \boldsymbol{b}_g \le 0 \quad \text{for } i \in I_\mathrm{A}(\boldsymbol{a}_k), \tag{3.32}$$

$$\lambda_{ik+1}(f_i(\boldsymbol{a}_k) + \boldsymbol{g}_i(\boldsymbol{a}_k) \cdot \boldsymbol{b}_g) = 0 \quad \text{for } i \in I_\mathrm{A}(\boldsymbol{a}_k), \tag{3.33}$$

$$\lambda_{ik+1} \ge 0 \quad \text{for } i \in I_\mathrm{A}(\boldsymbol{a}_k) \tag{3.34}$$

となる．これらの条件を満たすような探索ベクトル $\boldsymbol{b}_g$ と Lagrange 乗数 $\boldsymbol{\lambda}_{k+1} = (\lambda_{ik+1})_{i \in I_\mathrm{A}(\boldsymbol{a}_k)}$ は次のようにして求められる．$i \in I_\mathrm{A}(\boldsymbol{a}_k) \cup \{0\}$ に対して

$$\boldsymbol{b}_{gi} = -(c_a \boldsymbol{A})^{-1} \boldsymbol{g}_i \tag{3.35}$$

を満たすように $\boldsymbol{b}_{gi}$ を求める．式 (3.35) によって f_i が減少する探索ベクトル $\boldsymbol{b}_{gi}$ を求める方法を f_i に対する勾配法とよぶことにする．ここで，Lagrange 乗数 $\boldsymbol{\lambda}_{k+1}$ を未知数として，

$$\boldsymbol{b}_g = \boldsymbol{b}_{g0} + \sum_{i \in I_\mathrm{A}(\boldsymbol{a}_k)} \lambda_{ik+1} \boldsymbol{b}_{gi} \tag{3.36}$$

とおく．このとき，$\boldsymbol{b}_g$ は式 (3.31) を満たすことが確かめられる．一方，式 (3.32) は，$\le$ を $=$ におきかえれば，

3.2 簡単な最適設計問題

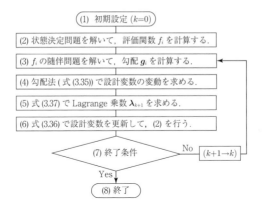

図 **3.3** 制約つき問題に対する勾配法のアルゴリズム

$$\begin{pmatrix} \boldsymbol{g}_{i_1}\cdot\boldsymbol{b}_{gi_1} & \cdots & \boldsymbol{g}_{i_1}\cdot\boldsymbol{b}_{gi_{|I_A|}} \\ \vdots & \ddots & \vdots \\ \boldsymbol{g}_{i_{|I_A|}}\cdot\boldsymbol{b}_{gi_1} & \cdots & \boldsymbol{g}_{i_{|I_A|}}\cdot\boldsymbol{b}_{gi_{|I_A|}} \end{pmatrix} \begin{pmatrix} \lambda_{i_1\,k+1} \\ \vdots \\ \lambda_{i_{|I_A|}\,k+1} \end{pmatrix}$$
$$= -\begin{pmatrix} f_{i_1}+\boldsymbol{g}_{i_1}\cdot\boldsymbol{b}_{g0} \\ \vdots \\ f_{i_{|I_A|}}+\boldsymbol{g}_{i_{|I_A|}}\cdot\boldsymbol{b}_{g0} \end{pmatrix} \tag{3.37}$$

となる.式 (3.37) より,$\boldsymbol{\lambda}_{k+1}$ を求めることができる.ここで,有効制約法により,すべての KKT 条件が満たされる $\boldsymbol{b}_g$ と $\boldsymbol{\lambda}_{k+1}$ が得られる.すなわち,

$$I_\mathrm{I}\left(\theta_k\right)=\{i\in I_\mathrm{A}\left(\theta_k\right)\mid\lambda_{i\,k+1}<0\}$$

とおいたとき,$i\in I_\mathrm{I}\left(\theta_k\right)$ に対して,$\lambda_{i\,k+1}=0$ とおき,$I_\mathrm{A}\left(\theta_k\right)$ を $I_\mathrm{A}\left(\theta_k\right)\backslash I_\mathrm{I}\left(\theta_k\right)$ におきかえて,式 (3.37) で $\boldsymbol{\lambda}_{k+1}$ を解きなおすことを,$I_\mathrm{I}\left(\theta_k\right)=\emptyset$ となるまで繰り返す.

図 3.3 に最適設計問題の数値解を求めるためのアルゴリズムを示す.図 3.4 に式 (3.8) に対する数値例を示す.ただし,ステップ数 k のときの設計変数を $\boldsymbol{a}_{(k)}$ とかいた.

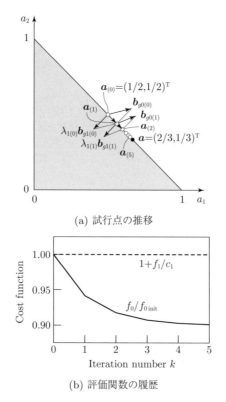

(a) 試行点の推移

(b) 評価関数の履歴

図 **3.4** 平均コンプライアンス最小化問題の数値例

3.3 最適形状設計問題

3.2 節では，簡単な 1 次元線形弾性体の最適設計問題を定義して，評価関数の微分の計算方法や最適解の求め方をみてきた．ここでは，2 次元あるいは 3 次元の線形弾性体の最適形状設計問題を定義して，評価関数の微分の計算方法や最適解の求め方についてみていきたい．なお，3.2 節で使われた記号と同一の意味をもつものに対しては同じ記号を使うことにする．この対応を手掛かりにして，何をしているのかを考えていただきたい．

本節では次のような表記法を用いることにする．領域 $\Omega \subset \mathbb{R}^d$ を開集合と定義し，$\partial\Omega$ をその境界，$\Omega \cup \partial\Omega$ を $\bar{\Omega}$ と表すことにする．$W^{k,p}(\Omega; \mathbb{R}^d)$ は

3.3 最適形状設計問題

$k \in \{0, 1, 2, \cdots\}$ 階微分まで $p \in [1, \infty]$ 乗可積分な Ω を定義域にして $\mathbb{R}^d$ を値域にとる関数の全体集合（Sobolev 空間）を表すことにする．

特に $p = 2$ のとき，$W^{0,2}(\Omega; \mathbb{R}^d)$ を $L^2(\Omega; \mathbb{R}^d)$ とかき，$W^{k,2}(\Omega; \mathbb{R}^d)$ を $H^k(\Omega; \mathbb{R}^d)$ とかくことにする．$H^k(\Omega; \mathbb{R}^d)$ は，内積が定義されることから，Hilbert 空間とよばれる性質を備えている．例えば，$\Omega \subset \mathbb{R}^d$ のとき，$H^1(\Omega; \mathbb{R}^d)$ の内積は $\boldsymbol{u}, \boldsymbol{v} \in H^1(\Omega; \mathbb{R}^d)$ に対して

$$(\boldsymbol{u}, \boldsymbol{v})_{H^1(\Omega; \mathbb{R}^d)} = \int_\Omega \left\{ \boldsymbol{u} \cdot \boldsymbol{v} + (\boldsymbol{\nabla} \boldsymbol{u}^\mathrm{T}) \cdot (\boldsymbol{\nabla} \boldsymbol{v}^\mathrm{T}) \right\} \mathrm{d}x \tag{3.38}$$

のように定義される．本章では，$\boldsymbol{\nabla}$ は $(\partial/\partial x_1, \ldots, \partial/\partial x_d)^\mathrm{T}$ で定義された列ベクトルを表し，$(\partial u_j/\partial x_i)_{(i,j)\in\{1,\ldots,d\}^2}$ を $\boldsymbol{\nabla} \boldsymbol{u}^\mathrm{T}$ とかく．また，$\boldsymbol{A} = (a_{ij}) \in \mathbb{R}^{d \times d}$ と $\boldsymbol{B} = (b_{ij}) \in \mathbb{R}^{d \times d}$ のスカラー積 $\sum_{(i,j)\in\{1,\ldots,d\}^2} a_{ij} b_{ij}$ を $\boldsymbol{A} \cdot \boldsymbol{B}$ とかくことにする．式 (3.38) による内積の定義は，のちに H^1 勾配法を考える際に使われる．また，$p = \infty$ のとき，$W^{0,\infty}(\Omega; \mathbb{R}^d) = L^\infty(\Omega; \mathbb{R}^d)$ はほとんどいたるところで有界かつ可積分な関数の全体集合を表し，$W^{1,\infty}(\Omega; \mathbb{R}^d)$ は 1 階微分までほとんどいたるところで有界かつ可積分な関数の全体集合を表す．$W^{1,\infty}(\Omega; \mathbb{R}^d)$ の要素は Lipschitz 連続とよばれる連続性を備えた関数となる．

これらの関数空間の包含関係は Sobolev の埋蔵定理によって与えられる．それによれば，$k + 1 - d/p \geq k - d/q$ ならば

$$W^{k+1,p}(\Omega; \mathbb{R}) \subset W^{k,q}(\Omega; \mathbb{R}) \tag{3.39}$$

が成り立つ．さらに，$0 < \sigma = k - d/p < 1$ ならば，

$$W^{k,p}(\Omega; \mathbb{R}) \subset C^{0,\sigma}(\Omega; \mathbb{R}) \tag{3.40}$$

となる．ここで，$C^{0,\sigma}(\Omega; \mathbb{R})$ は Hölder 連続な関数の全体集合（Hölder 空間）を表し，σ は Hölder 指数とよばれる．$\sigma = 1$ のとき，Lipschitz 連続となる．

3.3.1 設計変数の許容集合

図 3.5 に 2 次元線形弾性体の初期領域 Ω_0 と変動後の領域 $\Omega(\boldsymbol{\phi})$ を表している．ここでは，$d \in \{2, 3\}$ 次元について考えることにする．Ω_0 上の点 $\boldsymbol{x}$ は

3章 最適形状設計

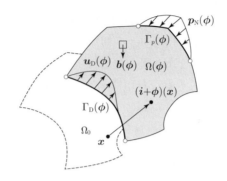

図 3.5 線形弾性体の初期領域 Ω_0 と領域変動(変位) ϕ

$\phi(\bm{x})$ だけ変動して,点 $(\bm{i}+\bm{\phi})(\bm{x})$ になったと仮定する.ただし,$\bm{i}$ は恒等写像を表すことにする.このとき,$\bm{i}+\bm{\phi}$ は全単射であると仮定して,$\bm{i}+\bm{\phi}$ による Ω_0 の像を $\Omega(\bm{\phi})$ とかくことにする.最適形状設計問題では,$\bm{\phi}$ を設計変数とおき,その線形空間を

$$X = \left\{ \bm{\phi} \in H^1\left(\mathbb{R}^d; \mathbb{R}^d\right) \mid \bm{\phi} = \bm{0}_{\mathbb{R}^d} \text{ on } \bar{\Omega}_{\mathrm{C}0} \right\} \tag{3.41}$$

とおく.ただし,$\bar{\Omega}_{\mathrm{C}0} \left(\subset \bar{\Omega}_0\right)$ は設計上の要請から固定される領域あるいは境界を表すものとする.本来は,$\bar{\Omega}_{\mathrm{C}0}$ は空集合でもかまわないが,本章では,のちに定義される形状微分の評価が容易になるように,3.3.2 項で定義される同次 Dirichlet 境界 $\Gamma_{\mathrm{D}0}$ と非同次 Neumann 境界 Γ_{p0} を固定する境界に含めて

$$\bar{\Omega}_{\mathrm{C}0} = \Gamma_{\mathrm{D}0} \cup \Gamma_{p0} \tag{3.42}$$

と仮定する.ここで,$\bm{\phi}$ の定義域を Ω_0 ではなく $\mathbb{R}^d$ に選んだ理由は,領域が変動しても $\bm{\phi}$ の定義域が変動しないようにしたかったためである.また,$H^1\left(\mathbb{R}^d; \mathbb{R}^d\right)$ が選ばれた理由は,のちにこの空間上で勾配法を定義するためである.しかし,$\bm{\phi}$ を X の要素とした場合,$\bm{\phi}$ は連続関数とはいえない.実際,$d \in \{2,3\}$ のとき,式 (3.40) において $k - d/p = 1 - d/2 \leq 0$ となる.そのために,次の領域が定義されるとは限らないことになる.そのために,設計変数の許容集合を

$$\mathcal{D} = \left\{ \bm{\phi} \in X \cap W^{1,\infty}\left(\mathbb{R}^d; \mathbb{R}^d\right) \mid \bm{i}+\bm{\phi} \text{ は全単射} \right\} \tag{3.43}$$

とおくことにする．すなわち，$\bar{\Omega}_{C0}$ が固定されたときの領域変動（変位）を表す Lipschitz 連続な関数の集合を $\mathcal{D}$ とおく．

3.3.2 状態決定問題

設計変数の許容集合 $\mathcal{D}$ の中から ϕ を一つ決めたとき，$\Omega(\phi)$ に対して状態が一意に決定されるように状態決定問題を設定する必要がある．ここでは線形弾性問題を考えよう．初期領域の境界 $\partial \Omega_0$ に対して，$\Gamma_{D0} \subset \partial \Omega_0$ を変位が固定された境界（同次 Dirichlet 境界），$\Gamma_{N0} = \partial \Omega_0 \setminus \bar{\Gamma}_{D0}$ を境界力が与えられた境界（Neumann 境界）とする．また，非零の境界力が与えられた境界（非同次 Neumann 境界）を $\Gamma_{p0} \subset \Gamma_{N0}$ とかくことにする．また，初期の領域や境界 $(\cdot)_0$ が $\phi \in \mathcal{D}$ で変動した後の領域や境界を $(\cdot)(\phi)$ とかくことにする．

ここでは，線形弾性問題を次のように定義する．変位を $\boldsymbol{u}: \Omega(\phi) \to \mathbb{R}^d$ とかき，線形ひずみと Cauchy 応力を

$$\boldsymbol{E}(\boldsymbol{u}) = (\varepsilon_{ij}(\boldsymbol{u}))_{ij} = \frac{1}{2}\left(\boldsymbol{\nabla} \boldsymbol{u}^{\mathrm{T}} + \left(\boldsymbol{\nabla} \boldsymbol{u}^{\mathrm{T}}\right)^{\mathrm{T}}\right)$$

$$\boldsymbol{S}(\boldsymbol{\phi}, \boldsymbol{u}) = \boldsymbol{C}(\boldsymbol{\phi}) \boldsymbol{E}(\boldsymbol{u}) = \left(\sum_{(k,l) \in \{1,\cdots,d\}^2} c_{ijkl}(\boldsymbol{\phi}) \varepsilon_{kl}(\boldsymbol{u})\right)_{ij}$$

とかくことにする．ここで，$\boldsymbol{C}(\boldsymbol{\phi}): \mathbb{R}^d \to \mathbb{R}^{d \times d \times d \times d}$ は材料の剛性を表す．このとき，状態決定問題は次のようになる．体積力 $\boldsymbol{b}(\boldsymbol{\phi})$ と境界力 $\boldsymbol{p}_N(\boldsymbol{\phi})$ が与えられたとき，

$$-\boldsymbol{\nabla}^{\mathrm{T}} \boldsymbol{S}(\boldsymbol{\phi}, \boldsymbol{u}) = \boldsymbol{b}^{\mathrm{T}}(\boldsymbol{\phi}) \quad \text{in } \Omega(\boldsymbol{\phi}), \tag{3.44}$$

$$\boldsymbol{S}(\boldsymbol{\phi}, \boldsymbol{u}) \boldsymbol{\nu} = \boldsymbol{p}_N(\boldsymbol{\phi}) \quad \text{on } \Gamma_{p0}, \tag{3.45}$$

$$\boldsymbol{S}(\boldsymbol{\phi}, \boldsymbol{u}) \boldsymbol{\nu} = \boldsymbol{0}_{\mathbb{R}^d} \quad \text{on } \Gamma_N(\boldsymbol{\phi}) \setminus \bar{\Gamma}_{p0}, \tag{3.46}$$

$$\boldsymbol{u} = \boldsymbol{0}_{\mathbb{R}^d} \quad \text{on } \Gamma_{D0}(\boldsymbol{\phi}) \tag{3.47}$$

を満たす変位 $\boldsymbol{u}$ を求めよ．$\boldsymbol{\nu}$ は外向き単位法線を表す．

楕円型偏微分方程式の境界値問題に対する解の一意存在に関する定理（Lax–Milgram の定理）によれば，既知関数 $\boldsymbol{b}(\boldsymbol{\phi})$ と境界力 $\boldsymbol{p}_N(\boldsymbol{\phi})$ が適切に与えら

3 章　最適形状設計

れていれば，変位 $\bm{u}$ は

$$U = \left\{ \bm{u} \in H^1\left(\mathbb{R}^d;\mathbb{R}^d\right) \mid \bm{u} = \bm{0}_{\mathbb{R}^d} \text{ on } \Gamma_{\mathrm{D}}\left(\bm{\phi}\right) \right\} \tag{3.48}$$

の中に一意にみつかることが保証される．しかしながら，あとで示される H^1 勾配法によって求められる領域変動が $\mathcal{D}$ に入るようにするためには，境界形状や既知関数 $\bm{b}\left(\bm{\phi}\right)$ と $\bm{p}_{\mathrm{N}}\left(\bm{\phi}\right)$ が適切に与えられていて，$\bm{u}$ は許容集合

$$\mathcal{S} = U \cap W^{1,\infty}\left(\mathbb{R}^d;\mathbb{R}^d\right) \tag{3.49}$$

に入ると仮定する必要がある．

あとで使うために，線形弾性問題に対する Lagrange 関数を

$$\mathscr{L}_{\mathrm{M}}\left(\bm{\phi},\bm{u},\bm{v}\right) = \int_{\Omega\left(\bm{\phi}\right)} \left(-\bm{S}\left(\bm{u}\right)\cdot\bm{E}\left(\bm{v}\right) + \bm{b}\cdot\bm{v}\right) \mathrm{d}x + \int_{\Gamma_{p0}} \bm{p}_{\mathrm{N}}\cdot\bm{v}\,\mathrm{d}\gamma \tag{3.50}$$

と定義しておく．ただし，$\bm{v}$ は Lagrange 乗数として導入された U の要素とする．式 (3.50) は，3.2 節では式 (3.4) に対応する．このとき，$\bm{u}$ が線形弾性問題の解ならば，任意の $\bm{v} \in U$ に対して，

$$\mathscr{L}_{\mathrm{M}}\left(\bm{\phi},\bm{u},\bm{v}\right) = 0$$

が成り立つ．この式は線形弾性問題の弱形式と一致する．

3.3.3 最適形状設計問題

最適設計問題を定義しよう．3.2 節で定義した平均コンプライアンスは外力仕事の意味をもっていた．d 次元線形弾性体に対しても同様の力学量を定義すれば，

$$f_0\left(\bm{\phi},\bm{u}\right) = \int_{\Omega\left(\bm{\phi}\right)} \bm{b}\cdot\bm{u}\,\mathrm{d}x + \int_{\Gamma_{p0}} \bm{p}_{\mathrm{N}}\cdot\bm{u}\,\mathrm{d}\gamma \tag{3.51}$$

となる．f_0 は d 次元線形弾性体の平均コンプライアンスとよばれる．また，

$$f_1\left(\bm{\phi}\right) = \int_{\Omega\left(\bm{\phi}\right)} \mathrm{d}x - c_1 \tag{3.52}$$

を領域の大きさに対する制約関数とおく.ただし,c_1 は,ある $\phi \in \mathcal{D}$ に対して $f_1(\phi) \leq 0$ が成り立つような正定数とする.

このとき,線形弾性体の体積を制約して変形を最小化する最適形状設計問題は,

$$\min_{\phi \in \mathcal{D}} \{ f_0(\phi, \boldsymbol{u}) \mid f_1(\phi) \leq 0, \ \boldsymbol{u} \in \mathcal{S}, \ 条件 (3.44) \sim (3.47) \} \tag{3.53}$$

を満たす $\Omega(\phi)$ を求める問題として定義される.

3.3.4 評価関数の形状微分

最適形状設計問題 (3.53) を勾配法で解くことを考えたい.そのために $f_0(\phi, \boldsymbol{u})$ と $f_1(\phi)$ の ϕ の変動に対する微分が必要となる.最初に,汎関数の ϕ の変動に対する微分の定義を示してから本題にはいりたい.

ϕ の変動に対する汎関数の微分に関しては,Gâteaux 微分とよばれる定義と Fréchet 微分とよばれる定義にしたがう方法がある.前者は方向微分の一般化であり,後者は勾配と変数の変動ベクトルの内積を双対積におきかえた一般化である.のちに,勾配法を使うことを考えれば,後者を選択する必要がある.

ϕ の変動に対する汎関数の Fréchet 微分は次のように定義される.汎関数 $f : \mathcal{D} \to \mathbb{R}$ のとき,$\phi \in \mathcal{D}$ の任意変動 $\varphi \in \mathcal{D}$ に対して,

$$f(\phi + \varphi) = f(\phi) + f'(\phi)[\varphi] + o(\|\varphi\|_X) \tag{3.54}$$

を満たす有界線形汎関数 $f'(\phi)[\cdot] : \mathcal{D} \to \mathbb{R}$ が存在し,かつ $f'(\phi)[\cdot] : X \to \mathbb{R}$ も有界線形汎関数となるとき,Fréchet 微分可能といい,$f'(\phi)[\varphi] = \langle \boldsymbol{g}, \varphi \rangle$ とかける $\boldsymbol{g} \in X'$ を勾配という.ここで,X' は X 上の有界線形汎関数の全体集合からなる線形空間であり,X の双対空間とよばれる.また,$\langle \cdot, \cdot \rangle$ は双対積とよばれる.領域変動に対する汎関数や関数の Fréchet 微分を形状微分,そのときの勾配を形状勾配とよぶことにする.

ここで,3.2 節で求めた断面積微分との違いについてみておきたい.断面積微分では,$i \in \{0, 1\}$ に対して,断面積勾配 g_i は $\mathbb{R}^2$ の要素であった.実は,有限次元空間では $X' = X$ が成り立つために,本来は g_i が X' の要素であることがみえなかった.しかし,関数最適化問題では,一般に $X' \neq X$ とな

3章 最適形状設計

る．そこで，関数最適化問題における勾配法で，$g_i \in X'$ から設計変数の変動 $\varphi \in X$ への写像を求める方法になる．

$f_0(\phi, u)$ と $f_1(\phi)$ に対する形状勾配を表す g_0 と g_1 を求めるためには，3.2 節でみてきたように，Lagrange 関数の形状微分が使われる．その際，変動する領域上で定義された積分の形状微分を求めるために，二つの公式が考えられることがわかってきた [5]．それらの違いは被積分関数に対する形状微分の定義による違いである．それらを，関数の形状微分と関数の形状偏微分とよぶことにして，次のように定義することにする．

関数の形状微分は，連続体力学では物質微分とよばれる定義に従う．$\phi \in \mathcal{D}$ に対して関数 $u(\phi) : \mathcal{D} \to L^2(\mathbb{R}^d; \mathbb{R})$ が与えられたとき，任意の $\varphi \in \mathcal{D}$ に対して，ほとんどいたるところすべての $\bm{x} \in \mathbb{R}^d$ において，$u(\phi)(\bm{x})$ の Lagrange 描像が

$$u(\phi + \varphi)(\bm{x} + \varphi(\bm{x})) \\ = u(\phi)(\bm{x}) + u'(\phi)[\varphi](\bm{x}) + o(\|\varphi(\bm{x})\|_{\mathbb{R}}) \tag{3.55}$$

とかけて，$u'(\phi)[\cdot] : \mathcal{D} \to L^2(\mathbb{R}^d; \mathbb{R})$ が有界線形作用素で，かつ $u'(\phi)[\cdot] : X \to L^2(\mathbb{R}^d; \mathbb{R})$ も有界線形作用素のとき，$u'(\phi)[\varphi]$ を $u(\phi)$ の形状微分とよぶことにする．

一方，連続体力学においては空間微分とよばれる定義に従う場合を関数の形状偏微分とよぶ．$\phi \in \mathcal{D}$ に対して $u(\phi) : \mathcal{D} \to H^1(\mathbb{R}^d; \mathbb{R})$ が与えられたとき，任意の $\varphi \in \mathcal{D}$ に対して，すべての $\bm{x} \in \mathbb{R}^d$ において，$u(\phi)(\bm{x})$ の Euler 描像が

$$u(\phi + \varphi)(\bm{x}) = u(\phi)(\bm{x}) + u^*(\phi)[\varphi](\bm{x}) + o(\|\varphi(\bm{x})\|_{\mathbb{R}}) \tag{3.56}$$

とかけて，$u^*(\phi)[\cdot] : \mathcal{D} \to H^1(\mathbb{R}^d; \mathbb{R})$ が有界線形作用素で，かつ $u^*(\phi)[\cdot] : X \to H^1(\mathbb{R}^d; \mathbb{R})$ も有界線形作用素のとき，$u^*(\phi)[\varphi]$ を $u(\phi)$ の形状偏微分とよぶことにする．

両者の違いは，関数の滑らかさ（正則性）に対する制限の違いを生む．図 3.6 の (a) のように，関数 $u(\phi)$ が仮に不連続点をもつとしても，不連続点は観測点と一緒に動くことから，φ が連続関数であれば，関数の形状微分は定義されることになる．しかしながら，関数の形状偏微分では，観測点を固定しているので，φ により関数の不連続点が横切るような観測点では微分の定義ができな

3.3 最適形状設計問題

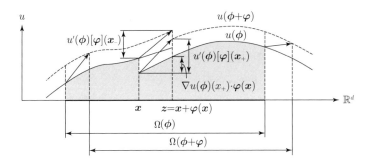

(a) $u(\boldsymbol{\phi})$ が不連続関数の場合

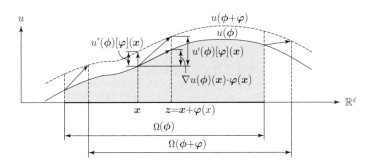

(b) $u(\boldsymbol{\phi})$ が連続関数の場合

図 3.6 領域変動と共に変動する関数 $u(\boldsymbol{\phi})$

いことになる．そこで，図 3.6 の (b) のように，関数 $u(\boldsymbol{\phi})$ が連続関数でなくては関数の形状偏微分は定義されないことになる．また，関数の形状微分では，Lagrange 描像を用いるので，u の定義域を $\Omega(\boldsymbol{\phi})$ に制限しても $u'(\boldsymbol{\phi})[\boldsymbol{\varphi}]$ の定義は有効である．しかしながら，関数の形状偏微分では，u の定義域を $\Omega(\boldsymbol{\phi})$ に制限することはできず，すくなくとも $\Omega(\boldsymbol{\phi}) \cup \Omega(\boldsymbol{\phi}+\boldsymbol{\varphi})$ に拡張する必要がある．関数 u が $W^{1,p}(\Omega(\boldsymbol{\phi});\mathbb{R})$ $(p>1)$ の要素であれば，Calderón の拡張定理より，定義域を $\Omega(\boldsymbol{\phi}) \cup \Omega(\boldsymbol{\phi}+\boldsymbol{\varphi})$ に拡張することが可能となる．

以下では，それらの定義を用いたときの領域積分の形状微分に対する公式を示して，それらを用いて $f_0(\boldsymbol{\phi},\boldsymbol{u})$ と $f_1(\boldsymbol{\phi})$ の形状微分を求めてみることにする．両者の違いは，適切な勾配法によって得られる領域変動が $\mathcal{D}$ に入るために必要と

75

される状態変数 u の正則性の違いを生む. u の許容集合が, あとで説明されるように, 関数の形状微分公式を用いる場合には $\mathcal{S} = U \cap W^{1,\infty}\left(\mathbb{R}^d;\mathbb{R}^d\right)$ であればよいのに対して, 関数の形状偏微分公式を用いる場合には $U \cap W^{2,2q_{\mathrm{R}}}\left(\mathbb{R}^d;\mathbb{R}^d\right)$ ($q_{\mathrm{R}} > d$) を必要とする. さらに, 本章では省略するが, 評価関数の 2 階形状微分を関数の形状微分公式を用いて評価したとき, u の許容集合は $\mathcal{S}$ のままでよいことになる. このように, 関数の形状微分公式を用いたほうが有利なことが多いが, 関数の形状偏微分公式はこれまで広く使われてきた実績があることから, ここでは省略しないことにする.

(1) 関数の形状微分公式を用いた評価法

関数の形状微分を用いたときの領域積分に対する形状微分の公式は次のような内容である ([5] 命題 4.4). $\phi \in \mathcal{D}$ と関数 $u : \mathbb{R}^d \to \mathbb{R}$ とその実数値関数 $h(u, \nabla u)$ が与えられたとする. 任意の $\varphi \in \mathcal{D}$ に対して, $z = x + \varphi(x)$ とかくことにして,

$$f(\phi + \varphi, u(\phi + \varphi))$$
$$= \int_{\Omega(\phi + \varphi)} h\left(u(\phi + \varphi), \nabla_z u(\phi + \varphi)\right) \mathrm{d}z \tag{3.57}$$

とおく. このとき, f の形状微分は

$$f'(\phi, u)[\varphi] = \int_{\Omega(\phi)} \left\{h_u(u, \nabla u)[u'] + h_{\nabla u}(u, \nabla u)\left[\nabla u' - \nabla \varphi^{\mathrm{T}} \nabla u\right]\right.$$
$$\left. + h(u, \nabla u) \nabla \cdot \varphi\right\} \mathrm{d}x \tag{3.58}$$

となる. ただし, $u(\phi)$ や $u'(\phi)[\varphi]$ などをそれぞれ u や u' のようにかいた.

式 (3.58) は次のようにして得られる. 式 (3.57) において, f の積分領域 $\Omega(\phi + \varphi)$ を $\Omega(\phi)$ に変換すれば,

$$f(\phi + \varphi, u(\phi + \varphi))$$
$$= \int_{\Omega(\phi)} h\left(u(\phi + \varphi)(x + \varphi(x)), \nabla_z u(\phi + \varphi)(x + \varphi(x))\right)$$
$$\times \omega(\varphi)(x) \, \mathrm{d}x \tag{3.59}$$

3.3 最適形状設計問題

となる．ただし，写像 $\boldsymbol{i}+\boldsymbol{\varphi}$ に対する Jacobi 行列と Jacobi 行列式を

$$\boldsymbol{F}(\boldsymbol{\varphi}) = \boldsymbol{I} + \left(\boldsymbol{\nabla}\boldsymbol{\varphi}^{\mathrm{T}}\right)^{\mathrm{T}}, \quad \omega(\boldsymbol{\varphi}) = \det \boldsymbol{F}(\boldsymbol{\varphi})$$

とかくことにする．ここで，

$$\begin{aligned}\boldsymbol{\nabla}_z u\left(\boldsymbol{\phi}+\boldsymbol{\varphi}\right)\left(\boldsymbol{x}+\boldsymbol{\varphi}(\boldsymbol{x})\right) &= \left.\boldsymbol{\nabla}_z u\left(\boldsymbol{\phi}+\boldsymbol{\varphi}\right)(\boldsymbol{z})\right|_* \\ &+ \boldsymbol{\nabla}_z \left\{ u\left(\boldsymbol{\phi}+\boldsymbol{\varphi}\right)(\boldsymbol{z}) - u(\boldsymbol{\phi})\left((\boldsymbol{i}+\boldsymbol{\varphi})^{-1}(\boldsymbol{z})\right) \right\}\end{aligned}$$

のように分割する．ただし，$\left.\boldsymbol{\nabla}_z u\left(\boldsymbol{\phi}+\boldsymbol{\varphi}\right)(\boldsymbol{z})\right|_*$ は

$$u\left(\boldsymbol{\phi}+\boldsymbol{\varphi}\right)(\boldsymbol{z}) = u(\boldsymbol{\phi})\left((\boldsymbol{i}+\boldsymbol{\varphi})^{-1}(\boldsymbol{z})\right) = u(\boldsymbol{\phi})(\boldsymbol{x})$$

が仮定されたときの $\boldsymbol{\nabla}_z u\left(\boldsymbol{\phi}+\boldsymbol{\varphi}\right)(\boldsymbol{z})$ とする．このとき，任意の $\boldsymbol{\varphi} \in \mathcal{D}$ に対して，

$$\left.\boldsymbol{\nabla}_z u\left(\boldsymbol{\phi}+\boldsymbol{\varphi}\right)(\boldsymbol{z})\right|_* = \boldsymbol{F}^{-\mathrm{T}}(\boldsymbol{\varphi})\,\boldsymbol{\nabla} u(\boldsymbol{\phi})(\boldsymbol{x})$$

が成り立つ．以上の関係を用いれば，式 (3.59) の形状微分は

$$\begin{aligned}f'(\boldsymbol{\phi}, u(\boldsymbol{\phi}))[\boldsymbol{\varphi}] = \int_{\Omega(\boldsymbol{\phi})} &\left\{ h_u(u, \boldsymbol{\nabla} u)\left[u'(\boldsymbol{\phi})[\boldsymbol{\varphi}]\right]\omega(\boldsymbol{\varphi}_0)\right.\\ &+ h_{\boldsymbol{\nabla} u}(u, \boldsymbol{\nabla} u)\left[\boldsymbol{F}^{-\mathrm{T}\prime}(\boldsymbol{\varphi}_0)[\boldsymbol{\varphi}]\,\boldsymbol{\nabla} u + \boldsymbol{\nabla} u'(\boldsymbol{\phi})[\boldsymbol{\varphi}]\right]\omega(\boldsymbol{\varphi}_0)\\ &\left.+ h(u, \boldsymbol{\nabla} u)\,\omega'(\boldsymbol{\varphi}_0)[\boldsymbol{\varphi}]\right\}\mathrm{d}x\end{aligned}$$

となる．ただし，$\boldsymbol{\varphi}_0 = \boldsymbol{i}$ である．さらに，Jacobi 行列式と Jacobi 行列の形状微分が

$$\omega'(\boldsymbol{\varphi}_0)[\boldsymbol{\varphi}] = \boldsymbol{\nabla} \cdot \boldsymbol{\varphi}, \quad \boldsymbol{F}^{-\mathrm{T}\prime}(\boldsymbol{\varphi}_0)[\boldsymbol{\varphi}] = -\boldsymbol{\nabla}\boldsymbol{\varphi}^{\mathrm{T}}$$

となることを用いれば，式 (3.58) が得られることになる．

状態決定問題の解が使われていない $f_1(\boldsymbol{\phi})$ の形状微分は，式 (3.58) において，$h(u, \boldsymbol{\nabla} u) = 1$ とおくことによって，

$$f_1'(\boldsymbol{\phi})[\boldsymbol{\varphi}] = \int_{\Omega(\boldsymbol{\phi})} \boldsymbol{\nabla} \cdot \boldsymbol{\varphi}\,\mathrm{d}x = \langle \boldsymbol{g}_1, \boldsymbol{\varphi} \rangle \tag{3.60}$$

3章 最適形状設計

となる．

一方，状態決定問題の解 $\boldsymbol{u}$ が使われている $f_0(\boldsymbol{\phi}, \boldsymbol{u})$ の形状微分は次のようにして求められる．以下の手続きは，3.2 節において，式 (3.14) 以下で示された内容と同じことをしていることに注目していただきたい．ただし，形状最適化問題では，偏微分方程式の境界値問題を定義する際に使われた既知関数も，領域変動にともなってどのように変動するのか（変動則）を決めておく必要がある．関数の形状微分公式を用いる場合には，$\boldsymbol{b}'(\boldsymbol{\phi})[\boldsymbol{\varphi}] = \boldsymbol{0}_{\mathbb{R}^d}$ および $\boldsymbol{C}'(\boldsymbol{\phi})[\boldsymbol{\varphi}] = \boldsymbol{0}_{\mathbb{R}^{d \times d \times d \times d}}$ と仮定する（$\boldsymbol{p}_\mathrm{N}$ が作用する境界は動かないと仮定したので $\boldsymbol{p}'_\mathrm{N}(\boldsymbol{\phi})[\boldsymbol{\varphi}] = \boldsymbol{0}_{\mathbb{R}^d}$ は不要）．これらの仮定は，領域が変動しても初期領域上で定義された値が保持されていること（物質固定）を意味する．

状態決定問題を等式制約とみなしたときの $f_0(\boldsymbol{\phi}, \boldsymbol{u})$ の Lagrange 関数を

$$\mathscr{L}_0(\boldsymbol{\phi}, \boldsymbol{u}, \boldsymbol{v}_0) = f_0(\boldsymbol{\phi}, \boldsymbol{u}) + \mathscr{L}_\mathrm{M}(\boldsymbol{\phi}, \boldsymbol{u}, \boldsymbol{v}_0)$$
$$= \int_{\Omega(\boldsymbol{\phi})} (-\boldsymbol{S}(\boldsymbol{u}) \cdot \boldsymbol{E}(\boldsymbol{v}_0) + \boldsymbol{b} \cdot (\boldsymbol{u} + \boldsymbol{v}_0))\, \mathrm{d}x$$
$$+ \int_{\Gamma_{p0}} \boldsymbol{p}_\mathrm{N} \cdot (\boldsymbol{u} + \boldsymbol{v}_0)\, \mathrm{d}\gamma \tag{3.61}$$

とおく．ここで，$\boldsymbol{v}_0$ は f_0 のために用意された状態決定問題に対する Lagrange 乗数で，$\boldsymbol{v}_0$ は U の要素であると仮定する．

$\mathscr{L}_0$ の形状微分は任意の $(\boldsymbol{\varphi}, \boldsymbol{u}', \boldsymbol{v}'_0) \in X \times U \times U$ に対して，

$$\mathscr{L}'_0(\boldsymbol{\phi}, \boldsymbol{u}, \boldsymbol{v}_0)[\boldsymbol{\varphi}, \boldsymbol{u}', \boldsymbol{v}'_0] = \mathscr{L}_{0\boldsymbol{\phi}'}(\boldsymbol{\phi}, \boldsymbol{u}, \boldsymbol{v}_0)[\boldsymbol{\varphi}]$$
$$+ \mathscr{L}_{0\boldsymbol{u}}(\boldsymbol{\phi}, \boldsymbol{u}, \boldsymbol{v}_0)[\boldsymbol{u}'] + \mathscr{L}_{0\boldsymbol{v}_0}(\boldsymbol{\phi}, \boldsymbol{u}, \boldsymbol{v}_0)[\boldsymbol{v}'_0] \tag{3.62}$$

となる．ここで，$\mathscr{L}_{0\boldsymbol{\phi}'}$ の下付 $\boldsymbol{\phi}'$ は形状微分の意味であることを示す．また，

$$\mathscr{L}_{0\boldsymbol{v}_0}(\boldsymbol{\phi}, \boldsymbol{u}, \boldsymbol{v}_0)[\boldsymbol{v}'_0] = \mathscr{L}_{\mathrm{M}\boldsymbol{v}_0}(\boldsymbol{\phi}, \boldsymbol{u}, \boldsymbol{v}_0)[\boldsymbol{v}'_0] = \mathscr{L}_\mathrm{M}(\boldsymbol{\phi}, \boldsymbol{u}, \boldsymbol{v}'_0) = 0 \tag{3.63}$$

$$\mathscr{L}_{0\boldsymbol{u}}(\boldsymbol{\phi}, \boldsymbol{u}, \boldsymbol{v}_0)[\boldsymbol{u}'] = \int_{\Omega(\boldsymbol{\phi})} (-\boldsymbol{S}(\boldsymbol{u}') \cdot \boldsymbol{E}(\boldsymbol{v}_0) + \boldsymbol{b} \cdot \boldsymbol{u}')\, \mathrm{d}x$$
$$+ \int_{\Gamma_{p0}} \boldsymbol{p}_\mathrm{N} \cdot \boldsymbol{u}'\, \mathrm{d}\gamma = \mathscr{L}_\mathrm{M}(\boldsymbol{\phi}, \boldsymbol{v}_0, \boldsymbol{u}') = 0 \tag{3.64}$$

とおく．式 (3.63) は，$\boldsymbol{u}$ が状態決定問題の弱解ならば成り立つ．また，式 (3.64)

は，自己随伴関係

$$v_0 = u \tag{3.65}$$

が成り立つことを示している．ここでも，自己随伴関係が成り立てば，随伴問題を解く必要がないことに注意されたい．

このような u と v_0 を用いた場合には，式 (3.62) の右辺第 1 項は，$f_0(\phi, u)$ を ϕ の関数 $\tilde{f}_0(\phi)$ におきかえたときの $\tilde{f}_0$ の形状微分を表し，

$$\begin{aligned}
\tilde{f}_0'(\phi)[\varphi] &= \mathscr{L}_{0\phi'}(\phi, u, v_0)[\varphi] \\
&= \int_{\Omega(\phi)} \Big[\Big(S(u) \left(\nabla v_0^{\mathrm{T}}\right)^{\mathrm{T}} + S(v_0) \left(\nabla u^{\mathrm{T}}\right)^{\mathrm{T}} \Big) \cdot \nabla \varphi^{\mathrm{T}} \\
&\quad + \{-S(u) \cdot E(v_0) + b \cdot (u + v_0)\} \nabla \cdot \varphi \Big] \mathrm{d}x \\
&= \int_{\Omega(\phi)} \left(G_{\Omega 0} \cdot \left(\nabla \varphi^{\mathrm{T}}\right) + g_{\Omega 0} \nabla \cdot \varphi \right) \mathrm{d}x \\
&= \langle g_0, \varphi \rangle
\end{aligned} \tag{3.66}$$

なる．ただし，

$$G_{\Omega 0} = 2 S(u) \left(\nabla u^{\mathrm{T}}\right)^{\mathrm{T}}, \tag{3.67}$$
$$g_{\Omega 0} = -S(u) \cdot E(u) + 2 b \cdot u \tag{3.68}$$

とおいた．なお，式 (3.42) で Γ_{p0} は変動しないので，Γ_{p0} 上で $\varphi = \mathbf{0}_{\mathbb{R}^d}$ より，Γ_{p0} 上の境界積分は 0 となる．さらに，u と v_0 に対する同次 Dirichlet 条件も使われた．式 (3.66) の二つ目の等号では，

$$\begin{aligned}
-\left(S(u) \cdot E(v_0)\right)_\phi [\varphi] &= -\left(E(u) \cdot S(v_0)\right)_\phi [\varphi] \\
&= \left(E(u) \cdot S(v_0)\right)_{\nabla u^{\mathrm{T}}} \cdot \left(\nabla \varphi^{\mathrm{T}} \nabla u^{\mathrm{T}}\right) \\
&\quad + \left(S(u) \cdot E(v_0)\right)_{\nabla v_0^{\mathrm{T}}} \cdot \left(\nabla \varphi^{\mathrm{T}} \nabla v_0^{\mathrm{T}}\right) - S(u) \cdot E(v_0) (\nabla \cdot \phi) \\
&= \left(\nabla \varphi^{\mathrm{T}} \nabla u^{\mathrm{T}}\right)^{\mathrm{s}} \cdot S(v_0) + S(u) \cdot \left(\nabla \varphi^{\mathrm{T}} \nabla v_0^{\mathrm{T}}\right)^{\mathrm{s}} \\
&\quad - S(u) \cdot E(v_0) (\nabla \cdot \phi) \\
&= \left(\nabla \varphi^{\mathrm{T}} \nabla u^{\mathrm{T}}\right) \cdot S(v_0) + S(u) \cdot \left(\nabla \varphi^{\mathrm{T}} \nabla v_0^{\mathrm{T}}\right)
\end{aligned}$$

$$
\begin{aligned}
&-S(u)\cdot E(v_0)(\nabla\cdot\phi)\\
=& \left(S(u)\left(\nabla v_0^{\mathrm{T}}\right)^{\mathrm{T}}\right)\cdot\nabla\varphi^{\mathrm{T}} + \left(S(v_0)\left(\nabla u^{\mathrm{T}}\right)^{\mathrm{T}}\right)\cdot\nabla\varphi^{\mathrm{T}}\\
&-S(u)\cdot E(v_0)(\nabla\cdot\phi)
\end{aligned}
$$

が使われた．これらの変換では，$A \in \mathbb{R}^{d\times d}$, $B \in \mathbb{R}^{d\times d}$ および $C \in \mathbb{R}^{d\times d}$ に対する恒等式 $A\cdot(BC) = (B^{\mathrm{T}}A)\cdot C = (AC^{\mathrm{T}})\cdot B$ が使われた．

式 (3.66) において，u と v_0 が式 (3.49) の $\mathcal{S}$ に入るとき，$G_{\Omega 0}$ と $g_{\Omega 0}$ は $\Omega(\phi)$ 上で L^∞ 級 (関数値が有界) となることから，式 (3.66) の g_0 が X' に入ること，すなわち $\tilde{f}_0$ の形状微分の要件を満たすことが確認される ([5] 定理 8.2). しかし，g_0 が $W^{1,\infty}$ 級 (関数値とその1階微分が有界；Lipschitz 連続) ではないことから，式 (3.43) の $\mathcal{D}$ には入らないことになる．このことから，$-g_0$ を，直接，探索ベクトルに選ぶような勾配法は適用できないことになる．

(2) 関数の形状偏微分公式を用いた評価法

次に，関数の形状偏微分を用いたときの領域積分に対する形状微分の公式を示そう ([5] 命題 4.7). 式 (3.57) で定義された f の形状微分は，u^* を用いれば

$$
\begin{aligned}
f'(\phi, u)[\boldsymbol{\varphi}] = &\int_{\Omega(\phi)} \{h_u(u,\nabla u)[u^*] + h_{\nabla u}(u,\nabla u)[\nabla u^*]\}\,\mathrm{d}x\\
&+ \int_{\partial\Omega(\phi)} h(u,\nabla u)\boldsymbol{\nu}\cdot\boldsymbol{\varphi}\,\mathrm{d}\gamma
\end{aligned}
\tag{3.69}
$$

となる．ただし，$u(\phi)$ や $u^*(\phi)[\boldsymbol{\varphi}]$ などをそれぞれ u や u^* のようにかいた．図 3.7 に，式 (3.69) 右辺の各積分に対応する面積を示している．右辺第1項は $\Omega(\phi)\cap\Omega(\phi+\boldsymbol{\varphi})$ 上の塗りつぶされた領域の面積に対応し，第2項は左右の塗りつぶされた領域の面積に対応する．ただし，右側の領域は外向き単位法線 $\boldsymbol{\nu}$ が右を向いているので $\boldsymbol{\nu}\cdot\boldsymbol{\varphi} > 0$ となるのに対して，左側の領域は $\boldsymbol{\nu}$ が右を向いているので $\boldsymbol{\nu}\cdot\boldsymbol{\varphi} < 0$ となることに注意されたい．

状態決定問題の解が使われていない $f_1(\phi)$ の形状微分は，式 (3.69) において，$h(u,\nabla u) = 1$ とおくことによって，

3.3 最適形状設計問題

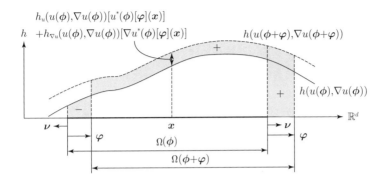

図 **3.7** 関数の形状偏微分 u^* を用いたときの領域積分の形状微分

$$f_1'(\phi)[\varphi] = \int_{\partial\Omega(\phi)\setminus\bar{\Omega}_{\mathrm{C}0}} \boldsymbol{\nu}\cdot\boldsymbol{\varphi}\,\mathrm{d}\gamma = \langle\bar{g}_1,\boldsymbol{\varphi}\rangle \tag{3.70}$$

となる.

一方,状態決定問題の解 $\boldsymbol{u}$ が使われている $f_0(\phi,\boldsymbol{u})$ の形状微分は次のようにして求められる.ただし,関数の形状偏微分を用いる場合には,$\boldsymbol{b}^*(\phi)[\varphi] = \boldsymbol{0}_{\mathbb{R}^d}$ および $\boldsymbol{C}^*(\phi)[\varphi] = \boldsymbol{0}_{\mathbb{R}^{d\times d\times d\times d}}$ を仮定する.その物理的意味は,領域が変動してもそれらの空間座標に対する関数値は変化しない(空間固定)ということである.なお,これらの関数が $\mathbb{R}^d$ 上で一定値をとる場合には,空間固定であっても物質固定であってもそれらの形状微分と形状偏微分は零となることに注意されたい.

ここでも $f_0(\phi,\boldsymbol{u})$ の Lagrange 関数を式 (3.61) とおく.$\mathscr{L}_0$ の形状微分は,任意の $(\varphi,\boldsymbol{u}^*,\boldsymbol{v}_0^*) \in X \times U \times U$ に対して,

$$\begin{aligned}\mathscr{L}_0'(\phi,\boldsymbol{u},\boldsymbol{v}_0)[\varphi,\boldsymbol{u}^*,\boldsymbol{v}_0^*] &= \mathscr{L}_{0\phi^*}(\phi,\boldsymbol{u},\boldsymbol{v}_0)[\varphi] \\ &+ \mathscr{L}_{0\boldsymbol{u}}(\phi,\boldsymbol{u},\boldsymbol{v}_0)[\boldsymbol{u}^*] + \mathscr{L}_{0\boldsymbol{v}_0}(\phi,\boldsymbol{u},\boldsymbol{v}_0)[\boldsymbol{v}_0^*]\end{aligned} \tag{3.71}$$

のようにかくことができる.ここで,$\mathscr{L}_{0\phi^*}$ の下付 ϕ^* は形状偏微分の意味であることを示す.式 (3.71) の右辺第 3 項は,式 (3.63) において,$\boldsymbol{v}_0'$ を $\boldsymbol{v}_0^*$ におきかえた式となる.そこで,$\boldsymbol{u}$ が状態決定問題の弱解ならば,式 (3.71) の右辺第 3 項は 0 となる.また,式 (3.71) の右辺第 2 項は,式 (3.64) において $\boldsymbol{u}'$ を

u^* におきかえた式となる．そこで，自己随伴関係 (3.65) が成り立つならば，式 (3.71) の右辺第 2 項は 0 となる．

このような u と v_0 を用いた場合には，式 (3.71) の右辺第 1 項は，$f_0(\phi, u)$ を ϕ の関数 $\tilde{f}_0(\phi)$ におきかえたときの $\tilde{f}_0$ の形状微分を表し，

$$\tilde{f}_0'(\phi)[\varphi] = \mathscr{L}_{0\phi^*}(\phi, u, v_0)[\varphi] = \int_{\partial\Omega(\phi)\setminus\bar{\Omega}_{C0}} \bar{g}_{\partial\Omega0} \cdot \varphi \, d\gamma$$
$$= \langle \bar{g}_0, \varphi \rangle \tag{3.72}$$

となる．ただし，

$$\bar{g}_{\partial\Omega0} = (-S(u) \cdot E(u) + 2b \cdot u)\nu \tag{3.73}$$

とおいた．式 (3.72) を得るために，$\Gamma_{D0} \cup \Gamma_{p0}$ は変動しない境界に含めていたので，$\Gamma_{D0} \cup \Gamma_{p0}$ 上で $\varphi = \mathbf{0}_{\mathbb{R}^d}$ が使われた．

ここで，u と v_0 が $q_R > d$ に対して $U \cap W^{2,2q_R}(\mathbb{R}^d; \mathbb{R})$（式 (3.49) の $\mathcal{S}$ より厳しい条件）に入るとき，$\bar{g}_{\partial\Omega0}$ は $\partial\Omega(\phi)$ 上で L^∞ 級となることから，式 (3.72) の $\bar{g}_0$ が X' に入ること，すなわち $\tilde{f}_0$ の形状微分の要件を満たすことが確認される（[5] 定理 8.3）．しかし，$\bar{g}_0$ が $W^{1,\infty}$ 級ではないことから，ここでも，$-\bar{g}_0$ を，直接，探索ベクトルに選ぶような勾配法では，$\mathcal{D}$ に入るような領域変動は得られないことになる．

3.3.5 H^1 勾配法

前項でみてきたように，最適形状設計問題における評価関数の形状勾配は，X の双対空間 X' の要素であって，それを探索ベクトル（X の要素）とみなすことはできなかった．実は，有限要素モデルの境界上の節点座標を設計変数に選んで，評価関数の微分を評価して，その勾配を用いて節点を移動していくと境界形状が波打つことが知られていた．その原因の一つにはこの不適切なおきかえが関与していると考えられる．本章の冒頭で紹介した素朴なアイディアを改善した方法を用いればそのようなことは起こらなかった．その方法は，式 (3.41) で定義された設計変数の線形空間 X 上の勾配法になっていて，形状勾配の線形空間 $g_i \in X'$ から設計変数の変動 $\varphi \in X$ への写像を求める方法になっている．その結果，g_i は不連続な関数であっても，適切な条件を満たして

3.3 最適形状設計問題

いれば，連続な関数に写像する平滑化機能をもつ変換となることが保証される．この変換を関数の平滑化処理の観点でみれば，Laplace 作用素による平滑化を行っているともいえる．本項ではその方法についてみていくことにしよう．

最適形状設計問題 (3.53) は二つの評価関数 f_0 と f_1 を使って定義された．これ以降，$\tilde{f}_0$ を f_0 とかくことにして，さらに，$i \in \{0, 1, \ldots, m\}$ に対して $f_i(\phi)$ ごとに，$\phi \in \mathcal{D}$ における形状微分 $g_i \in X'$ が与えられたと仮定して，f_i が減少する方向ベクトル（領域変動）$\varphi_{gi} \in X$ を求める方法を考えよう．この方法を，密度を設計変数に選んだ密度変動型の最適位相設計問題に対する同様の方法（密度変動型 H^1 勾配法）と区別するために，領域変動型 H^1 勾配法とよぶことにする．

領域変動型 H^1 勾配法は次のように定義される．X を式 (3.41)（H^1 級の実 Hilbert 空間）とする．まず，X 上の有界かつ強圧的な双 1 次形式 $a_X : X \times X \to \mathbb{R}$ を一つえらぶ．すなわち，任意の $\varphi \in X$ と $\psi \in X$ に対して，

$$a_X(\varphi, \varphi) \geq \alpha_X \|\varphi\|_X^2, \quad \|a_X(\varphi, \psi)\|_{\mathbb{R}} \leq \beta_X \|\varphi\|_X \|\psi\|_X \tag{3.74}$$

が成り立つようなある正定数 α_X と β_X が存在するとする．もっとも簡単な例は，式 (3.38) の内積である．この場合には $\alpha_X = \beta_X = 1$ となる．また，$\phi \in \mathcal{D}$ において $g_i \in X'$ が与えられているとする．このとき，任意の $\psi \in X$ に対して

$$a_X(\varphi_{gi}, \psi) = -\langle g_i, \psi \rangle \tag{3.75}$$

を満たす $\varphi_{gi} \in X$ を求めよ．

式 (3.75) は $g_i \in X'$ を $\varphi_{gi} \in X$ に変換する関係を表している．この変換が一意に存在することは Riesz の表現定理によって保証される．あるいは，式 (3.75) を抽象的変分問題としてとらえる場合には，Lax–Milgram の定理により，解の一意存在が保証される．また，このようにして得られた φ_{gi} が $f_i(\phi)$ を減少させることは，双 1 次形式 a_X の強圧性を用いて，次のように確かめられる．$\|\varphi_{gi}\|_X$ を十分小さくとれば，正の定数 ϵ に対して，

$$f_i(\phi + \epsilon \varphi_{gi}) - f_i(\phi) = \epsilon \langle g_i, \varphi_{gi} \rangle + o(|\epsilon|)$$

$$= -\epsilon a_X\left(\boldsymbol{\varphi}_{gi}, \boldsymbol{\varphi}_{gi}\right) + o\left(|\epsilon|\right) \le -\epsilon \alpha_X \left\|\boldsymbol{\varphi}_{gi}\right\|_X^2 + o\left(|\epsilon|\right)$$

が成り立つ．ここで，α_X は式 (3.74) で使われた正定数である．

3.2 節でみてきた有限次元空間上の勾配法は，この方法と同じ構造をもつことを確認しよう．有限次元空間上の勾配法は式 (3.35) で定義された．これを変分形式でかけば次のようになる．$g_i \in X'\left(= \mathbb{R}^2\right)$ が与えられたとき，任意の $\boldsymbol{y} \in X\left(= \mathbb{R}^2\right)$ に対して

$$\boldsymbol{b}_{gi} \cdot (\boldsymbol{A}\boldsymbol{y}) = -\boldsymbol{g}_i \cdot \boldsymbol{y} \tag{3.76}$$

を満たすように $\boldsymbol{b}_{gi} \in X$ を求めよ．ただし，ステップサイズを調整するパラメータ c_a は省略された．ここで，正定値実対称行列 $\boldsymbol{A}$ は，任意の $\boldsymbol{x}, \boldsymbol{y} \in X$ に対して $a_X\left(\boldsymbol{x}, \boldsymbol{y}\right) = \boldsymbol{x} \cdot (\boldsymbol{A}\boldsymbol{y})$ を考えれば，$X = \mathbb{R}^2$ 上の有界かつ強圧的な双 1 次形式とみなすことができる．そこで，式 (3.76) は式 (3.75) の枠組みに入ることになる．

このように，有限次元空間ではその空間とその双対空間は一致することから，有限次元空間の勾配法では理解されにくかったが，勾配法の左辺は X の要素同士の内積に相当する双 1 次形式となることから，X には内積が定義された関数空間 (Hilbert 空間) をえらぶ必要があった．

領域変動型 H^1 勾配法において，$a_X : X \times X \to \mathbb{R}$ の選び方には任意性がある．ここでは，実 Hilbert 空間 X 上の内積を応用した方法を考えよう．$X = H^1\left(\mathbb{R}^d; \mathbb{R}^d\right)$ 上の内積は，式 (3.38) で定義される．そこで，c_Ω を $L^\infty\left(\mathbb{R}^d; \mathbb{R}\right)$ に入るある正値関数として，

$$a_X\left(\boldsymbol{\varphi}, \boldsymbol{\psi}\right) = \int_{\Omega(\phi)} \left\{\left(\boldsymbol{\nabla}\boldsymbol{\varphi}^{\mathrm{T}}\right) \cdot \left(\boldsymbol{\nabla}\boldsymbol{\psi}^{\mathrm{T}}\right) + c_\Omega \boldsymbol{\varphi} \cdot \boldsymbol{\psi}\right\} \mathrm{d}x \tag{3.77}$$

とおけば，$a_X\left(\cdot, \cdot\right)$ は X 上の有界かつ強圧的な双 1 次形式となる．ここで，c_Ω は被積分関数の第 1 項と第 2 項の重みを調整する働きをする．c_Ω を小さくとり，第 1 項を支配的にすれば平滑化の機能が優先される．ただし，$c_\Omega = 0$ とすることは，強圧性を失うことになり，H^1 勾配法で要求される条件を満たさないことになる．また，$\boldsymbol{\nabla}\boldsymbol{\varphi}^{\mathrm{T}}$ の対称成分を

$$\boldsymbol{E}\left(\boldsymbol{\varphi}\right)=\left(e_{ij}\left(\boldsymbol{\varphi}\right)\right)_{ij}=\frac{1}{2}\left\{\boldsymbol{\nabla}\boldsymbol{\varphi}^{\mathrm{T}}+\left(\boldsymbol{\nabla}\boldsymbol{\varphi}^{\mathrm{T}}\right)^{\mathrm{T}}\right\}$$

とかくことにすれば,

$$a_X\left(\boldsymbol{\varphi},\boldsymbol{\psi}\right)=\int_{\Omega(\phi)}\left(\boldsymbol{E}\left(\boldsymbol{\varphi}\right)\cdot\boldsymbol{E}\left(\boldsymbol{\psi}\right)+c_\Omega\boldsymbol{\varphi}\cdot\boldsymbol{\psi}\right)\mathrm{d}x \tag{3.78}$$

も X 上の有界かつ強圧的な双 1 次形式となる. $\boldsymbol{\nabla}\boldsymbol{\varphi}^{\mathrm{T}}$ の反対称成分を除外することは剛体回転運動を除外することを意味し, 強圧性には影響しない.

さらに, $\boldsymbol{C}=\left(c_{ijkl}\right)_{ijkl}\in W^{1,\infty}\left(\mathbb{R}^d;\mathbb{R}^{d\times d\times d\times d}\right)$ を線形弾性問題で使われる剛性テンソルとする. すなわち, すべての $\boldsymbol{x}\in\mathbb{R}^d$ において, 任意の対称テンソル $\boldsymbol{A}\in\mathbb{R}^{d\times d}$ と $\boldsymbol{B}\in\mathbb{R}^{d\times d}$ に対して

$$\boldsymbol{A}\cdot\left(\boldsymbol{C}\left(\boldsymbol{x}\right)\boldsymbol{A}\right)\geq\alpha\left\|\boldsymbol{A}\right\|^2,\quad\left|\boldsymbol{A}\cdot\left(\boldsymbol{C}\left(\boldsymbol{x}\right)\boldsymbol{B}\right)\right|\leq\beta\left\|\boldsymbol{A}\right\|\left\|\boldsymbol{B}\right\| \tag{3.79}$$

が成り立つような正定数 α と β が存在し, かつ対称性 $c_{ijkl}=c_{klij}$ をもつと仮定する. これを用いて, 応力テンソルを

$$\boldsymbol{S}\left(\boldsymbol{\varphi}\right)=\boldsymbol{C}\boldsymbol{E}\left(\boldsymbol{\varphi}\right)=\left(\sum_{(k,l)\in\{1,\cdots,d\}^2}c_{ijkl}e_{kl}\left(\boldsymbol{\varphi}\right)\right)_{ij} \tag{3.80}$$

とおく. このとき,

$$a_X\left(\boldsymbol{\varphi},\boldsymbol{\psi}\right)=\int_{\Omega(\phi)}\left(\boldsymbol{S}\left(\boldsymbol{\varphi}\right)\cdot\boldsymbol{E}\left(\boldsymbol{\psi}\right)+c_\Omega\boldsymbol{\varphi}\cdot\boldsymbol{\psi}\right)\mathrm{d}x \tag{3.81}$$

は X 上の有界かつ強圧的な双 1 次形式となる. 式 (3.81) の $a_X\left(\boldsymbol{\varphi},\boldsymbol{\psi}\right)$ は, $\boldsymbol{\varphi}$ と $\boldsymbol{\psi}$ を変位とその変分とみなしたときの線形弾性問題におけるひずみエネルギーの変分を与える双 1 次形式となる. このとき, c_Ω は $\mathbb{R}^d$ 上に配置された分布ばねのばね定数の意味をもつ.

一方, 式 (3.75) の右辺の $\boldsymbol{g}_i$ には, 関数の形状微分公式による $\boldsymbol{g}_i$ と関数の形状偏微分公式による $\bar{\boldsymbol{g}}_i$ の選択肢がある. 図 3.8 にこれらのイメージを示す. 図 3.8 (b) において, $a_X\left(\cdot,\cdot\right)$ に対して式 (3.81) を用いれば, H^1 勾配法は境界力 (traction) $\bar{\boldsymbol{g}}_i$ が作用したときの変位 $\boldsymbol{\varphi}_{gi}$ を求める線形弾性問題となる. このことから, この方法は力法 (ちからほう, traction method) とよばれた [2,3].

3章　最適形状設計

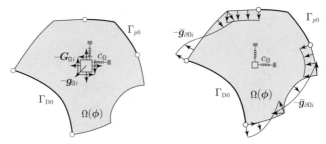

(a) 関数の形状微分公式による g_i 　　(b) 関数の形状偏微分公式による $\bar{g}_i$

図 3.8 $H^1\left(\mathbb{R}^d;\mathbb{R}^d\right)$ の内積を応用した H^1 勾配法

ここで，g_i と $\bar{g}_i$ の違いについて考察しておこう．g_i を求める際，u の許容集合は $\mathcal{S} = U \cap W^{1,\infty}\left(\mathbb{R}^d;\mathbb{R}^d\right)$ であると仮定された．この条件は，$b(\phi) \in L^\infty\left(\mathbb{R}^d;\mathbb{R}^d\right)$, $C(\phi) \in W^{1,\infty}\left(\mathbb{R}^d;\mathbb{R}^{d\times d\times d\times d}\right)$ および $\Omega(\phi)$ が2次元領域の場合には境界上の角点，$\Omega(\phi)$ が3次元領域の場合には境界上の角線に垂直な面における境界上の角点に関して，開き角 β が，Dirichlet境界 と Neumann 境界の同一種境界上にあるとき $\beta < 2\pi$，混合境界上にあるとき $\beta < \pi$ がみたされたときに成り立つ．それに対して，$\bar{g}_i$ を求める際には，$U \cap W^{2,2q_\mathrm{R}}\left(\mathbb{R}^d;\mathbb{R}^d\right)$ ($q_\mathrm{R} > d$) が仮定された．この条件は，$b(\phi) \in W^{1,2q_\mathrm{R}}\left(\mathbb{R}^d;\mathbb{R}^d\right)$, $C(\phi) \in W^{1,\infty}\left(\mathbb{R}^d;\mathbb{R}^{d\times d\times d\times d}\right)$ および $\partial\Omega(\phi)$ が滑らかであるときに成り立つ．詳細は文献 [6] にゆずる．したがって，g_i を使用する場合は，変動境界に先に示された開き角 β の条件を満たす角点を含むことができるが，$\bar{g}_i$ を使用する場合は，理論上はそれができないことになる．

このような H^1 勾配法によって得られる探索ベクトル（領域変動）φ_{gi} は Lipschitz 連続（$W^{1,\infty}$ 級）となり，式 (3.43) の $\mathcal{D}$ に入る（[5] 定理 9.1）．実際，式 (3.77) の $a_X(\varphi,\psi)$ と式 (3.66) の g_0 を用いたとき，f_0 に対する H^1 勾配法は，任意の $\psi \in X$ に対して

$$\int_{\Omega(\phi)} \left\{\left(\nabla\varphi_{g0}^\mathrm{T}\right) \cdot \left(\nabla\psi^\mathrm{T}\right) + c_\Omega\varphi\cdot\psi\right\} \mathrm{d}x$$
$$= -\int_{\Omega(\phi)} \left(G_{\Omega 0} \cdot \left(\nabla\psi^\mathrm{T}\right) + g_{\Omega 0}\nabla\cdot\psi\right) \mathrm{d}x \tag{3.82}$$

を満たす $\varphi_{g0} \in X$ を求める問題となる．ここで，3.3.4(1) の最後に示したよ

うに，$G_{\Omega 0}$ と $g_{\Omega 0}$ は $\Omega(\phi)$ 上で L^∞ 級であるならば，式 (3.82) において対応する項が同じ滑らかさをもつことに注意すれば，$\nabla\varphi_{g0}^{\mathrm{T}}$ が L^∞ 級となり，これより φ_{g0} は $W^{1,\infty}$ 級となる．

3.3.6 制約つき問題に対する勾配法

最適形状設計問題 (3.53) に対して，H^1 勾配法により $f_0, f_1, \ldots, f_m$ が減少するような領域変動 $\varphi_{g0}, \varphi_{g1}, \ldots, \varphi_{gm}$ が得られることが確認された．これで，3.2.4 項でみてきたような制約つき問題に対する勾配法で必要となるベクトルの計算方法はすべて示されたことになる．そこで，最適設計問題 (3.8) に対して逐次 2 次近似問題を定義したように，最適形状設計問題 (3.53) に対しても同様の問題を定義することができる．$g_0(\phi_k)$ と $g_1(\phi_k)$ が与えられたとき，

$$q(\varphi_g) = \min_{\varphi \in X} \left\{ q(\varphi) = \frac{1}{2} c_a a_X(\varphi, \varphi) + \langle g_0(\phi_k), \varphi \rangle + f_0(\phi_k) \;\middle|\; f_i(\phi_k) + \langle g_i(\phi_k), \varphi \rangle \leq 0 \quad \text{for } i \in I_{\mathrm{A}}(\phi_k) \right\} \tag{3.83}$$

を満たす $\phi_{k+1} = \phi_k + \varphi_g$ を求めるステップをくりかえす．

このアルゴリズムをかけば，3.2.4 項で示されたものと同様になる．そこで，アルゴリズムをかくかわりに，何をしているのかを概念図を用いて示すことにしよう．

まず，初期領域 Ω_0 が与えられたとき，$\phi_{(0)} = \mathbf{0}_{\mathbb{R}^d}$ とおき，f_0 と f_1 を評価し，さらに形状微分 g_0 と g_1 を 3.3.4 項のようにして求める．さらに，3.3.5 項のようにして f_0 と f_1 が減少するような領域変動 φ_{g0} と φ_{g1} を求める．図 3.9 および図 3.10 にそれぞれ g_0 と φ_{g0} および g_1 と φ_{g1} のイメージを示す．

体積制約を満たすような Lagrange 乗数 $\lambda_{1(k+1)}$ を求める式は，3.2.4 項の式 (3.37) に対応して，

$$\lambda_1 = -\frac{\langle g_1, \varphi_{g0} \rangle}{\langle g_1, \varphi_{g1} \rangle} \tag{3.84}$$

が使われる．ただし，$f_1 = 0$ を想定している．この関係は，

$$\langle g_1, \varphi_{g0} + \lambda_{1(k+1)} \varphi_{g1} \rangle = 0 \tag{3.85}$$

3 章　最適形状設計

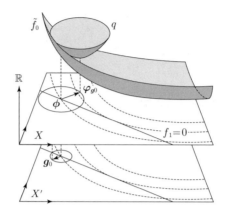

図 **3.9**　f_0 に対する H^1 勾配法のイメージ

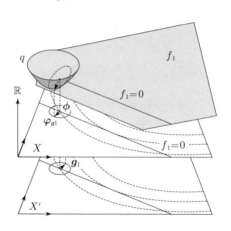

図 **3.10**　f_1 に対する H^1 勾配法のイメージ

ともかけることから，$\varphi_{g0} + \lambda_1 \varphi_{g1}$ は g_1 と直交し，図 3.11 のように，制約を満たす方向を向いていることがわかる．このような探索ベクトルで形状を更新していった結果，図 3.12 のような最小点が得られることになる．

3.3.7　数値例

最適形状設計問題の解析例を紹介しよう．図 3.13 に 7 つの穴をもつ 2 次元線形弾性体に対する初期形状と 3.3.6 項の方法でえられた最適形状を示す．図

88

3.3 最適形状設計問題

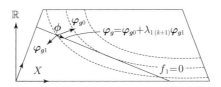

図 **3.11** Lagrange 乗数 λ_1 のイメージ

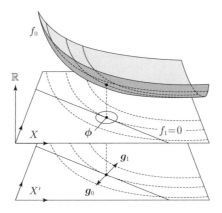

図 **3.12** 最適形状設計問題 (3.53) に対する最小点 ϕ のイメージ

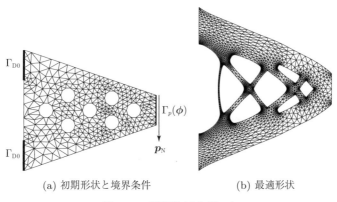

(a) 初期形状と境界条件   (b) 最適形状

図 **3.13** 数値例 ([9] 例 37)

3.13 (a) に状態決定問題における境界条件が示されている．解析には，有限要素法プログラミング言語 FreeFem++[1] でかかれた文献 [9] に掲載されている例 37 のプログラムが使われた．

このプログラムの中では，線形弾性問題の弱形式と同様に H^1 勾配法の弱形式が定義されていて，それらを上記のアルゴリズムにしたがってよびだされている．実際に，FreeFem++ を PC にダウンロードしてプログラムを動かしてみればわかるように，特別な計算機を使わなくても実時間で形状が更新されていく様子が観察される．

3.4 おわりに

本章では，簡単な 1 次元弾性体の最適設計問題を定義して，その解法までを一通りみてから，2 次元あるいは 3 次元の線形弾性体の最適形状設計問題に対して，その定式化から解法までを簡単な問題と同じ文脈でみてきた．そのような構成にしたことで，最適化理論に詳しい読者が，最適設計問題とは一般的な最適化問題と比較して，どのような特徴をもっているのかを理解されたとしたならば，本章の第一の目的は達成されたことになる．さらに，最適形状設計問題は，関数空間になじみのない読者にはややわかりにくい説明になってしまったが，簡単な最適設計問題と同じ構造をもち，同様の手順で計算可能であることを理解されたとしたならば，本章の第二の目的は達成されたことになる．さらに詳細について理解されたい読者は，近日出版予定の著書 [8] を参照されたい．

3.1 節で紹介した素朴なアイディアの欠陥を修正した方法は，実は，3.3.5 項で説明した H^1 勾配法であった．この方法を思いついた経緯は以下のようであった．私は大学院の入試で浪人するはめになり，教育学部数学科の聴講生となった．その身分で出席していた講義で関数空間（Hilbert 空間）に出会った．関数空間は無限次元のベクトル空間で，一つの関数が関数空間上の一つの点に対応し，内積やノルムが定義される．さらに驚いたのが，楕円型偏微分方程式の境界値問題の解関数を求める問題は，有限次元ベクトル空間上で与えられた連立 1 次方程式の解ベクトルを求めることと本質的に同じであるという視点であっ

---

[1] http://www.freefem.org/ff++/

た．私は機械工学で，弾性体の変形や熱伝導場などはそれぞれの偏微分方程式に対してそれぞれ別の名前が付けられていて，異なった問題であるような教育を受けてきた．それらが，数学では，楕円型偏微分方程式の境界値問題として同一視されてしまうわけである．この見方は，二十歳そこそこの学生にとっては衝撃的で，数学への畏敬の念を強くした．大学院に入学してからは，き裂の研究で学位をいただき，大学に職を得て，実験モード解析の研究で数本の論文をかいた．そのうちに，次の研究テーマを自由に選定できる環境をいただいた．そのときに，非線形弾性体の有限要素法解析に関する知識を基にして，3.1 節で紹介した成長ひずみ法を思いついたわけである．さらにその欠陥を修正した方法が 3.3.5 項に登場した力法であった．力法を思いついたときに，その方法は関数空間上の勾配法になっているという直観をもった．その根拠は学生のときに受けたあの衝撃であった．その方法の正当性を数学として証明するために関数解析が必要となり，数学の先生方からの助言をいただきながら本章のすじがきにいたった次第である．

　本章では最適形状設計問題に関する基本的な原理を理解することを目標にしてきたが，さまざまな工学問題への応用に関しては文献 [5] の文献リストを参照されたい．また，最適形状解析のための商用プログラムもリリースされている．そのプログラムは自動車などの製品開発に広く使われている．さらに，H^1 勾配法は，3.3.5 項でみてきたように，線形弾性問題を解くプログラムがあれば外力を形状勾配におきかえるだけで容易に作成される．また，数値解析法は，有限要素法に限らず，境界要素法や粒子法などであってもかまわない．そこで，状態決定問題のソルバーと線形弾性問題のソルバーがあれば，それらを使って 3.3.6 項で説明したアルゴリズムにしたがってプログラムをかけば，さまざまな最適形状設計問題が解けることになる．3 次元問題であっても，状態決定問題の数値解析が PC でできているのであれば，形状設計問題も繰り返しによる時間は必要となるが，解けることになる．

　また，本章では，領域変動を表す関数を設計変数にえらんだが，これを密度に変更することで，領域に穴をあけていく問題が構成される [4]．密度を材料の健全率におきかえれば，構造物の欠陥同定問題になる [10]．また，偏微分方程式の境界値問題を流れ場や電磁場の問題に変更しても，さらに時間発展問題

に拡張しても同様の最適化問題を考えることができる．時間発展問題の例として，リンク機構の最適形状を求めた結果，バッタの足のような形状が得られている [7]．これらの問題は，いずれも設計変数の更新には H^1 勾配法が使われている．したがって，さまざまな連続体の形状や位相を設計対象にした最適設計問題が解けるかという観点では，最適設計問題をモデル化（定式化）して，設計変数の変動に対する評価関数の Fréchet 微分が計算可能かどうかにかかっているということができる．

本章がヒントとなり，これまで固定されてきた関数が設計変数となり，それらを用いて構成された最適化問題あるいは逆問題は解けるのだろうかと思いを巡らせてもらえれば望外のよろこびである．

参考文献

[1] 畔上秀幸：成長の構成則を用いた形状最適化手法の提案（静的弾性体の場合），『日本機械学会論文集 A 編』，Vol.54, No.508, pp.2167–2175, 1988.

[2] 畔上秀幸：領域最適化問題の一解法，『日本機械学会論文集 A 編』，Vol.60, No.574, pp.1479–1486, 1994.

[3] Azegami, H. and Takeuchi, K.: A smoothing method for shape optimization: Traction method using the Robin condition, *International Journal of Computational Methods*, Vol.3, No.1, pp.21–33, 2006.

[4] Azegami, H., Kaizu, S., and Takeuchi, K.: Regular solution to topology optimization problems of continua, *JSIAM Letters*, Vol.3, pp.1–4, 2011.

[5] 畔上秀幸：形状最適化問題の正則化解法，『日本応用数理学会論文誌』，Vol.23, No.2, pp.83–138, 2014.

[6] Azegami, H., Ohtsuka, K., and Kimura, M.: Shape derivative of cost function for singular point: Evaluation by the generalized J integral, *JSIAM Letters*, Vol.6, pp.29–32, 2014.

[7] 畔上秀幸：リンク機構の形状最適化，『システム・制御・情報，システム制御情報学会誌』，Vol.58, No.9, pp.384–389, 2014.

[8] 畔上秀幸：『形状最適化問題』，森北出版，2016.

[9] 大塚厚二，高石武史：『有限要素法で学ぶ現象と数理：FreeFem++数理思考プログラミング』，共立出版，2014.

[10] Tago, T., Aoki, T., and Azegami, H.: Identification of building damage using vi-

brational eigenvalue and eigenmode pairs, *Japan Journal of Industrial and Applied Mathematics*, Vol.32, No.2, pp.297–313, 2015.

4章

現場でのモデル化

●●● 斉藤 努

4.1 はじめに

オペレーションズ・リサーチ（以下 OR とも略す）とは，いわゆる数理的アプローチに基づく問題解決学である．本稿では，OR における最適化のモデリングについて，筆者のバックグラウンドや携わったプロジェクトの事例などを紹介していきたい．「最適化」とはさまざまな人によってさまざまな意味で使われているが，ここでいう最適化とは，数式によって表される数理モデルを用いた数理最適化を意味する．数理最適化は，魅力的な学問分野である．オペレーションズ・リサーチ学会（OR 学会）の中でも研究者が多い．さまざまな問題を統一的に扱うことができる強力な手法であり，社会のいろいろな場面で活用することができるであろう．数式を使うので，敬遠されることもあるが，利用するための環境が整ってきており，今後大いに普及していくことを期待している．

以下，4.2 節「背景」では，筆者の学生時代や就職後の会社での様子などバックグラウンドについて説明する．4.3 節「学び方」では，数理最適化を学ぶにあたって，押さえておくべき前提知識や全体像を簡単にガイドする．4.4 節では，OR のプロジェクトを遂行するにあたって，筆者が，日頃気にしていることを紹介する．4.5 節「事例」では，筆者が経験した企業における最適化について活用例を紹介する．4.6 節で，最適化のこれからについて考えたことを述べる．

4.2 背景

4.2.1 学生時代

私は，大学受験の前には，確率について学びたいと考えていたので，大学では情報科学科に入り，待ち行列やマルコフ過程についての研究室を選んだ．待

ち行列やマルコフ連鎖は，大学の中ではオペレーションズ・リサーチというカテゴリにくくられていたが，学生にとって OR はよくわからないところがあった．私は，確率論があるというだけで，よくわからない OR を選んだ．その後，OR が「役に立つ」ことを目的とした待ち行列だけでなく数理最適化，ゲーム理論など多岐にわたる分野を擁する学問であることを知り，興味を持った．

大学院でも情報科学専攻に進学したが，宗旨替えをし，OR の分野の中の連続最適化を学び直すことにした．そして，修士論文では連続最適化の解法である内点法のプログラムを作成した．私が大学院に入る少し前から，内点法の研究が進み，私が選んだ研究室は，内点法に関しては，世界の最先端の研究をしていた．しかし残念なことに，当時，私はその研究の面白さや広がりに気づいていなかった．

OR は，なじみのある言葉でいうと，応用数学に近い．しかし，OR と数学は，対極にあるように思う．数学は抽象化を大事にするが，OR は社会に役立つことを大事にする．研究よりは実際に役に立つようなことをしたかったこともあり，大学院卒業後は，就職を選んだ．

4.2.2 社会人になって

私が就職先に選んだのは，（株）構造計画研究所というところである．構造計画研究所という名前を聞くと，堅そうな建築系の会社のイメージを持つに違いない．例を挙げてみると，本所[1]の新館は，図 4.1 のような，オイルダンパーを用いた制震装置が特徴になっていたり，社宅には，世界初の 3 次元免震装置が使われていたりする．OR 学会との関係は古く，1963 年オスロ（ノルウェー）で開催された第 3 回国際 OR 学会（IFORS）に創業者の服部正博士（1926–1983）が参加した記録がある．

企業理念は「大学，研究機関と実業界をブリッジするデザイン＆エンジニアリング企業」である．すなわち，実業界の顧客の抱える課題を大学等の研究成果を使いながら解決していくことを目指している．大学と異なるのは，学問では理論の美しさが重要になるが，ビジネスの場では理論より結果を重視すると

---

[1] 一般の会社では，本社にあたる．

4.2 背景

図 4.1 本所新館ビルの自社設計の制震装置（オイルダンパー）

ころだろう．私も，理論よりは，結果が出る方が好きだったので，自分に適性があると感じていた．

私が配属された部署は，数理技術部というところで，まさに OR（特にシミュレーション）を使って仕事をしていた．当時（そして現在も），OR を武器にコンサルしているところは少なかった．配属先の上司や諸先輩方は，技術士の資格を持つ人や，学会で活躍している人も多く，会社とはいえ，アカデミックな雰囲気であった．社内では，学会への参加や大学との共同研究も奨励されており，私も OR 学会によく参加している．OR 学会は，和気藹々の雰囲気があり居心地がよい．学会では，最新の知識を聞いたり，遠方で開催する場合，その地方の特色などに触れることができて楽しみとなっている．

大学時代，最適化の研究をしていたこともあり，会社では，シミュレーションばかりでなく最適化の仕事もするようになった．最適化とシミュレーションは，表 4.1 のような特徴を持っている．最初に最適化をしてラフな理想を求めて，シミュレーションをして現実性を検証するということが，効果的といえよう．

表 4.1 最適化とシミュレーション

	特徴
最適化	静的な要素，簡単なモデル
シミュレーション	動的な要素，複雑なモデル

4.2.3 仕事のやり方

私が入社したときは，シミュレーション主体の仕事が多かったのだが，私自身は，最適化を専門にして，いろいろなプロジェクトに関わるようになっていった．ただし，大学で勉強したのは連続最適化であったが，社会で求められたのは組合せ最適化（離散最適化）であった．組合せ最適化では，変数が離散的な値しか許されない．離散の制約があると，連続における（微分可能などの）有用な性質が使えないため，扱うのが難しかった．

大学とは異なり，アウトプットにおいて解き方を気にしている顧客は少なかった．したがって，最初は，美しい理論より何とかして答えを出すために試行錯誤的なアルゴリズムを構築することが多かった．顧客から頼まれる問題は，新しく聞くものが多く，毎回，ゼロからアルゴリズムを考えたりしていた．苦労もあったが，やりがいもあり楽しかった．より詳しい話は，4.5 節の事例でも触れたいと思う．

IT の世界は，日進月歩で技術が発展している．筆者が入社してから 20 数年がたち，気がつけば，最適化も大きく変化してきている．この間に，ハードウェアおよびソフトウェアの進歩により，計算能力は数千万倍になっているといえる[2]．大きな違いは，以前はできなかった計算が，今では，簡単にできるようになったことである．すなわち，複雑なロジックを自分で構築しなくても，問題を数理モデル[3]として表現するだけで，汎用のソフトウェア（ソルバー）で解くことができるようになった．また，数理モデルは表現力が高く，さまざまなモデルを記述可能である．しかし，「簡単にできるようになった」ということは，まだあまり知られているとはいえない．本稿では，このことをできるだけ例を挙げて紹介していきたいと思う．表 4.2 に最適化の仕事のやり方の移り変わりの例をまとめた．

社会人で組合せ最適化を学んだ経験のある人は少ない．構造計画研究所でも，OR 部門に配属される多くの新人は，会社に入社してから勉強することになる．次節では，初めて学ぶ社会人に役立つように，組合せ最適化についてわかりやすく説明したい．

---

[2] 『ヒラノ教授の線形計画法物語』（今野浩著）では，18 年で一千万倍という記述がある．
[3] 数理モデルについては，4.3.2 項を参照されたし．

表 4.2 仕事のやり方の移り変わりの例

	以前	現在
ロジック	複雑な近似解法を独自開発	定式化してソルバーを利用
開発言語	C++, C#	Python

4.3 学び方

ここでは，組合せ最適化を使うためのノウハウについて説明する．

組合せ最適化を学ぼうとしたとき，どのように勉強したらいいだろうか．一番の早道は，全体像を理解することである．必要に応じて，詳細を勉強すればよい．全体像を理解する方法として，組合せ最適化の問題の分類方法を示す．どんな要素があるのか，それらがどのような関係にあるのかを説明する．その結果，自分の抱えている課題へのアプローチの仕方を学べるようになるであろう．

4.3.1 考えてみよう

野菜選択の問題

ある日，あなたが実家に帰ると，図 4.2 のような野菜をお土産にくれるという．しかし 5 kg までしか持って帰れない．野菜は切ったりすると傷むので，そのまま持って帰ることとする．持って帰る野菜の価格の和を一番高くするには，どの野菜をえらんだらいいだろうか？

図 4.2 野菜の重さと販売価格

1 つの案

1 kg あたりの販売価格の高いものから順番に選ぶ．

この方法は，よい方法であるが，最適な結果となる保証はない．では，本当に最適な方法は，どうすればわかるだろうか？ 全ての可能性を調べれば，最

4章 現場でのモデル化

も販売価格の高い選び方はわかる．しかし，全野菜について選択するかどうかの組合せは，野菜の数が増えると状態爆発を起こして計算できなくなる．

4.3.2 数理最適化

数理最適化の手法を使うと，先ほどのような問題を解くことができる．数理最適化は，表 4.3 のように連続最適化と組合せ最適化に分けることができる．本稿では，組合せ最適化に焦点を当てる．連続最適化の入門書としては，書籍 [1,4,8] を参照されたい．今回のように，野菜を丸ごと選ぶかどうかは，0 または 1 で表せるので，離散要素を含む．もし，野菜を切ってもよいとすると，部分的に選ぶことができ，0 から 1 の連続要素で表すことになる．

表 **4.3** 数理最適化

連続最適化	連続要素のみ
組合せ最適化	連続以外の離散要素を含む

数理最適化のアプローチの概要を図 4.3 に示す．また，言葉についても説明しよう．

- 現実の問題の全要素を考慮することはできない．目的を達成する立場から，対象となる問題の本質を見極め，簡略化してとらえ直す必要がある．
- モデルとは，対象を扱うことができるように表現されたものをいう．特に数理モデルとは，数式[4] を用いて表現されたモデルである．
- 数理モデルのパラメータを調整してその性能を最適化する問題を，数理最

図 **4.3** アプローチの概要

---

[4] 数式で表された数理モデルの表記の例は 4.3.4 節を参照のこと．

適化問題とよぶことにする．その場合の数理モデルを数理最適化モデルという．本稿では最適化だけを対象にするので，以降，数理モデルは数理最適化モデルを意味することとする．

- 1つの問題でも，いろいろな見方をすれば，いろいろな数理モデルを考えることができる．
- モデルなどを決められた形式で表すことを，定式化とよぶ．数理モデルにおける定式化では，変数，目的関数，制約条件が定められる．数理モデルにおける定式化を，ここでは単に定式化とよぶことにする．

野菜選択の問題を数理モデルとして捉え定式化すると，式 4.1 のようになる．なお，x_i は，i 番目の野菜を "1" は「持って帰る」，"0" は「持って帰らない」を表す．p_i は野菜 i の価格を，w_i は野菜 i の重さを表す．

```
─ 野菜選択の問題の定式化 ──────────────────────
```
$$
\begin{array}{lll}
変数 & \forall x_i \in \{0,1\} & \\
目的関数 & \sum_i p_i x_i & \to 最大 \\
制約条件 & \sum_i w_i x_i \leq 5 &
\end{array} \quad (4.1)
$$

定式化をするには，3つの要素を決める必要がある．

- 何を決めたいのか？「持って帰る野菜を決める」
- どうしたいのか？「持って帰る野菜の価値の合計を高くする」
- 守らないといけないことは？「持って帰る野菜を 5 kg 以下にする」

この3つをそれぞれ，変数，目的関数，制約条件とよぶ．定式化できるようになるためには，慣れが必要となる．詳しく勉強する場合は，書籍 [2] などを参考にされたい．

決められたフォーマットの入力ファイルを用意すれば，ソフトウェアを使うことにより自動的に最適な答えを求めることができる．このソフトウェアのことを最適化ソルバー（ソルバーとも略す）とよぶ．問題を定式化できれば，ソルバーにより解を出すことができる．最近ではこのソルバーが，使いやすく，非

4章　現場でのモデル化

常に高性能になった．誰でも最適化が利用できるようになってきたといえる．

4.3.3　典型問題

先ほどの例の他に，どんな例があるだろうか？　例えば実家に帰るときに，Web で乗り換え駅を探索することもあるだろう．

乗り換え駅探索問題
　　自分の家の最寄り駅から，実家の最寄り駅までの最短路（あるいは最安路）を探したい．

これも最適化問題となる．最適化問題は，いろいろなところにたくさんある．しかし，問題ごとに定式化するのは，大変である．重要なポイントとして，別々の問題でも，同じ定式化になることがよくある．そうすると，わざわざ定式化する必要がなくなる．このような世の中によくある問題を典型問題とよぶことにしよう．

典型問題として，よく使われるものを表 4.4 に 22 個厳選した．さらに，関連する典型問題を集めて，7 つの典型問題クラスという枠組みを作った．

野菜選択の問題はナップサック問題，乗り換え駅探索問題は最短路問題となる．典型問題はよく研究されており，多くの場合，効率的な解法がある．あるいは，定式化がされているので，すぐ解くことができるというメリットがある．

4.3.4　汎用問題

典型問題クラスのグラフ・ネットワーク問題は，含まれている典型問題も多く，実社会でもよく使われている．

例えば，物流の分野では，輸送費用を最小化する最小費用流問題を扱うことが多い．最小費用流問題には，専用の解法（負閉路除去法など）がある．しかし，筆者が実際に担当しているプロジェクトでは，輸送手段の輸送能力（容量）などの条件があり，これらの効率的な解法を用いることができない．

典型問題で対応できない場合は，以下に説明する，より一般的な汎用問題を用いて解くことになる．典型問題は汎用問題として見ることもできるが，汎用問題は典型問題より汎用的な分類になる．

4.3 学び方

表 4.4 典型問題

典型問題クラス	典型問題
グラフ・ネットワーク問題	最小全域木問題
	最大安定集合問題
	最大カット問題
	最短路問題
	最大流問題
	最小費用流問題
経路問題	運搬経路問題
	巡回セールスマン問題
集合被覆・分割問題	集合被覆問題
	集合分割問題
スケジューリング問題	ジョブショップ問題
	勤務スケジューリング問題
切出し・詰込み問題	ナップサック問題
	ビンパッキング問題
	n 次元パッキング問題
配置問題	施設配置問題
	容量制約なし施設配置問題
割当・マッチング問題	2 次割当問題
	一般化割当問題
	最大マッチング問題
	重みマッチング問題
	安定マッチング問題

　汎用問題には，さまざまな分類が存在する．分類の基準は，変数や目的関数や制約条件の違いである．分類が異なると，解法（アルゴリズム）が異なる．この解法の種類によって，利用すべきソルバーが異なったり，解きやすさが全く違うので，注意が必要である．実務においては，なるべく簡単に解ける汎用問題に帰着することが重要になる．実務で区別すべき最低限の分類を図 4.4 に示す．これらの分類は，親子関係になっている[5]．

---

[5] 非線形最適化問題とは，「線形でない最適化問題」のことではなく，「線形に限らない最適化問題」を表している．また一般的に，非線形最適化問題というと，連続最適化を意図していることが多いので，離散最適化であることをはっきりさせるために，非線形混合整数最適化問題としている．

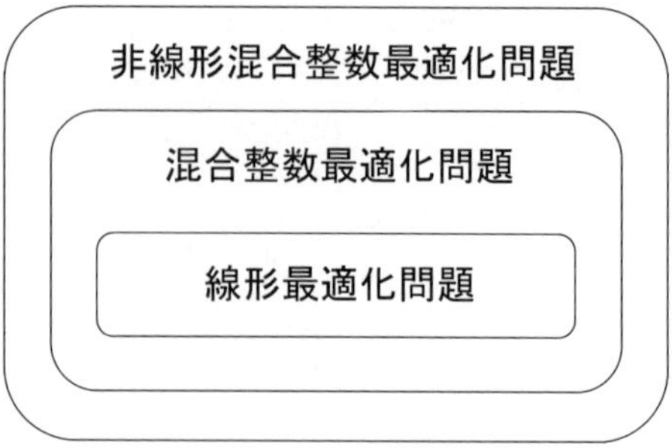

4章　現場でのモデル化

```
┌─────────────────────────────────┐
│      非線形混合整数最適化問題         │
│  ┌───────────────────────────┐  │
│  │     混合整数最適化問題         │  │
│  │  ┌─────────────────────┐  │  │
│  │  │    線形最適化問題       │  │  │
│  │  └─────────────────────┘  │  │
│  └───────────────────────────┘  │
└─────────────────────────────────┘
```

図 4.4　汎用問題

線形最適化問題（線形計画問題）

　変数が連続変数，目的関数が線形関数，制約条件が全て線形等式か線形不等式である問題を，線形最適化問題という．汎用問題の中で最も解きやすい．最小費用流問題や最短路問題も線形最適化問題になる．現在では，線形最適化問題は，非常に大きな問題が解ける．

```
┌─ 表記例 ─────────────────────────
│
│  目的関数　 $x + 2y + 3z$
│  制約条件　 $2x + y + z \leq 4,\ x + 3y + z \leq 5$
│  　変数　　 $x, y, z \in$ 実数（連続変数）
│
└──────────────────────────────────
```

混合整数最適化問題（混合整数計画問題）

　線形最適化問題の変数の一部が，（値が整数しか許されない）整数変数であるような形の問題を，混合整数最適化問題とよぶ．ナップサック問題は混合整数最適化問題になる．筆者の扱っている問題の多くは，この混合整数最適化問題である．難しい問題であるが，最近では，定式化や問題の規模次第で解けるようになってきた．「混合整数最適化問題が解けるようになってきた」ことこそが，組合せ最適化が普及する要因といえる．

> **表記例**
>
> 目的関数　$x + 2y + 3z$
> 制約条件　$2x + y + z \leq 4,\ x + 3y + z \leq 5$
> 変数　$x, y \in$ 実数, $z \in$ 整数

非線形混合整数最適化問題（非線形混合整数計画問題）

　非線形混合整数最適化問題とは，混合整数最適化問題の目的関数や制約条件を線形に限らないように拡張した問題を表し，より難しい問題となっている．取引手数料のある株式のポートフォリオを求める問題などは，（整数で表される）銘柄の選択と分散（非線形）の計算があり，非線形混合整数最適化問題になる．

> **表記例**
>
> 目的関数　$x^2 + 2y + 3z$
> 制約条件　$2x + y + z \leq 4,\ x + 3y + z \leq 5$
> 変数　$x, y \in$ 実数, $z \in$ 整数

　研究者は，線形最適化を LP(Linear Programing)，混合整数最適化を MIP もしくは MILP(Mixed Integer Linear Programing)，非線形混合整数最適化を NLMIP(Non Linear Mixed Integer Programing) とよぶ．Programing は，もともと「計画」と訳され，線形計画，混合整数計画，非線形混合整数計画といわれてきたが，近年では，Optimization を対応させ，この部分を最適化と呼ぶことが多いので，ここでも最適化で統一している．同じように，整数計画は整数最適化に対応する．整数最適化とは「連続要素がない混合整数最適化」であるので，ここでは，混合整数最適化の分類に含めている．

　最適化の研究者の間では，はるかに細かい分類があるが，実務家が学び始める場合「非線形混合整数最適化」「混合整数最適化」「線形最適化」の 3 種類の区別をつけることからはじめるとよいだろう．

4.3.5 典型問題と汎用問題の関係

問題の分類は系統樹に見立てることができる（図 4.5）．全ての数理最適化問題は，必ず，いずれかの汎用問題になる．汎用問題は，組合せ最適化問題の大分類と見ることができる．しかし，この分類はおおざっぱすぎる．生物の分類に例えると，脊椎動物や無脊椎動物のようなものといえる．典型問題は，小分類と見ることができる．生物で言うと，は虫類やほ乳類であろうか．典型問題の方が身近に感じることができるので，理解しやすい．

図 4.5 系統樹

- 1つの典型問題クラスの中に，別々の汎用問題を含むこともある．
- 定式化は生物でいう DNA のような設計図といえる．しかし，ある生物の DNA は 1 つだけであるが，図 4.6 のように 1 つの問題を別々の問題としてとらえることができる．
- 汎用問題や典型問題へのとらえ方によって，ソルバーや解法が変わる．
- 一般的には，典型問題のソルバーの方が汎用問題のソルバーより効率がよい．

汎用問題について補足しよう．生物における脊椎動物と無脊椎動物は別々のグループであるが，汎用問題の分類では，基本的に包含関係になっている．すな

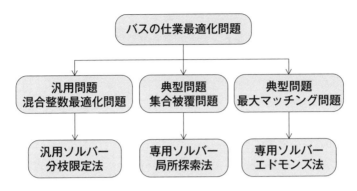

図 4.6　いろいろなモデル化

わち，全ての問題は非線形混合整数最適化問題であり，その中に混合整数最適化問題があり，さらにその中に線形最適化問題がある．言い方を変えると，線形最適化問題は，混合整数最適化問題でもあり，非線形混合整数最適化問題でもある．同様に，混合整数最適化問題は，非線形混合整数最適化問題でもある．

このことは，ソルバーを適用する際にもいえる．すなわち，非線形混合整数最適化ソルバーは，非線形混合整数最適化問題，混合整数最適化問題，線形最適化問題を全て扱える．混合整数最適化ソルバーは，非線形混合整数最適化問題は扱えず，混合整数最適化問題，線形最適化問題を扱える．線形最適化ソルバーは，線形最適化問題のみ扱える．習慣的に，混合整数最適化ソルバーと線形最適化ソルバーは，同じソフトウェアになっていることがよくある．

大分類に対応するソルバーより，小分類に対応するソルバーの方が性能がよい．例えば，線形最適化問題に対しては，線形最適化ソルバーを利用する方が，非線形混合整数最適化ソルバーを用いるより，早く最適解が得られる[6]．

実務で最適化を使う上で注意すべきポイントがいくつかある．現実の課題というのは，社会の複雑な多くの要素と関係しており，モデルを完全しようとすることは，きりがない作業である．さらに，複雑すぎるモデルは，現在の組合せ最適化の技術では，往々にして解けないことが多い．そのためには，重要度の低い部分を切り捨てて，モデルをシンプルにしないといけない．例えば，確

---

[6] 線形最適化問題に対し，非線形混合整数最適化ソルバーを用いると，「初期解を指定する必要がある」「計算時間が膨大にかかる」などのデメリットがありお勧めしない．

4章　現場でのモデル化

率的に変動するパラメータを平均値で代替するなどがある．すなわちモデルの時点で近似モデルとなっており，たとえ厳密解が得られたとしても，その解が現実で使える保証はない．したがって，最適化の結果で得られた解を使うとどういう問題が生じるのかを確認し，検証をすることが必要である．また，問題点をいち早く見つけるために結果の見せ方を工夫することも重要である．

4.3.6　ソルバーの実行について

汎用ソルバーを用いて問題を解く方法について紹介する．主に以下の4通りがある．いずれの場合も，ソルバーの入力に必要となるファイルをそれぞれの形式で作成する．

1. Excelなどの表計算ソフトウェアを使う場合．
2. LP形式などのファイルフォーマットを用いる場合．
3. AMPLなどのモデリング言語を用いる場合．
4. Pythonなどのプログラミング言語を用いる場合．

それぞれの特徴を述べる．

Excelなどの表計算ソフトウェアを使う場合

Excelでは，サイズの制限があるが，標準で数理最適化のソルバーが利用可能である．仕事でExcelを使う機会は多いので，慣れ親しんだソフトウェアで数理モデルを作成できるというメリットは大きい．学習用としては優れているが，筆者はほとんど利用しない．理由は，モデルの保守がしづらいためと，ソフトウェアのエンジンとして利用しづらいためである．

ちなみに，Excelの標準のソルバーは，「ソルバーアドイン」をアドインで追加すれば利用できる．他にも，What's BEST!やXpressMPなどの有料のソフトウェアもExcel上でモデル化して使うことができる．

LP形式などのファイルフォーマットを用いる場合

LP形式とは，下記のように，定式化を表現する記述方式である．統一されたものではなく，ソルバーごとに異なるルールが用いられている．

4.3 学び方

```
Maximize
  x1 + 2 x2
Subject To
  cond1: x1 + x2 <= 1
End
```

たいていの汎用ソルバーでは，LP 形式や MPS 形式といった形式を扱うことができる．したがって，何らかの手段でこれらの入力ファイルを作成すれば，ソルバーを利用できる．LP 形式は数式表現に近く，しくみがわかりやすいので，教育向きである．しかし，保守しづらいなどの理由でお勧めはしない．

AMPL などのモデリング言語を用いる場合

AMPL などのモデリング言語を用いる方法も多くみられる．モデリング言語とは，定式化を表現したり，出力を制御するための専用の言語である．Excel を使う方法や LP 形式のファイルを使う方法に比べると，データとモデルを分離できるというメリットもある．しかし，モデリング言語はソルバーごとに異なっていることが多く，学習コストが高い割に万能ではない．複雑になると，モデル生成のためのしくみを用意したりするため，やはり保守しづらくなる．

Python などのプログラミング言語を用いる場合

筆者が主に用いている方法である．C++，C#，Python などが利用できるが，Python をお勧めする．理由は以下があげられる．

1. 無料でも十分使える．
2. 可読性が高いので，保守しやすい．
3. 数値計算，データ解析，機械学習，画像処理，自然言語処理など多彩なことを簡単にできる．
4. 実行時間は，そこそこ速い．
5. 学習しやすい．

Python では，数理最適化パッケージの pulp やデータ分析パッケージの pan-

4章 現場でのモデル化

das を利用できる．pulp には，Coin-OR[7] の CBC ソルバーが付属しており，混合整数最適化問題を解くことができ，商用でも無料で利用できる．また，他の有料ソルバーも簡単に利用できる．

ナップサック問題を解くプログラム（コード 4.1）を見てみよう．

コード **4.1** Python の例

```
import pulp, pandas                                  # 1.
a = pandas.read_csv('sample.csv')                    # 2.
m = pulp.LpProblem(sense=pulp.LpMaximize)            # 3.
a['Var'] = [pulp.LpVariable('v%d'%i,
            cat=pulp.LpBinary)for i in a.index]      # 4.
m += pulp.lpDot(a.Profit, a.Var)                     # 5.
m += pulp.lpDot(a.Size, a.Var) <= 9                  # 6.
m.solve()                                            # 7.
a['Val'] = a.Var.apply(pulp.value)                   # 8.
print(pulp.value(m.objective))                       # 9.
```

簡単にプログラムの説明をしよう．

1. パッケージ pulp と pandas を利用できるようにしている．
2. パラメータをファイルから読込んで表を作成している．
3. （目的関数が最大化となる）数理モデルを作成している．
4. 各アイテムを使うか使わないかを表すバイナリ変数（0 または 1 をとる変数）を作成している．
5. 目的関数を設定している．
6. 制約条件を設定している．
7. 求解をしている．
8. 変数の値の列を作成している．
9. 目的関数の値を表示している．

---

[7] http://www.coin-or.org/

保守性を高めるには，定式化とプログラムを同じように表現することが望ましい．x_{ijk} のように添字を使うと i,j,k が何を表しているかわかりにくいが，pandas を用いることにより，$x[x.width == i]$ のように書くことができ，意味がはっきりする．

4.4 OR の心得

実務における OR ワーカーは，問題を抱える顧客に対し，専門知識を使ってサービスを提供し問題解決を図る．これは，医師や弁護士のような専門家[8] と同じ，信頼関係に基づいたサービス提供であると考えている．そういった OR プロジェクトを遂行するに当たって，普段，気にしていることを心得としてまとめてみた．

1. プロフェッショナルとしての自覚を持とう．
2. 真摯に行動しよう．
3. 目的をはっきりさせよう．
4. モデルはシンプルにしよう．
5. 結果からモデルを見つめ直そう．
6. 効果を生み出そう．
7. 楽しもう．

1. プロフェッショナルとしての自覚を持とう

OR の学問は，比較的歴史が浅く，新しい技術が次々と現れてくる．また，現実の問題解決では教科書通りに進めれば上手くいくというものでもない．こういった状況で，専門知識を道具にする OR ワーカーは，勉強を継続していくべきだろう．

2. 真摯に行動しよう

困っている顧客に対し，OR ワーカーは「必ず上手くいきます」とは，なか

---

[8] 筆者は技術士（情報工学）の資格を持っており，コンサルティングの専門家として，問題解決にあたっている．

なか断言できない．海のものとも山のものともわからないものを信頼してもらうよりない．すなわち，信頼関係を築くことが重要となる．専門知識のない顧客は，たとえ嘘を言われたとしてもわからない．そのような状況の中では，ORワーカーは倫理に基づき嘘を言わないようにしなければいけない．

3. 目的をはっきりさせよう

　通常のITベンダーでのシステム開発では，顧客からの要望を元に開発を行う．しかし，現状の課題を最適化問題として最初から明確に文章化できる顧客はいない．このような状況で，「顧客の言われたとおりに作られたシステム」では，使い物にならない可能性は高い．

　ORワーカーは，顧客の真の目的を見定め，それを解決するために実行しなければいけない．顧客は，計算して得られた答えを見て初めて，おかしなところに気づくことが多い．したがって，なるべく早く結果を見せることにより，隠れた目的がわかることもある．

4. モデルはシンプルにしよう

　プロジェクトは，新規開発より機能追加の案件の方が多い．次々と機能追加されたシステムは，加速度的に複雑になっていく．最適化の課題を完全にモデル化することはできない．現実の何割かを表現できればよいと考えるべきである．影響の少ない部分は切り捨てよう．現実を正確に表すより，早く結果を得ることができ，全体像を把握できるようにしておくことが肝要である．シンプルさの重要性は経験しないと，なかなかわかってもらえない．シンプルさは，常に心がけるべきものである．

5. 結果からモデルを見つめ直そう

　最初に作ったモデルが，完璧であることは少ない．得られた結果を見ながら，修正することが必要となる．自ら作ったモデルに愛着がわくことがあっても，結果が間違いであれば，素直にモデルを見直すべきである．乱数を使うときは，複数回実行するなどして，乱数の影響を考慮するべきである．

6. 効果を生み出そう

役に立ちそうな結果が得られて，立派な報告書ができて満足してしまうことが多い．しかし，得られた結果を実践しなければ最適化の効果は得られない．プロジェクトにおいて，今までのやり方を変えるような場合，いろいろな抵抗にあうことがよくある．筆者も，何割かのプロジェクトでは，なかなか上手くはいっていない．OR ワーカーとしては，効果を出してこそ意味があることを忘れないようにしたい．

7. 楽しもう

OR ワーカーの仕事は，大変そうに思われたかもしれない．しかし，筆者としては，OR ワーカーが増えることを願っている．そのためには，楽しんで仕事をしているところを周囲にアピールするといいのではないかと思う．

4.5 最適化事例

私が関わった最適化のプロジェクトの事例について，典型問題クラスを網羅するように表 4.5 に 10 個選んだ．通信業界，物流業界，小売業界などいろいろな業界にわたっている．

プロジェクトを進めるにあたっては，業界の知識と問題解決の知識の両方が必要とされる．業界の知識は，仕事を進めながら勉強していくことになる．私個人としては，業界知識や問題解決の知識は，広く浅く吸収するようにし，最

表 4.5 最適化事例と典型問題

事例	典型問題クラス	典型問題
空箱の輸送コスト最適化	グラフ・ネットワーク問題	最小費用流問題
ビークル間連携配送最適化	経路問題	運搬経路問題
船舶スケジューリング最適化	集合被覆・分割問題	集合被覆問題
店舗シフトスケジューリング	スケジューリング問題	スケジューリング問題
3 次元パッキング最適化	切出し・詰込み問題	n 次元パッキング問題
避難施設配置最適化	配置問題	施設配置問題
大規模データベース配置	割当・マッチング問題	一般化割当問題
多重無線ネットワークの最適設計	割当・マッチング問題	一般化割当問題
自動車船の最適積付け	割当・マッチング問題	一般化割当問題
バス仕業作成最適化	割当・マッチング問題	最大マッチング問題

4 章 現場でのモデル化

適化や開発技術については，深く勉強した．

問題解決にあたっては，典型問題を汎用問題としてとらえることも重要である．汎用問題の違いによって，解きやすさが変わってくるからだ．その観点から見ると，ここであげている事例の汎用問題は，一部を除き[9] 混合整数最適化問題になる．このように，現実の問題を混合整数最適化としてとらえるアプローチは，柔軟性が高く，幅広く適用可能といえる．混合整数最適化問題の多くは，入力データのサイズが大きくなると急速に解きづらくなる[10]．その場合，時間的あるいは空間的に分割して解くなどの工夫を行う．分割すると近似解しか得られないが，ビジネス上は近似解で十分なことが多い．

空箱の輸送コスト最適化

典型問題	一般的な解法	利用した方法
最小費用流問題	負閉路除去法	線形最適化ソルバー

背景

　　荷物を箱に入れて輸送しているときに，需要地と供給地の輸送量に偏りがあると，空箱が需要地に溜まっていく．この空箱を供給地に戻さないといけない．コンテナやパレットやレンタカーなど，いろいろな分野で見られる（図 4.7）．

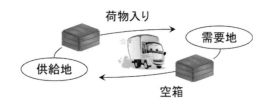

図 4.7　空箱の輸送コスト最適化

---

[9] 「空箱の輸送コスト最適化」は近似的に線形最適化問題として解いている．また，「大規模データベース配置」は非線形混合整数最適化問題としている．

[10] 混合整数最適化問題は，NP 困難という解くのが難しいといわれる問題のクラスに属している．証明されてはいないが，おそらく効率的な解法がないと考えられている．

4.5 最適化事例

問題

グラフ上において，複数の需要点と複数の供給点がある．需要点から供給点へ，費用を最小にするフロー（流量）を求める．

内容

- 事例では，追加の制約条件があるため，汎用問題の線形最適化問題として定式化し，汎用ソルバーで解いている．箱の数は整数だが，混合整数最適化問題とすると計算時間がかかりすぎるので，線形緩和して解いている．整数性を無視しているため，「0.5個」のような解が出ることがあるが，参考値として用いているので問題ない．
- 入力データとして，将来需要が必要になる．一般に需要予測は非常に難しい．精度が悪いと，無駄な輸送をしたり品切れになったりする．本プロジェクトでは，過去実績だけではなく，専門家のノウハウを取り入れて，実用に使える需要予測を行った．
- モデル化の仕方として，ネットワークの各枝を変数とする方法と，点の対を変数にする方法がある．両方のモデルを試したところ，点の対を変数にする方が変数の数は増えるものの，より速く解けたので，そちらを採用した．

ビークル間連携配送最適化

典型問題	一般的な解法	利用した解法
運搬経路問題	局所探索法	自作（セービング法）

背景

物資の保管所から避難場所に物資を運びたい．輸送手段は，陸海空全て使うことができる．また，フェリーなどの定期便も利用できる．

問題

品物，輸送元，輸送先，数量，輸送期限からなる配送オーダーを満たす配送計画を求める．配送計画では，いつ，何を，どうやって運ぶかを決める．ここでは，港までをトラックで運び，そこから船に乗せ替えて運ぶな

4章 現場でのモデル化

ど，複数の輸送手段で連携して運ばないと，効率的な方法を得ることができきない．

内容

- 典型問題の運搬経路問題は，配送計画問題ともよばれる．運搬経路問題は，多くのソフトウェアが売られているが，局所探索法をベースにした解法が用いられることが多い．構造計画研究所でも，Lyna2 という配送計画パッケージを扱っている．
- 事例では，性質の異なる複数のビークルを連携させないといけないため，市販のソフトウェアの機能では実現できなかった．
- モデル化の方法として，最初にラフに解いて陸海空のどの組合せを用いるかを決める．その 1 つの輸送に対し，ビークルと配送路を決める．配送路の決定においては，さまざまな制約条件があったため，比較的シンプルな貪欲法の一種であるセービング法（挿入法）を用いている．
- 汎用問題の混合整数最適化問題になるが，問題が大きすぎるため汎用ソルバーで解くことは難しい．
- 物流の問題解決では，地図ソフトを用いることが多い．地図を用いた開発方法も，多くの技術があらわれては消えた．古いソフトウェアは，保守できなくなることもあった．

船舶スケジューリング最適化

典型問題	一般的な解法	利用した解法
集合被覆問題	分枝限定法	混合整数最適化ソルバー

背景

　　船を使って，生産工場から倉庫に物資を輸送している．倉庫からは，定期的にトラックで需要地に運んでいる．

問題

　　倉庫が空にならないように，生産工場から倉庫へ輸送する船のスケジュー

ルを求める．

内容
- 船のスケジュールの候補を採用するしないを変数とすることにより，典型問題の集合被覆問題とすることができる．解法としては，分枝限定法，動的最適化などがある．
- 事例では，混合整数最適化問題に定式化して汎用ソルバーで解いている．
- 候補を予め全て作成しようとすると，膨大な変数が必要になってしまう．列生成法という方法を使えば，少ない候補から始めて，必要に応じて候補を増やしていける．得られる解は近似解になるが，よい精度の解が得られることが多い．
- 列生成法は複雑な手法だが，複雑な問題であっても扱うことができるという特徴がある．

店舗シフトスケジューリング

典型問題	一般的な解法	利用した解法
スケジューリング問題	分枝限定法	制約最適化ソルバー

背景
　全国の店舗では，店長が毎月末に翌月の社員の勤務スケジュールを作成している．さまざまな制約条件があるため，作成には時間がかかっている．

問題
　店舗ごとに，社員の勤務スケジュールを作成する．勤務スケジュールでは，社員ごと日ごとのシフトを決定する．シフトは，日勤，休み，早番，遅番などがある．制約条件としては，各社員の休みの希望や各日ごとの最低シフト数やシフトの禁止パターンなどがある．

内容
- スケジューリング問題は，比較的，制約条件が複雑になりやすい．本プロジェクトでは，数ヶ月にわたり事前の分析をしたり，顧客から要件をヒア

4 章　現場でのモデル化

リングして，数十種類もの制約条件を作成した．
- 頭の中で条件を箇条書きのように整理して仕事をする担当者は，ほとんどいない．最初にヒアリングして要件を決めて，結果を見せると，後から漏れている条件がいくつも出てくることになる．問題解決のプロセスでは，こういったフィードバックが不可欠である．
- スケジュールの評価で重視するのは，公平性，法律の遵守，働きやすさなどである．働きやすいとは，無理がないということだ．制約条件では，無理のあるパターンを禁止するようにした．
- 事例では，混合整数最適化問題として定式化し，近似解法を用いた制約最適化問題用の汎用ソルバーを使って解いている．
- このソフトウェアは，KKE/ShiftMaster というパッケージとして一般販売している．パッケージでは，人や時間に対する一般的な制約条件の他に，特定のパターンを禁止したり，プログラムでいう IF 文のような条件や，平準化などを行えるようになっている．

3 次元パッキング最適化

典型問題	一般的な解法	利用した解法
n 次元パッキング問題	貪欲法	自作（BLD 法）

背景

　　航空貨物のほとんどは，パレット上にパッキングして，航空機内の特殊な形状に合わせて詰め込んでいる．

問題

　　さまざまな大きさの貨物をパレット上に効率よく詰め込む方法を求める．一番下に置かないといけないとか上に積んではいけないとか，さまざまな制約がある．

内容

- このような n 次元パッキング問題は，学会でもよく発表されているし，顧

4.5 最適化事例

客からの問い合わせもよくある．比較的多いのは 2 次元のパッキング問題である．
- 事例では，2 次元の貪欲法（BL 法）を 3 次元に拡張した解法（BLD 法）を独自に開発した．BL は bottom-left を表す．BLD は bottom-left-depth を表す．BLD 法という名前は，私がつけた．
- このような新しいアルゴリズムを考えるのは大変だが，うまくいけば達成感も得られる．プロジェクトを始める前に，うまくいくかどうか，やってみないとわからないところがつらいところである．
- このソフトウェアは，i-Caps というパッケージとして一般販売している．

避難施設配置最適化

典型問題	一般的な解法	利用した解法
施設配置問題	分枝限定法	混合整数最適化ソルバー

背景
　　津波に備えて，避難ビルを整備することにする．避難ビルには，物資を保管するため費用がかかる．

問題
　　全ての避難者を収容可能として，費用を最小にする避難ビルを選択する．

内容
- 避難ビル候補を選ぶかどうかと，どの避難者がどの避難ビルに避難するかを変数とする．
- 事例では，混合整数最適化問題として定式化し，汎用ソルバーで解いている．目的関数として，全ての避難者の避難完了時刻を最小にすると，非常に難しく，計算時間がかかるようになる．その場合は，近似的に避難完了時刻を制約条件にして解くことがある．
- 一般に，最適解が多い場合，混合整数最適化問題用の汎用ソルバーで用いられる分枝限定法では計算時間がかかることが多い．逆に，局所探索法は，

解が見つかりやすいため計算時間が短くなる．このように，問題の特性に応じてソルバーの相性の善し悪しがある．
- 別のプロジェクトでは，「普遍的最速フローによる避難計画」を大学と共同研究している．普遍的最速フローによる避難とは，全ての時刻において避難者数が最大となるような避難の方法を表している．このような避難方法は非常に望ましいものだが，膨大な計算を必要とする．

大規模データベース配置

典型問題	一般的な解法	利用した解法
一般化割当問題	分枝限定法	局所探索法

背景

　コールセンターでは，全国から多くの問い合わせが来る．問い合わせに答えるための個人データがデータベースに格納されている．個人データは，地方ごとにまとめるが，保存先のストレージは複数ある．

問題

　個人データの保存するストレージ先を選択する．そのときに，ストレージごとのアクセスが平準化されるようにする．

内容

- どのデータをどのストレージに配置するかを変数とする．平準化するために，目的関数はストレージの使用率の分散の最小化とした．
- 事例では，汎用問題の非線形混合整数最適化問題とし，局所探索法で解いた．平準化問題を混合整数最適化問題用の汎用ソルバーで解くのは効率が悪くなる．逆に，局所探索法は平準化問題に対して効率よく解ける．
- ビッグデータとよばれるデータ量になると，全てのデータを使って最適化問題を解くのは，現実的ではなくなる．そのような場合，入力データを読むたびに更新するようなオンライン最適化のアプローチが有効になると思われる．

4.5 最適化事例

多重無線ネットワークの最適設計

典型問題	一般的な解法	利用した解法
一般化割当問題	分枝限定法	貪欲法

背景

　　電力網の送電線に対し，落雷などの障害時に電力供給を停止したりするための制御は，送電とは別系統の多重の無線ネットワークで行われる．この設備は山間部に置かれることが多く，設置コストが高い．

問題

　　全てのノードは，位置が決められている．ノード間で通信設備を設置可能なエッジが候補として与えられる．諸条件を満たし設備コストが最小となるように，多重無線ネットワークを設計する．

内容

- 典型問題の一般化割当問題の変形となる．
- 事例では，ルールベースの解法（貪欲法）を作成した．条件は，エッジが多い方が満たしやすい条件と，エッジが少ない方が満たしやすい条件に分けて，順番に条件を満たすように調整していった．
- このような解法では，アルゴリズムの途中では全ての制約条件を満たさないことになる．近似解法では，一般に，大きく2種類のやり方がある．1つは，最初に全制約条件を満たす解を求めてから，制約条件を満たしつつ解を改善していく方法である．もう1つは，全制約条件を必ずしも満たしていない解を初めとして，ペナルティ（制約条件からの乖離具合）を減らすように改善していき，最終的に全制約条件を満たす方法である．初期解作成が困難な場合，後者の方法をとることが多いが，どちらの方法がよいかはケースバイケースだといえる．
- 近似解法のため，解の良さを専門家に判断してもらった．専門家は，（ネットワークの形が美しいなどの）美意識による判断もあった．どういった制約条件にすれば，そのような感性を表現できるのか，モデルに落とし込

4章　現場でのモデル化

むのに苦労した．落とし込んだモデル要素の1つとして，平面グラフと見たときに，交差が少なくなるようにするというものがあった．

自動車船の最適積付け

典型問題	一般的な解法	利用した解法
一般化割当問題	分枝限定法	局所探索法

背景

　　生産地から需要地に自動車を専用の船（自動車船）で運ぶ．生産地と需要地はたくさんあり，複数の港で積んで，複数の港で揚げる．自動車船は，立体駐車場のようになっている．貨物である車両は自走し，別のデッキにはスロープを通って上下に移動できる．

問題

　　自動車船の（ホールドとよばれる）エリアごとに，どの積み揚げの車両を配置するかを決める．車両は，他の車両に邪魔されることなく，入れることも出すことも可能でないといけない．通れるかどうかは，ホールドの面積の一定割合以下が空いていれば通れるものとする．経路上の高さも全てクリアしないといけない．

内容

- 事例では，局所探索法のアルゴリズムを開発した．面積を変数としたため，実数変数となったが，制約条件は（出入り口までの経路が存在する／しないなどの）離散的に判断されるため，近傍の定義が難しくなった．
- このアルゴリズムは，なかなかよい結果が得られず，非常に苦労して開発した．最終的には，アルゴリズムだけではなく，さまざまな機能を持った支援ソフトウェアとして，顧客の業務を大幅に改善することができた．その成果を顧客との共著の論文にして，OR学会から連名で事例研究賞をいただくことができた．

4.5 最適化事例

バス仕業作成最適化

典型問題	一般的な解法	利用した解法
最大マッチング問題	エドモンズ法	混合整数最適化ソルバー

背景

仕業とは，バスのダイヤを組合わせたものである．1つの仕業は1人のドライバーが対応する．労働基準法も満足しなければいけない．

問題

バスのドライバーの人数を最小になる仕業を作成する．

内容

- この事例は，4.3.5項で例にしたように，以下の3つのアプローチが考えられる．いずれの方法が適しているかは，ケースバイケースになる．

  ・汎用問題の混合整数最適化問題によるモデル化（変数：接続の有無）
  ・典型問題の集合被覆問題によるモデル化（変数：仕業候補の採用の有無）
  ・典型問題の最大マッチング問題によるモデル化（変数：接続の有無）

- 事例では，追加の制約条件があったため，典型問題の最大マッチング問題では対応できなかった．そこで，汎用問題の混合整数最適化問題として定式化し，混合整数最適化問題用の汎用ソルバーで解いている．

- 集合被覆問題とするためには，仕業の候補が必要だが，ダイヤが多いと組合せ爆発を起こしてしまう．別の事例では，列生成法で対応したケースもある．

- 全体の問題を一度に解けない場合，分割して解くことが基本となる．その場合，制約条件の厳しい方から解いていかないと，実行可能解を見つける可能性が低くなる．バスの場合は，人に関する休憩時間の制約条件が厳しいため，人の割当後に車両の割当を考える．鉄道の場合は，車両の制約条件が厳しいため，車両の割当後に人の割当を考える．

123

4章 現場でのモデル化

4.6 最適化の未来

4.6.1 社会における最適化

　最適化という言葉は，誰でも理解できるであろう．しかし，この言葉は，人によってさまざまに解釈される言葉でもある．ORにおいて数理最適化とは，数理モデルを用いた最適化であり，数理モデルとは，変数，目的関数，制約条件から定義されるものである．将来的には，このくらいのことを多くの人に知って欲しい．

　ビジネスにおける最適化について目を向けてみる．線形最適化に代表される数理最適化は，計算資源の乏しい1960年代から，アメリカでは石油業界などで用いられてきた．日本でも1970年代には，大学だけでなくビジネスにおいても研究や利用が盛んになってきた．今日では，計算能力は，当時と比べて8桁，9桁も向上しており，最適化技術をより使える環境が整ってきたといえるだろう．しかし，数理最適化が広く世間に浸透してきたとはいいがたい．

　潜在的に最適化をしたいというニーズも少なからずあるはずだ．しかしそのニーズは，ほとんどの場合，できないと諦められているのではないのだろうか．全ての人が，最適化を解けるようになるべきとは思ってはいない．しかし，一部の人がやるだけでも，多くの人がその恩恵を受け，世界はよりよくなるので，数理最適化を広めて，できる人を増やしたい．そのためには，できない人でもニーズを認識し，できる人に期待することが必要なのではないかと思う．

　筆者は，大学で最適化を学び，企業でも（組合せ）最適化を用いたソフトウェア開発を行っている．以前であれば，最適化問題を解こうとすると，自前でソルバーまで面倒を見る必要があり，多くの時間がかかった．最近では，定式化

数理最適化って知ってますか？

さえできれば実行できるので，しきいは下がってきている．それでも最適化の問題を解くには，データを整備したり，モデル開発したり，チューニングしたりとコスト（手間）がかかったり，ある種の工芸的なセンスが必要になることもあり，簡単ではない．そういった中で，数理最適化を広めるための方法をいくつか考えてみた．

1. 理系の高校生に数理最適化の基礎を教える．
2. 典型問題を整備し，手軽に利用できるようにする．
3. ビジネスでの成功事例を増やす．

最適化を使って，自ら果実を得ようとするには，能力だけでなく強い意思も必要である．そのためには，ニーズを持った人が最適化をできるべきだ．使いやすさは，使う人こそがわかるものでもある．理系の高等教育の中で，数理最適化の基礎を教えるべきだろう．全員が専門家になる必要はないが，最適化に関心を持つ人の割合を増やすことが大事かと思う．典型問題[11]の整備は，ある程度は，既に行われている．ORの基礎がある人にとっては，手軽に使えるソフトウェアもあるであろう．典型問題の場合，基本的に自分で定式化をする必要がなく，入力データを用意すればよい．しかし，どのような課題がどういう典型問題として扱えるかどうかの判断は，知見が必要なことも多い．一般の人に，典型問題が存在し，さまざまな課題が同じ枠組みの中で解決できることを知らしめ，使ってもらうという試みは，道半ばといえる．

OR学会では，年に2回，企業事例交流会を開いており，合わせて10件ほどの事例発表がある．ビジネスで成功している事例はもちろん存在する．しかし，企業事例交流会の発表者の顔ぶれは固定化の傾向があり，ビジネスにおけるORの認知度は低いと言わざるを得ない．企業にORを適用したいと思わせるためには，成功事例を積み上げていく必要があるだろう．

参考文献

[1] 穴井宏和：『数理最適化の実践ガイド』，講談社，2013．

---

[11] 厳密な定義があるわけではない．文献[2]を参照のこと

4章　現場でのモデル化

- [2] 穴井宏和，斉藤 努：『今日から使える！ 組合せ最適化』，講談社，2015.
- [3] 藤澤克樹，梅谷俊治：『応用に役立つ50の最適化問題』，朝倉書店，2009.
- [4] 福島雅夫：『新版　数理計画入門』，朝倉書店，2011.
- [5] ジョン・V・グッターグ（著），久保幹雄（監訳）：『Python言語によるプログラミングイントロダクション』，近代科学社，2014.
- [6] 久保幹雄，ジョア・ペドロ・ペドロソ，村松正和，アブドル・レイス：『あたらしい数理最適化』，近代科学社，2012.
- [7] 久野誉人，繁野麻衣子，後藤順哉：『IT Text 数理最適化』，オーム社，2012.
- [8] 田村明久，村松正和：『最適化法』（工系数学講座17），共立出版，2002.

5章

金融工学とモデリング

● ● ● 枇々木規雄

5.1 はじめに

　金融工学は，金融市場や金融取引における様々な問題に対する解答とそのための理論や数学モデルを提示するなど，工学的な手法を用いて解決を試みる学問分野である．具体的には，資産運用（投資信託や年金基金などの資金運用），リスク管理（市場リスクや信用リスクの管理），デリバティブズ（派生証券）の価格付け，事業リスクマネジメントなどの問題を取り扱う．金融工学では不確実なキャッシュ・フローを定量的に取り扱うので，その役割は「将来のキャッシュ・フローの評価と制御（リスクの評価と制御）」と言うことができる．

　金融工学の分野でよく知られた数学モデルは何か？と聞かれたら，たいていの人は「平均・分散モデル」，「ブラック–ショールズモデル」と答えるだろう．平均・分散モデルは，リターンとリスクのトレードオフを考慮して，複数の資産の中から最適な資産を選択する（ポートフォリオを決定する）ために，リターン尺度として収益率の「平均」，リスク尺度として収益率の「分散」を用いる最適化モデルで，Markowitz [15] によって提唱されたモデルである．マーコヴィッツモデルとも呼ばれている．ブラック–ショールズモデルは，ヨーロピアン・オプションの理論価格を解析的に導出するモデルで，Black and Scholes [1] によって提唱されたモデルである．この2つのモデルは金融工学の専門家でなくても名前ぐらいは知っているモデルかもしれない．金融工学を勉強している人であれば，この他にも短期金利の変動を確率微分方程式で記述するモデル（短期金利モデル）であるハル–ホワイトモデル (Hull and White [13])，株価を用いて負債価値が資産価値を上回る確率として，企業のデフォルト確率を計算するマートンモデル (Merton [16])，株式変動を離散的に多期間の二項格子で表

5章　金融工学とモデリング

し，オプション価格の数値計算を行うコックス–ロス–ルービンシュタインモデル (Cox et al. [2]) など多くのモデルを知っているだろう[1]．

金融やファイナンスにおいても，一般的な問題と同様に，どのように何の問題を定義するか，つまり，目的は何か（何を決定するのか），誰にとっての問題なのか，対象は何か，どのような手法を用いるか，によってモデリングの方法は異なる．それぞれの要素と具体例を以下に示す．

- 目的（決定事項）: 資産運用（投資配分），証券取引（価格付け），リスク管理（リスク量の計測），その他
- 当事者: 商業銀行，信託銀行，投資銀行，証券会社，生命保険会社，損害保険会社，年金基金，個人，政府金融機関，規制当局，その他
- 対象: 金融資産（株式，債券，金利，派生証券など），不動産，コモディティ（原油，金，プラチナなど），その他
- 手法: 最適化，シミュレーション，統計手法，その他

問題はこれらの組み合わせによって定義され，その問題を解くためにモデルを構築することになる．以下にいくつかの具体例を示す．

- 機関投資家が効率的に株式で資産運用したいと考えている．複数のファクターで収益率を記述するファクターモデル（線形回帰モデル）を構築し，最小二乗法でパラメータを推定する．それを用いて収益率の期待値，分散，共分散を計算し，平均・分散モデルで最適なポートフォリオ選択を行う．
- 年金基金の積立金を長期的かつ効率的に資産運用するために，リスクとリターンを考慮した多期間最適化モデルを構築する．数理計画法を用いて問題を解き，各時点での各資産（内外株式，内外債券，短期資産など）への最適資産配分を決定する．
- アメリカン・プットオプションの取引を行う際に必要な理論価格を計算するために，最小二乗モンテカルロ回帰モデル（回帰分析とモンテカルロ・

---

[1] モデル名として，提唱された研究者の名前で呼ばれることが多い．たとえば，短期金利モデルには Hull-White モデル以外にも，Vasicek モデル，Cox-Ingersoll-Ross モデル，Black-Karasinski モデルなどがある．モデル名によって，モデルの違いが明確に区別できる．これらのモデルの詳細は原論文もしくは，Luenberger [14] や Hull [12] を参照されたい．

シミュレーションを組み合わせた方法で問題を解くモデル）を構築する．
- 商業銀行の銀行勘定に含まれる資産・負債（債券，預金，貸出金など）の金利リスクを評価するために，シミュレーションモデルを構築し，リスク量を計測する．
- 銀行が行う企業への貸出金の信用リスクの評価を行うために，デフォルトに関連したファクターを用いてロジスティック回帰モデルを構築する．回帰パラメータを推定し，それらを用いて信用スコアを計算する．

金融用語や金融問題に不慣れな読者にはわかりにくかったかもしれないが，なるべく基本的な問題や手法で例を挙げたつもりなので，その雰囲気を感じてほしいと思っている．ただ，このような金融工学モデリングを行うためには，金融用語も含めてファイナンス理論を理解し，その原則に従ってモデル化することが基本となる．たとえば，資産運用においては分散投資を行うためには，リスクとリターンの間のトレードオフ関係を考慮したモデル化を行い，ポートフォリオを構築することが原則である．また，金融商品の価格付けは裁定機会（リスクなしに無リスク金利を超える確実な利益が得られる機会）が存在しないという無裁定のもとで理論構築されることが原則である．したがって，本格的に金融工学モデリングを行うためには基本的な教科書（Luenberger [14] など）を読んで，このような原則を包括的に理解する必要がある．さらに，金融工学は金融取引や会計ルール，オペレーションズ・リサーチ，確率・統計などの方法論（手法）に関する知識が必要な学際的な学問領域であり，実際に使えるモデリングをするためには，これらを自由に使いこなせることが理想である．ただ，本稿では「最適化モデリング」，特に資産運用のためのポートフォリオ最適化のモデリングに対象を絞ることによって，金融工学モデリングのおもしろさを少しでも実感してもらえるように説明していきたい．

5.2 ポートフォリオ最適化モデリング

5.2.1 資産運用とモデリング

資産運用に関する意思決定問題には様々なタイプがある．年金基金の資金運用や国際分散投資を行う投資信託を設計する場合には，株式や債券などの資産

5章 金融工学とモデリング

クラスのインデックス（市場平均など）へ投資をすることを前提として，それらの資産への配分比率を決定する問題を解く．一方，日本株式を対象にして，TOPIX（東証株価指数）などの市場平均（ベンチマーク）を上回ることを目指すアクティブ運用を行う投資信託を設計（ポートフォリオを構築）する場合，個別銘柄に対する投資比率を決定する問題を解く．このような問題に対して共通に使えるモデリングに必要な考え方や方法について説明する[2]．

資産投資による運用結果を測る尺度は収益率である．収益率は元本に対する資金の増加分（利益）もしくは減少分（損失）の割合である．資金を投資した時点で受取金額が確定する資産（銀行預金や満期まで保有する国債など）は無リスク資産と呼ばれ，そのときの収益率は金利である．一方，将来の受取金額が確定していない資産（株式など）はリスク資産と呼ばれ，収益率も不確実である．したがって，リスク資産へ投資を行うときは，将来の資産価値が変動するリスクを考慮して投資を行う必要がある．リスクを減少させたい場合，ポートフォリオ (portfolio) を組み，複数資産へ分散投資をすることが推奨される．その理由はある一つの資産に資金のすべてを投資して，その価値が大きく下がった場合，大きな損失を被るからである．複数資産へ分散投資をすれば，たとえ一つの資産価値が下がっても他の資産でカバーできる可能性がある．分散投資をしても，すべての資産価値が下がり，ポートフォリオ価値も大きく下がる可能性もあるが，その確率は一つの資産価値が大きく下がる確率よりも小さくなる．この分散投資の大切さを表す格言として，「一つのかごにすべての卵を入れてはいけない (Don't put all your eggs in one basket)」がある．一つのかご（資産）にすべての卵を入れて（お金を投資して），かごを落とす（資産価値が大きく下がる）と，多くの卵が割れて（多額のお金を失って）しまうが，複数のかごに分けておけば（分散投資をすれば），同時にかごを落とす（複数の資産価値が大きく下がる）確率は小さくなり，リスクを減少させることができることを表している．

資産投資を行う場合，できるだけ収益を安定させたい（収益率がばらつくリスクや損失を被るリスクを減らしたい）と考える一方で，平均的に収益は高く

---

[2] 5.2節の一部は枇々木 [10] の一部を加筆・修正したものである．

5.2 ポートフォリオ最適化モデリング

（リターンは高く）したいと思うだろう．しかし，リターンとリスクの間にはトレードオフの関係があり，それを考慮してポートフォリオを構築する必要がある．ポートフォリオ最適化問題は計画期間が1期間か多期間かによって大きく取り扱い方が異なる．本稿では，5.3節で図5.1の左図のような1期間モデルに，5.4節で右図のような多期間モデルに焦点を当て，モデリングの方法を示す．本節では基本的な考え方や原則を1期間の枠組みでわかりやすく解説する．

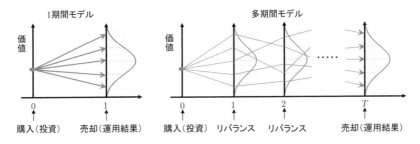

図 **5.1** ポートフォリオの価値変動: 1期間モデルと多期間モデル

5.2.2 収益率の計算

1期間モデルでは，図5.1（左）に示したように現時点（時点0）で投資を行い，時点1で運用結果を評価する．時点0の資産価格を P_0，時点1の価格を P_1 とすると，収益率 r は式 (5.1) のように定義される．

$$r = \frac{P_1 - P_0}{P_0} = \frac{P_1}{P_0} - 1 \tag{5.1}$$

たとえば，$P_0 = 100$ 円，$P_1 = 110$ 円であれば，$r = 0.1$ である．損益は各資産への投資金額に収益率を掛けることによって計算される．時点0（現在）の価格は確定的にわかるが，時点1（将来）の価格は不確実であるため，1期間の収益率を確率変数として取り扱い，投資評価をする．収益率の記号には確率変数を表すチルダを付けて，以降 $\tilde{r}$ と記述する．

次にポートフォリオの収益率の計算方法を示す．n 個の資産でポートフォリオを構築しよう．資産 i への投資金額を X_i，その投資金額合計を X とすると，資産 i への投資比率は $x_i = \frac{X_i}{X}$ と表せ，$\sum_{i=1}^n X_i = X$ より，

$$\sum_{i=1}^{n} x_i = 1 \tag{5.2}$$

となる．これはポートフォリオ最適化モデルで必ず現れる投資比率の合計が 1 となることを表す式である．ポートフォリオの収益率 $\tilde{r}_p$ は各資産 i の収益率 $\tilde{r}_i$ の投資比率 x_i による加重和として式 (5.3) のように計算される．

$$\tilde{r}_p = \sum_{i=1}^{n} \tilde{r}_i x_i \tag{5.3}$$

5.2.3 モデル化の概要

ポートフォリオの時点 1 の運用結果は，図 5.1（左）のように収益率分布として記述される．ただし，収益率分布を直接的に評価するのは難しいので，その特徴を表す評価尺度としてリターン尺度とリスク尺度を定義し，投資評価をするのが一般的である．主に収益率の期待値（期待収益率）がリターン尺度，収益率の分散（または標準偏差）がリスク尺度として用いられる．

ポートフォリオの収益率の期待値と分散を計算しよう．資産 i の期待収益率を $\overline{r}_i$ とすると，ポートフォリオの期待収益率は

$$\overline{r}_p = \mathrm{E}(\tilde{r}_p) = \mathrm{E}\left(\sum_{i=1}^{n} \tilde{r}_i x_i\right) = \sum_{i=1}^{n} \overline{r}_i x_i \tag{5.4}$$

となり，各資産の期待収益率の投資比率による加重和として計算される．一方，資産 i の収益率の標準偏差を σ_i，資産 i と資産 j の収益率の共分散を σ_{ij} とすると，ポートフォリオ収益率の分散は式 (5.5) で計算される．

$$\begin{aligned} \sigma_p^2 &= \mathrm{E}\left[(\tilde{r}_p - \overline{r}_p)^2\right] = \mathrm{E}\left[\left\{\sum_{i=1}^{n}(\tilde{r}_i - \overline{r}_i)x_i\right\}^2\right] \\ &= \sum_{i=1}^{n}\sum_{j=1}^{n} \mathrm{E}\left[(\tilde{r}_i - \overline{r}_i)(\tilde{r}_j - \overline{r}_j)\right] x_i x_j = \sum_{i=1}^{n}\sum_{j=1}^{n} \sigma_{ij} x_i x_j \end{aligned} \tag{5.5}$$

資産間の共分散にそれぞれの投資比率を掛け合わせた値の合計として計算される．共分散の小さい資産の組み合わせで投資をすると分散を小さくする効果

があることがわかる.

5.2.4 分散投資効果

ポートフォリオを組むことによって分散投資をすると,なぜリスクを小さくすることができるのか? その効果を簡単な数値例を用いて示そう.共分散は相関係数 ρ_{ij} を用いて,$\sigma_{ij} = \rho_{ij}\sigma_i\sigma_j$ と表せるので,式 (5.5) よりポートフォリオ収益率の分散 σ_p^2 は

$$\sigma_p^2 = \sum_{i=1}^{n}\sum_{j=1}^{n}\rho_{ij}\sigma_i\sigma_j x_i x_j = \sum_{i=1}^{n}\sigma_i^2 x_i^2 + \sum_{i=1}^{n}\sum_{\substack{j=1\\j\neq i}}^{n}\rho_{ij}\sigma_i\sigma_j x_i x_j \quad (5.6)$$

と計算される.簡単のため,各資産の収益率の標準偏差はすべて同じ $(\sigma_i = \sigma)$,異なる資産間の相関係数もすべて同じ $(\rho_{ij} = \rho\,(i \neq j))$ で,等比率ポートフォリオ $(x_i = \frac{1}{n})$ を想定しよう.これらを式 (5.6) に代入すると,

$$\sigma_p^2 = \sum_{i=1}^{n}\frac{\sigma^2}{n^2} + \sum_{i=1}^{n}\sum_{\substack{j=1\\j\neq i}}^{n}\frac{\rho\sigma^2}{n^2} = n \times \frac{\sigma^2}{n^2} + n(n-1) \times \frac{\rho\sigma^2}{n^2}$$
$$= \left\{\frac{1}{n} + \frac{(n-1)\rho}{n}\right\}\sigma^2 = \left(\frac{1-\rho}{n} + \rho\right)\sigma^2 \quad (5.7)$$

が得られる.$\sigma = 1$ として,いくつかの相関係数を式 (5.7) に代入すると,資産数とポートフォリオ収益率の分散の関係は図 5.2 のようになる.

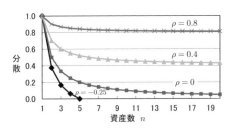

図 **5.2** 分散投資効果

投資する資産数 n を増やしていく(分散投資をする),すなわち投資資産を

5章　金融工学とモデリング

分散化 (diversification) することによって，収益率の分散 (variance) を小さくすることができる．$\sigma = 1$ のとき，$\rho \geq 0$ ならば，資産数を無限大 ($n \to \infty$) にすると ρ になる．資産数がおおよそ 20 個以上でその値に近づくことがわかる．一方でこれは，相関が高い資産の組み合わせだけでは，いくら分散投資をしてもリスクを小さくできないことも表している．相関係数が小さいと，資産数が少なくてもポートフォリオの分散を小さくできる [3]．

5.2.5　平均・分散モデル

リターン尺度として期待収益率，リスク尺度として収益率の分散を用いて，ポートフォリオ選択を行うモデルを平均・分散モデル (mean-variance model) と呼ぶ．一般に，「期待収益率 $\bar{r}_p$ が投資家の要求する期待収益率 r_E 以上であるという制約の下で，収益率のリスク（分散）σ_p^2 を最小化する資産 i への投資比率 $x_i (i = 1, \ldots, n)$ を求める」2 次計画問題として定式化される [4]．

$$\text{最小化} \quad \sigma_p^2 \tag{5.8}$$

$$\text{制約条件} \quad \bar{r}_p \geq r_E \tag{5.9}$$

$$\sum_{i=1}^{n} x_i = 1 \tag{5.10}$$

$$x_i \geq 0, \ (i = 1, \ldots, n) \tag{5.11}$$

ここで，式 (5.10) は投資比率の合計が 1 になることを表す制約式（(5.2) と同じ），式 (5.11) は空売りを禁止する場合の制約式である．平均・分散モデルは運用実務でもよく使われており，その際にはこれらの制約式の他に，上限制約や売買回転率制約などの実務上の様々な制約を追加する必要がある．期待収益率を考慮せずに，分散を最小にするポートフォリオは最小分散ポートフォリオ (minimum variance portfolio) と呼ばれ，式 (5.9) を除いて問題を解くことによって求められる．その期待収益率を $\bar{r}_p^{min}$ としよう．r_E を $\bar{r}_p^{min}$ からパラ

---

[3] 一般に，相関係数の最小値は -1 であるが，異なる資産間の相関係数がすべて同じという条件のもとでは，取り得る相関係数の最小値は $\rho = -\frac{1}{n-1}$ である．これは分散の値はゼロ以上だからである．図 5.2 に示したように $\rho = -0.25$ のとき，$n = 5$ で分散はゼロとなる．

[4] 式 (5.8), (5.9) の代わりに，期待収益率から分散の定数倍を引いた目的関数 $\bar{r}_p - \lambda \sigma_p^2$ を最大化する定式化もできる．ここで，λ はリスクをどの程度避けたいかを表すリスク回避係数である．

5.2 ポートフォリオ最適化モデリング

メトリックに変化させ[5]，収益率の期待値と標準偏差の関係を描いた曲線を効率的フロンティア (efficient frontier) と呼ぶ．

具体的にイメージするために，4資産の場合の計算例を示そう．表 5.1 に各資産の収益率の期待値と標準偏差を示す．異なる資産間の相関係数はゼロとする．

表 5.1 基本統計量

	資産 1	資産 2	資産 3	資産 4
期待収益率 $\bar{r}_i$	5%	6%	7%	8%
標準偏差 σ_i	10%	20%	15%	25%

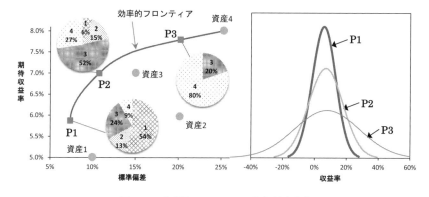

図 5.3 効率的フロンティアと収益率分布

図 5.3（左）に各資産の点と効率的フロンティアおよびその上にある3つのポートフォリオに対する投資比率を示す．効率的フロンティアは各資産に比べて左上に位置することがわかる．P1 は最小分散ポートフォリオであり，4資産に分散投資したローリスク・ローリターンのポートフォリオである．一方，P3 は資産 4 に 80%投資する（2資産のみへ投資する）ハイリスク・ハイリターンを目指すポートフォリオである．P2 は資産 3 と同じ期待収益率だが，資産 3 の投資比率を約半分にして他の資産を組み入れたポートフォリオを構築すること

---

[5] r_E を $\bar{r}_p^{min}$ 以上に設定すると，最適ポートフォリオの期待収益率 $\bar{r}_p^*$ は r_E と一致するので，式 (5.9) は $\bar{r}_p = r_E$ と制約しても等価な問題となる．

によって標準偏差を小さくできることがわかる．空売り禁止制約がある場合には，最も期待収益率の高い資産（資産4）は効率的フロンティアの一番右端に存在する．

平均・分散モデルは暗黙のうちにポートフォリオの収益率が正規分布に従うことを想定している．それは平均と標準偏差が決まれば正規分布の形が一意に決められるからである．3つのポートフォリオに対する収益率分布を図5.3（右）に示す．リスク（標準偏差）が小さいP1に比べて，リスクの大きいP3の収益率はばらつきやすいことがわかる．収益率がマイナスになる確率もP1は21.2%，P2は25.8%，P3は35.0%と徐々に大きくなる．

5.2.6 平均・分散モデルを超えて

平均・分散モデルはポートフォリオ最適化の最も基本的なモデルであるが，資産運用のモデリングに関して多くのエッセンスが含まれている．その一方で，収益率が多変量正規分布に従うという暗黙の仮定のもとで問題を解くことになる．しかし，昨今のリーマンショックを代表とする金融危機以降，以前にも増して裾が長い分布や非対称の分布などを想定すべき状況が起きている．そのような場合，混合正規分布やt分布，パラメータの違いによって多くの分布を記述できるGH分布（一般化双曲型分布）の方がうまく記述できる可能性が高い．また資産間の相関として，正規分布の場合には相関係数が用いられるが，個々の資産の確率分布とは独立に依存関係を表現できるコピュラも利用されはじめてきた．これらはモンテカルロ法を用いて乱数を発生させることによって，簡単に離散的なシナリオデータとして記述することができる．このような分布のパラメータを推定する場合にはヒストリカルデータを用いることが多いが，その一方でヒストリカルデータをそのまま離散データとして用いることもある．

一方，収益率が正規分布に従わない場合，分散（標準偏差）の代わりに分布を仮定しない別のリスク尺度を使う必要がある．しかし，そのような場合でも離散的なシナリオデータはリスク尺度のモデル化ときわめて相性がよく，容易に定式化が可能である．引き続き，次節で説明しよう．

5.3 １期間ポートフォリオ最適化

１期間モデルに対するモデリングのポイントを改めてまとめておこう．

① 不確実性を評価するために，リスクとリターンのトレードオフを扱う
② キャッシュ・フローを考える必要はなく，収益率でモデル化すればよい
③ 意思決定は現時点で行うので，（不確実な）状態に依存するモデル化をする必要はない

様々な収益率分布や評価方法に対応できるように，いくつかのリスク尺度もしくはパフォーマンス評価尺度（リスクに対するリターンの比率尺度）に対する定式化の方法を示す．

5.3.1 シナリオデータ

このタイプの問題を解くためには，各資産の収益率分布の同時分布を有限個の離散的なシナリオデータで表現し，定式化するのが一般的である．シナリオデータとはシナリオ t における収益率のことで，たとえばモンテカルロ法を用いて生成できるし，ヒストリカルデータの各期間の収益率を用いることもできる．表5.2に，4資産，1,000シナリオの具体例を示す．

表 5.2　シナリオデータの例（4資産，1,000シナリオの場合）

シナリオ	資産1	資産2	資産3	資産4
1	1.08%	1.48%	0.03%	−1.38%
2	1.47%	−0.21%	−0.79%	2.16%
⋮	⋮	⋮	⋮	⋮
999	1.39%	2.36%	−1.34%	−2.76%
1000	2.66%	−5.05%	3.01%	−1.62%

シナリオデータを設定するときに注意すべきことがある．それは資産ごとにばらばらにシナリオを設定してはいけないということである．その理由は資産間の相関構造を表せないからである．したがって，複数資産の同時分布に内包する相関構造を保ちながらシナリオデータで設定するために，表5.2のように各資産の収益率はシナリオごとにその組み合わせとして設定する必要がある．

5章　金融工学とモデリング

シナリオ t の資産 i の収益率を r_{it}, 資産数を n, シナリオ数を T とすると, シナリオ t のポートフォリオの収益率は式 (5.3) のように投資比率の加重和として, 以下のように記述される.

$$r_t = \sum_{i=1}^{n} r_{it} x_i, (t=1,\ldots,T) \tag{5.12}$$

たとえば, 表 5.2 の場合, $n=4, T=1000$ であり, 各シナリオの収益率は

$$\begin{aligned} r_1 &= 1.08x_1 + 1.48x_2 + 0.03x_3 - 1.38x_4 \\ &\vdots \\ r_{1000} &= 2.66x_1 - 5.05x_2 + 3.01x_3 - 1.62x_4 \end{aligned} \tag{5.13}$$

と記述される. 各シナリオの資産ごとの収益率はパラメータで与えられるのに対し, ポートフォリオの収益率は式 (5.13) のように投資比率に依存して決定される. ただし, ポートフォリオも一つにまとめられた資産であると考えて, 収益率を取り扱い, リスク尺度もしくはパフォーマンス評価尺度を定義する[6].

5.3.2　平均・リスクモデル

ポートフォリオ最適化モデルのリターン尺度には, どのようなリスク尺度を用いた場合でも期待（平均）収益率を使うのが一般的である. したがって, リターン尺度とリスク尺度の 2 パラメータを用いたモデル化は平均・リスクモデルと呼ばれる. ポートフォリオ収益率のリスク尺度を表す関数を $\mathrm{Risk}(r_t)$ とすると, 平均・分散モデルと同様に以下のように定式化できる[7].

---

[6] 以降, ポートフォリオを表す下付添字 p は省略する.
[7] 詳細な導出方法は省略するが, 収益率が正規分布に従う場合, 分散以外のリスク尺度も平均 $\bar{r}$ と標準偏差 σ を用いて記述できる場合が多く, その場合には平均・分散モデルで問題を解けばよい. 以下に, 後述する下方部分積率 (LPM) と CVaR の計算式を示す.

$$\mathrm{LPM}\ (1\ 次): \mathrm{LPM}_1(r_G) = (r_G - \bar{r})N(G) + f(G)\sigma \quad \text{ただし}, G = (r_G - \bar{r})/\sigma$$

$$\mathrm{CVaR}(\beta): \phi_\beta = -\bar{r} + \left\{ \frac{1}{(1-\beta)\sqrt{2\pi}} e^{-\frac{K_\beta^2}{2}} \right\} \sigma$$

ただし, $f(\cdot)$, $N(\cdot)$ はそれぞれ正規分布の確率密度関数, 分布関数を表す. K_β は確率水準 β に対する標準正規分布の累積分布関数値を表す. 他の記号は本文を参照されたい.

5.3 1期間ポートフォリオ最適化

$$\text{最小化} \quad \text{Risk}(r_t) \tag{5.14}$$
$$\text{制約条件} \quad \text{式 (5.9)} \sim (5.11)$$

シナリオ t のポートフォリオ収益率 r_t を用いて，下方リスク尺度の一つである下方部分積率を紹介しよう．「分散」は期待収益率からのばらつき，すなわち収益率が安定していないことをリスクと評価する尺度である．一方，収益率が上方には変動してもよいが，下方に変動するのを避けたいと考える場合のリスクを下方リスク (downside risk) と呼ぶ．たとえば，確定給付型の企業年金基金や生命保険会社にとってのリスクは，資産運用の結果，受給者に約束した年金を給付できなかったり，保険金を支払えなくなることである．これは収益率が年金や保険金を計算するのに用いる予定利率を下回ったときに起こりうる．このような場合，下方リスク尺度を用いるのが自然であり，目標収益率として予定利率を使えばよい．

下方部分積率は，目標収益率 r_G を下回る偏差の k 乗の期待値として，式 (5.15) で定義される．ただし，各シナリオの発生確率はすべて同じで $\frac{1}{T}$ とし，以降もすべて同様にリスク尺度を定義する [8]．ここで，$|a|_{-} = \max(-a, 0)$ である．

$$\text{LPM}_k(r_G) = \text{E}\left[\left|\tilde{r} - r_G\right|_{-}^{k}\right] = \frac{1}{T}\sum_{t=1}^{T}\left|r_t - r_G\right|_{-}^{k} \tag{5.15}$$

下方部分積率のイメージを確率分布で描くと，図 5.4（左）のように示すこと

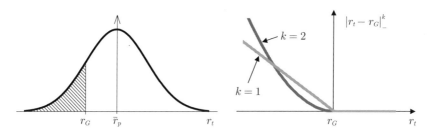

図 **5.4** 下方部分積率

---
[8] モンテカルロ法を用いて，分布から表 5.2 のような各シナリオの収益率を生成する場合，その発生確率がすべて同じ $\left(\frac{1}{T}\right)$ となるようにサンプリングされる．

5章 金融工学とモデリング

ができる．ただし，r_G を下回る確率（網掛け部分）ではなく，r_G からの距離に確率を掛けて求められる．また，偏差を表す関数 $|r_t - r_G|_{-}^{k}$ は，図5.4（右）のように表すことができる．シナリオ t の収益率 r_t が目標収益率 r_G を上回ればゼロになる．一方，下回る場合には目標収益率を下回る偏差に応じて評価値が計算される．たとえば，$T = 60$ で，収益率を小さい順に並べると，-11%，$-8\%, -5\%, -2\%, \cdots$ で，$r_G = -3\%$ であるとしよう．-3% を下回るのは3シナリオなので，1次の下方部分積率は以下のように 0.25% と計算される．

$$\frac{\{-3-(-11)\}+\{-3-(-8)\}+\{-3-(-5)\}}{60} = \frac{8+5+2}{60} = 0.25(\%)$$

次に，平均・下方部分積率モデルの定式化を考えてみよう．残念ながら，数理計画法のアルゴリズムは式 (5.15) のような区分関数をそのままの形で問題を解くことはできない．したがって，定式化を工夫して解ける形に書き直す必要がある．その方法を説明しよう．

シナリオ t の収益率が目標収益率を上回る偏差を d_t^+，下回る偏差を d_t^- とし，そのどちらかはゼロとなる非負の変数としよう．$r_t \geq r_G$ ならば，$d_t^+ = r_t - r_G$，$d_t^- = 0$，$r_t < r_G$ ならば，$d_t^+ = 0$，$d_t^- = r_G - r_t$ と割り当てることができる．そのとき，ポートフォリオ収益率と目標収益率の偏差は

$$r_t - r_G = d_t^+ - d_t^- \tag{5.16}$$

と書くことができ，下方部分積率は目標収益率を下回る偏差から計算されるので，

$$|r_t - r_G|_{-} = d_t^- \tag{5.17}$$

と表すことができる．ただし，式 (5.16) のもとで，式 (5.17) が成り立つためには，「どちらかはゼロとなる非負の変数」という条件を満たす必要がある．この条件を記述する方法としては，以下の方法を思いつくだろう[9]．

---

[9] 次の方法も思いつくかもしれない．

$$0 \leq d_t^+ \leq M \cdot z_t,\ 0 \leq d_t^- \leq M \cdot (1 - z_t),\ z_t \in \{0, 1\}$$

ここで，M は非常に大きい値を表す数値で，z_t は0-1変数とする．$z_t = 0$ のときは $d_t^+ = 0$ で d_t^- はどのような値でもよい（非常に大きい上限値なので制約がないのと同じである）．一方，

5.3 1期間ポートフォリオ最適化

$$d_t^+ \cdot d_t^- = 0, \; d_t^+ \geq 0, \; d_t^- \geq 0 \tag{5.18}$$

しかし残念ながら，これは扱うのが難しい形の非線形制約式である．では，どうすればよいか？ 平均・リスクモデルの目的関数はリスクを最小化するので，式 (5.16) と目的関数の式 (5.15) を組み合わせることによって「どちらかはゼロとなる」条件が成立するので（明示的にこの条件を含める必要がなくなるので），非負条件のみでよいことが知られている[10]．これはポートフォリオ最適化問題において「リスクを最小化する」からできる定式化の特徴である．式 (5.16) は非負条件と組み合わせると，

$$r_t - r_G + d_t^- = d_t^+ \geq 0, \; d_t^- \geq 0 \tag{5.19}$$

と記述できるので，d_t^+ は消去でき，以下の制約条件

$$r_t + d_t^- \geq r_G, \; d_t^- \geq 0 \tag{5.20}$$

のもとで，

$$\mathrm{LPM}_k(r_G) = \frac{1}{T} \sum_{t=1}^{T} (d_t^-)^k \tag{5.21}$$

を最小化する問題を解けばよい．まとめると，以下のように定式化される．

$$\text{最小化} \quad \frac{1}{T} \sum_{t=1}^{T} (d_t^-)^k \tag{5.22}$$

$$\text{制約条件} \quad \sum_{i=1}^{n} r_{it} x_i + d_t^- \geq r_G, \; d_t^- \geq 0 \; (t = 1, \ldots, T) \tag{5.23}$$

式 (5.9)～(5.11)

 $z_t = 1$ であれば，$d_t^- = 0$ である．したがって，どちらかの変数はゼロとなることがわかる．しかし，これは 0-1 変数を含むため，混合整数計画法のアルゴリズムを使う必要があり，大規模な問題には不向きな制約条件である．

[10] a を非負の定数としよう．たとえば，$r_t \geq r_G$ ならば，$d_t^+ = r_t - r_G + a, \; d_t^- = a$ でも式 (5.16) は成り立つが，$\min d_t^-$ とすると $a = 0$ となり，$d_t^- = 0$ である．一方，$r_t \leq r_G$ ならば，$d_t^+ = a, \; d_t^- = r_G - r_t + a$ でもよいが，$\min d_t^-$ とすると $a = 0$ となり，$d_t^+ = 0$ である．したがって，d_t^- もしくは d_t^+ のどちらかはゼロになる．

5.3.3 その他のリスク尺度と定式化

他にも様々なリスク尺度が提案されているので,いくつかのリスク尺度について簡単にその定義と定式化の方法を紹介しよう.

(1) 下方半分散 (semi-variance)

図 5.5(左) のように期待収益率からの下方のばらつきのみをリスクと評価する下方リスク尺度である.図 5.5(右) のようにシナリオ t の収益率 r_t が期待収益率 $\bar{r}$ を下回る偏差の二乗の期待値として,式 (5.24) で定義される.

$$\mathrm{SV} = \mathrm{E}\left[|\tilde{r} - \bar{r}|_-^2\right] = \frac{1}{T}\sum_{t=1}^{T}|r_t - \bar{r}|_-^2 \qquad (5.24)$$

分布が非対称の場合に分散と異なる尺度となる.式 (5.22) の k 乗を 2 乗とし,式 (5.23) の r_G に $\bar{r}$ を代入すれば,平均・下方半分散モデルの定式化ができる.

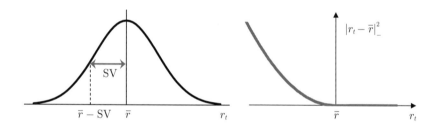

図 5.5 下方半分散

(2) 条件付きバリュー・アット・リスク (Conditional Value at Risk: CVaR)

下方部分積率は収益率が目標収益率を,下方半分散は期待収益率を下回ることをリスクと評価するのに対し,収益率の損失がバリュー・アット・リスク (VaR) を上回ることをリスクと評価するのが CVaR である.VaR は確率水準 β (例:$\beta = 0.95$) で発生する収益率の最大損失であり,図 5.6(左) の $-\alpha_\beta$ の値である.図は収益率分布を表すのに対し,VaR や CVaR は損失を表すので,マイナスを付している.確率水準 β の CVaR は VaR を上回るときの平均損失 (条件付き期待損失) として,式 (5.25) で定義される.

5.3 1期間ポートフォリオ最適化

$$\phi_\beta = \alpha_\beta + \frac{1}{1-\beta}\mathrm{E}\left[|\tilde{r}+\alpha_\beta|_-\right] = \alpha_\beta + \frac{1}{(1-\beta)T}\sum_{t=1}^T |r_t+\alpha_\beta|_- \quad (5.25)$$

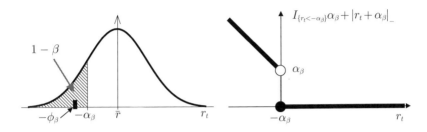

図 5.6 条件付きバリュー・アット・リスク (CVaR)

たとえば，$T = 60$ で収益率を小さい順に並べると，$-11\%, -8\%, -5\%,$ $-2\%, \cdots$ であるとしよう．$\beta = 95\%$ とすると，$60 \times (1 - 0.95) = 3$ なので，95%-CVaR は3つのシナリオの損失の平均として以下のように 8% と計算される．

$$95\%\text{-CVaR} = -\frac{(-11)+(-8)+(-5)}{3} = 8(\%)$$

図 5.6 (右) のように，収益率が $-\alpha_\beta$ 以上であればリスクはゼロであるが，下回った場合には収益率の損失の値そのもの (α_β に偏差を加えた値) がリスクとして評価される．ここで，$I_{\{a\}}$ は条件 a が成立すれば 1，成立しなければ 0 となる定義関数である．式 (5.23) の中の r_G に $-\alpha_\beta$ を代入し，式 (5.22) を式 (5.25) の第 2 項に用いることにより，平均・CVaR モデルの定式化ができる．

VaR はその値を上回る大きな損失と小さな損失を区別できないため，直接的に VaR を上回る損失の分布を評価できない．VaR は確率水準を明示的にパラメータとして用いたわかりやすいリスク尺度で，金融機関のリスク管理に用いられているが，リーマンショック後の株式市場のような極端に大きな株価の下落を評価する場合 (収益率分布の裾が長い場合)，大きな欠点となる．VaR と同様に確率水準を明示的に取り扱いつつ，VaR を上回る損失も評価できる尺度が CVaR である．国際的な金融規制であるバーゼル III でも，期待ショート

143

フォール（CVaR の別称）に基づき必要な自己資本額を計算することが提案されている．

5.3.4 平均・分散モデル：定式化の再考

シナリオデータ r_{it} を用いて共分散を計算すると，

$$\sigma_{ij} = \frac{1}{T}\sum_{t=1}^{T}(r_{it}-\overline{r}_i)(r_{jt}-\overline{r}_j) \tag{5.26}$$

となるので，式 (5.5) に代入すると，ポートフォリオ収益率の分散を計算できる．一方，ポートフォリオを一つの資産と考えると，その収益率の分散は

$$\sigma^2 = \frac{1}{T}\sum_{t=1}^{T}(r_t-\overline{r})^2 \tag{5.27}$$

と定義される．式 (5.4) と式 (5.12) を代入すると，以下のように展開でき，式 (5.5) と同じ結果が得られる．

$$\begin{aligned}\sigma^2 &= \frac{1}{T}\sum_{t=1}^{T}\left\{\sum_{i=1}^{n}(r_{it}-\overline{r}_i)x_i\right\}^2 \\ &= \sum_{i=1}^{n}\sum_{j=1}^{n}\left\{\frac{1}{T}\sum_{t=1}^{T}(r_{it}-\overline{r}_i)(r_{jt}-\overline{r}_j)\right\}x_ix_j = \sum_{i=1}^{n}\sum_{j=1}^{n}\sigma_{ij}x_ix_j\end{aligned} \tag{5.28}$$

$y_t = r_t - \overline{r}$ とおき，それを制約式として追加するとともに，式 (5.27) に代入すると，以下のように直接シナリオデータを用いて定式化できる．この定式化の方法はコンパクト分解表現と呼ばれている．

$$\text{最小化}\quad \frac{1}{T}\sum_{t=1}^{T}y_t^2 \tag{5.29}$$

$$\text{制約条件}\quad \sum_{i=1}^{n}r_{it}x_i - y_t = \overline{r},\ (t=1,\ldots,T) \tag{5.30}$$

式 (5.9)〜(5.11)

5.3.5 パフォーマンス評価尺度

平均・リスクモデルでは，投資家が要求する期待収益率を設定することによっ

5.3 1期間ポートフォリオ最適化

て，効率的フロンティアの中から最適ポートフォリオを一つに決めていた．一方，主に事後的に資産運用の効率性を評価するために使われるパフォーマンス評価尺度を用いて決定する方法も考えられる．これはトレードオフ関係にある 2 つの尺度を比率の形で表現した尺度である．パフォーマンス評価尺度 Efficiency(r_t) を最大化する目的関数を設定すると，以下のように定式化できる．

$$\text{最大化} \quad \text{Efficiency}(r_t) \tag{5.31}$$
$$\text{制約条件} \quad \text{式 (5.10), (5.11)}$$

最も広く使われているパフォーマンス評価尺度はシャープレシオ (Sharpe ratio) であり，標準偏差 1 単位あたりの期待超過収益率として式 (5.32) で定義される．期待超過収益率はリスク資産の期待収益率から金利を引いた収益率である．

$$\text{Sharpe Ratio} = \frac{\overline{r} - r_f}{\sigma} \tag{5.32}$$

ここで，r_f は無リスク資産の収益率（金利）である．金利はリスクがゼロの収益率であるので，リスクを取ることによって得られる超過リターンの効率性を表すのがシャープレシオである．図 5.7 の $\tan\theta$ がシャープレシオであり，それを最大化して求まる最適解は，平均・分散モデルにおける効率的フロンティア上のある一点となる．

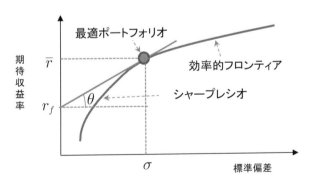

図 5.7　シャープレシオ

シャープレシオは分数形で記述されるため，分数計画問題として定式化され

る．一般に，分数計画問題は変数変換を行い，定式化を書き直すことによって問題を解くことができる．分子の線形式の方が 2 次式を含む分母よりも制約式として取り扱いやすいので，式 (5.4) と式 (5.5) を式 (5.32) に代入し，逆数をとると

$$\frac{\sigma}{\overline{r} - r_f} = \frac{\sqrt{\sum_{i=1}^{n} \sum_{j=1}^{n} \sigma_{ij} x_i x_j}}{\sum_{i=1}^{n} (\overline{r}_i - r_f) x_i} \tag{5.33}$$

と記述でき，最小化する問題として定式化される．式 (5.33) の分母を

$$\lambda = \sum_{i=1}^{n} (\overline{r}_i - r_f) x_i > 0 \tag{5.34}$$

と置き，さらに $w_i = x_i/\lambda$ とすると，式 (5.33) は

$$\frac{\sqrt{\sum_{i=1}^{n} \sum_{j=1}^{n} \sigma_{ij} x_i x_j}}{\lambda} = \sqrt{\sum_{i=1}^{n} \sum_{j=1}^{n} \sigma_{ij} w_i w_j} \tag{5.35}$$

となる．制約式 ((5.11), (5.34)) の両辺を λ で割ると，

$$\text{最小化} \quad \sum_{i=1}^{n} \sum_{j=1}^{n} \sigma_{ij} w_i w_j \tag{5.36}$$

$$\text{制約条件} \quad \sum_{i=1}^{n} (\overline{r}_i - r_f) w_i = 1 \tag{5.37}$$

$$w_i \geq 0, \ (i = 1, \ldots, n) \tag{5.38}$$

と定式化を書き直すことができる．ここで，式 (5.10) は取り除かれている．その理由は式 (5.10) の両辺を λ で割ると，

$$\sum_{i=1}^{n} w_i = \frac{1}{\lambda} \tag{5.39}$$

となり，w_i の合計は任意でよいので，制約ではなくなるからである．ただし，最適投資比率 x_i^* はこの定式化による最適解 w_i^* の合計の逆数を λ^* として計算し，$x_i^* = w_i^* \lambda^*$ と求められる．

5.3 1期間ポートフォリオ最適化

5.3.6 その他のパフォーマンス評価尺度

他にもよく知られたパフォーマンス評価尺度を3つ紹介しよう.

(1) ソルティノレシオ (Sortino ratio)

ソルティノレシオ は式 (5.40) のように, 2次下方部分積率をリスク尺度としたパフォーマンス評価尺度として定義される.

$$\text{Sortino ratio} = \frac{\overline{r} - r_G}{\sqrt{\text{LPM}_2(r_G)}} \tag{5.40}$$

平均・分散モデルに対するパフォーマンス評価尺度がシャープレシオであるのに対し, 平均・下方部分積率モデルに対する尺度がソルティノレシオである. シャープ, ソルティノはそれぞれの評価尺度の提唱者である. 下方部分積率をリスク尺度とする場合のリスクは収益率が目標収益率を下回らないことなので, 分子は期待収益率から目標収益率を引いた値となっている.

(2) オメガレシオ (Omega ratio)

オメガレシオは上方ポテンシャル (目標収益率を上回る偏差) を下方リスク (目標収益率を下回る偏差) で割った尺度で, 式 (5.41) のように定義される.

$$\Omega(r_G) = \frac{\frac{1}{T}\sum_{t=1}^{T} |r_t - r_G|_+}{\frac{1}{T}\sum_{t=1}^{T} |r_t - r_G|_-} \tag{5.41}$$

ここで, $|a|_+ = \max(a, 0)$ である. 上方ポテンシャルをリターンと考える点が他のシャープレシオやソルティノレシオとは異なるように見える. しかし, 式 (5.41) は式 (5.42) のように書き直すことができ, ソルティノレシオの分母を1次の下方部分積率にしたものと等価となる.

$$\Omega(r_G) = \frac{\frac{1}{T}\sum_{t=1}^{T} |r_t - r_G|_+ - \frac{1}{T}\sum_{t=1}^{T} |r_t - r_G|_-}{\frac{1}{T}\sum_{t=1}^{T} |r_t - r_G|_-} + 1 = \frac{\overline{r} - r_G}{\text{LPM}_1(r_G)} + 1 \tag{5.42}$$

(3) 情報レシオ (Information Ratio)

情報レシオはアクティブ運用戦略によるポートフォリオ x_i がベンチマークポートフォリオ x_i^b から乖離することによって生じる期待収益率の増分 (アク

ティブリターン）をトラッキング・エラー（TE: アクティブリスク）で割ったパフォーマンス評価尺度である[11]．パッシブ運用戦略ならばリスクはゼロと考えたときのパフォーマンス評価尺度である．

$$\text{IR} = \frac{\overline{r} - \overline{r}^b}{\text{TE}} = \frac{\sum_{i=1}^n \overline{r}_i (x_i - x_i^b)}{\sqrt{\sum_{i=1}^n \sum_{j=1}^n \sigma_{ij} \left(x_i - x_i^b\right)\left(x_j - x_j^b\right)}} \tag{5.43}$$

いずれのパフォーマンス評価尺度も分数形で記述されるため，分数計画問題として定式化される．シャープレシオ最大化モデルと同様のテクニックを使って，問題を書き直して解くことができるが，紙面の都合上省略する．

5.3.7　1期間から多期間へ：リバランスを考慮したモデリング

年金基金や保険会社のように長期的な資産運用を行う必要性があっても，実務では1期間モデル（特に，平均・分散モデル）が使われることが多い．しかし，長期間にわたる資産運用に対応するためにはリバランスを前提とした多期間（動的）最適化モデルが適している．年金や保険の ALM（Asset and Liability Management, 資産負債管理）に対応するためには負債を考慮する（キャッシュ・フローを含む）モデル化も必要である．

1期間モデルは時点0と時点1の2つの時点のみを考えるモデルである．時点0は現時点なので確定しており，不確実なのは時点1のみであり，不確実性の取り扱いは容易である．一方，多期間モデルの定式化は1期間モデルの繰り返しであるが，不確実な時点が複数あり，その取り扱いは簡単ではない．たとえば2期間モデルでさえ，結果が不確実な時点1のキャッシュ・フローのもとで時点2の不確実なキャッシュ・フローを考えて，投資決定をしなければならない．期間が長くなると，不確実な状況が重なる構造となる．このような構造のもとで構築したモデルで問題を解くのは，1期間モデルとは本質的に異なる難しさがある．ただし，それ以外は多期間モデルでも1期間モデルで用いたリスク尺度やパフォーマンス評価尺度に対するモデリングの方法を応用することができる．したがって，「多期間にわたる不確実なキャッシュ・フローのもとで

---

[11] アクティブ運用戦略とは市場平均などのベンチマークを上回ることを目指す運用戦略のことである．ベンチマークを目指す運用戦略はパッシブ運用戦略と呼ばれている．

どのように投資決定をモデル化するか」が問題になる．1期間モデルに比べて，モデリング技術はハイレベルになるので，モデリングの考え方だけでもわかっていただきたいが，スキップしても構わない．

5.4 多期間ポートフォリオ最適化

5.4.1 様々なモデルの紹介

多期間（動的）最適化問題に対するアプローチ（解法）は様々な分野で研究が行われている．数理ファイナンスや金融経済学の分野では，連続時間・連続分布でモデルを記述し，ベルマン方程式やマルチンゲール法によって解析解や数値解（近似解）の導出を行う．ただ，解析解が得られるケースは限定されており，近年，離散時間・離散分布でモデルを近似し，モンテカルロ法による数値解法が提案されている．

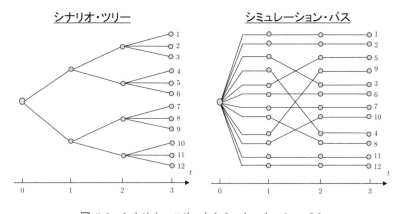

図 5.8 シナリオ・ツリーとシミュレーション・パス

一方，金融工学やオペレーションズ・リサーチの分野では，離散時間・離散分布でモデルを記述し，数理計画法によって数値解を計算する．数理計画モデルでは実務的な制約を加えることは容易である．定番モデルは図 5.8（左）のシナリオ・ツリーによって不確実性を離散的に記述し，各ノードにおいて条件付き意思決定を行うシナリオ・ツリー型モデルである．離散的な確率変数を用いることによって，定式化上では確定的なパラメータによる数理計画モデルとして

記述できる．様々な実務的制約を入れて問題を解くことができ，多くの研究成果が発表されている [17–19]．しかし，シナリオ・ツリー型モデルの場合，収益率分布と投資決定を記述するツリー構造が指数的に増加することにより計算負荷が大きくなり，うまくシナリオ・ツリーを記述しないと実際に問題を解くことが難しくなる．それに対し，図5.8（右）のモンテカルロ法によって生成したシミュレーション・パスで柔軟にシナリオを記述し，問題を解く数理計画モデルとして，シミュレーション型モデル [4]，さらに条件付き意思決定を可能にした混合型モデル [5] が提案されている．資産価格変動（収益率）が確率微分方程式（確率差分方程式）や時系列モデルなどで記述されるとき，シミュレーション・パスを生成するのは比較的容易であり，シナリオ・ツリーに比べて不確実性をより詳細に記述できる．本節では混合型モデルを簡単に紹介する．

5.4.2 モンテカルロ・シミュレーションと最適化

モンテカルロ法はどのような確率分布に従っている場合でも，シミュレーション・パスを記述できればそれを直接的に利用できるので，極めて柔軟で強力なモデル化の方法である．しかし，多期間にわたる投資の意思決定とは相性がよいとは言えない．なぜならば，図5.8（右）に示すように，1本のパスにだけ注目すると，ある時点の状態の次に発生する時点の状態は1つしか想定しないため，そのパス上だけで確定条件下での意思決定を行うことになるからである．

不確実性下での投資決定を行う場合，将来の不確実な状態の中からどの状態が生じるかを知っているという条件のもとで問題を解いてはいけない．このようにして意思決定を行う機会を許さない条件のことを「非予想条件 (non-anticipativity condition)」と呼ぶ．後述する混合型モデルでは各状態ごとではないが，状態の集合に対して条件付き意思決定を行うことによって，非予想条件のもとで各時点の投資比率を決定している．

5.4.3 モデル化の考え方

多期間モデルは基本的に1期間モデルの繰り返しで，各時点における投資比率を決定する問題として定式化される．これを図5.9を用いて説明する．ここ

5.4 多期間ポートフォリオ最適化

で期間数を T,パス数(シナリオ数)を I とする[12]．ただし，時点 t のパス i のリスク資産 j の投資比率 $w_{jt}^{(i)}$ は非予想条件を満たすように決定されるものとする．初期時点(時点 0)の富 W_0 をリスク資産と現金へ配分する[13]．リスク資産 j への投資比率を w_{j0}，現金比率を $w_{n+1,0}$ とすると，$\sum_{j=1}^{n+1} w_{j0} = 1$ である．また，期間 t のパス i のリスク資産 j の収益率を $\mu_{jt}^{(i)}$，金利を $r_{t-1}^{(i)}$ とする[14]．期間 1 の資産運用の結果，時点 1 でのリバランス前のリスク資産 j は $(1+\mu_{j1}^{(i)})w_{j0}W_0$，現金は $(1+r_0)w_{n+1,0}W_0$ となり，この合計が時点 1 での富 $W_1^{(i)}$ となる．

$$W_1^{(i)} = \left\{ \sum_{j=1}^n \left(1+\mu_{j1}^{(i)}\right)w_{j0} + (1+r_0)w_{n+1,0} \right\} W_0$$
$$= \sum_{j=1}^n \left(\mu_{j1}^{(i)} - r_0\right)w_{j0}W_0 + (1+r_0)W_0 \quad (i=1,\ldots,I) \quad (5.44)$$

第 1 項の $\mu_{j1}^{(i)} - r_0$ は超過収益率であり，リスク資産運用による貢献部分を表す．それに対して，第 2 項は金利による運用結果を表す．現金比率は $w_{n+1,0} = 1 - \sum_{j=1}^n w_{j0}$ である．

次に，時点 1 の富 $W_1^{(i)}$ に対するリスク資産 j の投資比率が $w_{j1}^{(i)}$，現金比率が $w_{n+1,1}^{(i)}$ となるようにリバランスする．資産運用の結果，時点 2 でのリバランス前のリスク資産 j は $(1+\mu_{j2}^{(i)})w_{j1}^{(i)}W_1^{(i)}$，現金は $(1+r_1^{(i)})w_{n+1,1}^{(i)}W_1^{(i)}$ となり，この合計が時点 2 での富 $W_2^{(i)}$ となる．これを以降繰り返し，最終時点(時点 T)の富はリスク資産 j の投資額 $(1+\mu_{j,T}^{(i)})w_{j,T-1}^{(i)}W_{T-1}^{(i)}$ と現金 $(1+r_{T-1}^{(i)})w_{n+1,T-1}^{(i)}W_{T-1}^{(i)}$ の合計として計算される．式 (5.44) と同様の形式で記述すると，時点 t の富 $W_t^{(i)}$ は式 (5.45) で記述できる．

$$W_t^{(i)} = \sum_{j=1}^n \left(\mu_{jt}^{(i)} - r_{t-1}^{(i)}\right)w_{j,t-1}^{(i)}W_{t-1}^{(i)} + (1+r_{t-1}^{(i)})W_{t-1}^{(i)}$$
$$(t=2,\ldots,T;\ i=1,\ldots,I) \quad (5.45)$$

---

[12] 1 期間モデルで使われている記号の意味とは異なることに注意されたい．
[13] 現金とは無リスク資産を表し，金利で運用する．
[14] 期間 t は時点 $t-1$ と時点 t の間の期間を表す．時点 $t-1$ で投資をした場合，リスク資産の収益率は時点 t で確定する一方，金利は時点 $t-1$ で確定する．

5章 金融工学とモデリング

1 期間モデルでは富 $W_1^{(i)}$ は投資比率 w_{j0} の線形関数（式 (5.44)）なので，問題を解くのは簡単である．しかし，式 (5.45) は投資比率の線形加重和の積の形式となる非凸非線形構造となるため，問題を解くのが難しい．これが一般的に多期間最適化問題を解くことが難しいと言われる理由である．シナリオ・ツリー型モデルではツリー構造をうまく利用し，投資比率を投資額もしくは投資単位数に変数変換することによって線形制約式に変形し，大域的最適解の導出を可能にしている [15]．しかし，残念ながら，シミュレーション・アプローチでは非予想条件のもとで等価なまま変数変換をすることはできない．また，このままの定式化では近似解を導出することも難しい．そこで近似最適解を導出す

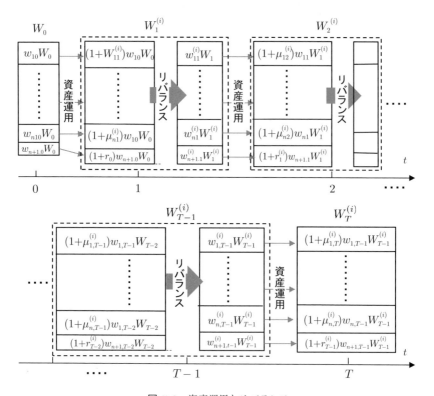

図 **5.9** 資産運用とリバランス

---

[15] 詳しい方法は枇々木 [3] の第 7 章を参考されたい．ただし，似た変換を本稿でも紹介する．

るために投資量関数という概念を導入し，シナリオ・ツリー型モデルと同じ変換方法で問題を書き換える．

リスク資産への投資金額は「価格 × 投資量（単位数）」と「富 × 投資比率」の 2 通りの方法で求められる．したがって，投資量は「富 × 投資比率 ÷ 価格」で求められ，式 (5.46) のように投資量を表す関数 $h^{(i)}(w_{jt}^{(i)})$ を記述する．

$$h^{(i)}(w_{jt}^{(i)}) = \left(\frac{W_t^{(i)}}{\rho_{jt}^{(i)}}\right) w_{jt}^{(i)} \tag{5.46}$$

ここで，$\rho_{jt}^{(i)}$ はリスク資産 j，時点 t，パス i の価格である．式 (5.46) を $\rho_{jt}^{(i)} h^{(i)}(w_{jt}^{(i)}) = W_t^{(i)} w_{jt}^{(i)}$ と書き直すと，時点 t のリバランス前の富は式 (5.45) より，式 (5.47) のように表すことができる．

$$W_t^{(i)} = \sum_{j=1}^{n} \left(\mu_{jt}^{(i)} - r_{t-1}^{(i)}\right) \rho_{j,t-1}^{(i)} h^{(i)}(w_{j,t-1}^{(i)}) + \left(1 + r_{t-1}^{(i)}\right) W_{t-1}^{(i)} \tag{5.47}$$

これは投資比率に配分する問題を投資単位数で配分する問題に置き換えて定式化している．時点 t の価格は $\rho_{jt}^{(i)} = \left(1 + \mu_{jt}^{(i)}\right) \rho_{j,t-1}^{(i)}$ と表すことができるので，富は価格のパラメータを用いて式 (5.48) のように書き直すことができる．

$$W_t^{(i)} = \sum_{j=1}^{n} \left\{\rho_{jt}^{(i)} - \left(1 + r_{t-1}^{(i)}\right) \rho_{j,t-1}^{(i)}\right\} h^{(i)}(w_{j,t-1}^{(i)}) + \left(1 + r_{t-1}^{(i)}\right) W_{t-1}^{(i)} \tag{5.48}$$

式 (5.46) は非線形関数であるが，$h^{(i)}(w_{jt}^{(i)})$ を $w_{jt}^{(i)}$ の線形関数として近似し，反復計算アルゴリズムを用いて問題を解く方法が開発されている [7]．

5.4.4 混合型モデル

富を状態変数とすると，混合型モデルは各時点ごとにある富の範囲に含まれるパス群（集合）に対して同一の投資ルールで意思決定を行うモデルである．リスク資産 j，時点 t の投資比率 $w_{jt}^{(i)}$ を状態（パス）i における富がどの範囲に含まれるかによって，式 (5.49) のようにパス群を表す決定ノード s の投資比率 y_{jt}^s として記述する [7,8]．ここで，決定ノード数を m とする．

5章 金融工学とモデリング

$$w_{jt}^{(i)} = \begin{cases} y_{jt}^1 & (W_t^{(i)} \leq \theta_t^1) \\ y_{jt}^u & (\theta_t^{u-1} \leq W_t^{(i)} \leq \theta_t^u, u = 2, \ldots, m-1) \\ y_{jt}^m & (W_t^{(i)} \geq \theta_t^{m-1}) \end{cases}$$
$$(j = 1, \ldots, n; t = 1, \ldots, T-1; i = 1, \ldots, I) \quad (5.49)$$

図 5.10 を用いて説明する．3 期間問題で 12 本のシミュレーションパス上に，各時点で 12 個の状態があり，それぞれの富がどの範囲に含まれるかによって 4 通りの決定ノードに分け，意思決定を行うと想定する $(T = 3, I = 12, m = 4)$．ノード番号を s とすると，時点 1 ではパス 1〜3 が $s = 1$，パス 4〜6 が $s = 2$，パス 7〜9 が $s = 3$，パス 10〜12 が $s = 4$，時点 2 ではパス 1, 2, 5 が $s = 1$，パス 3, 6, 9 が $s = 2$，パス 4, 7, 10 が $s = 3$，パス 8, 11, 12 が $s = 4$ に割り当てられる．たとえば，パス 1〜3 の時点 1 での状態に対して同一の意思決定を行うので，$y_{j1}^1 = w_{j1}^{(1)} = w_{j1}^{(2)} = w_{j1}^{(3)}$ となる．このような意思決定を行うことで非予想条件を満たしている．

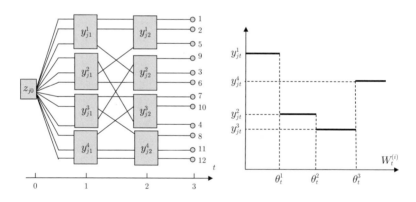

図 **5.10** 混合型モデルの格子構造と階段関数

5.4.5 議論

シナリオ・ツリー・アプローチは，収益率の記述精度は低いが，問題を厳密に解けるので，投資比率に対する大域的最適解の導出が保証される．一方，シ

ミュレーション・アプローチは収益率の記述はより詳細にできるが，問題は近似的にしか解けないので，大域的最適解の導出は保証されない．モデル化の考え方としてどちらを重視するかによって，どちらのアプローチを選択すべきかは変わってくる．最適投資比率は最適化問題の入力値である収益率分布の影響を受けるので，筆者は問題が厳密に解けることよりも前提となる収益率構造を重視できるモデル化を選択し，シミュレーション・アプローチによる多期間モデルを提唱している．シミュレーション・アプローチである混合型モデルはシナリオ・ツリー型モデルに比べて，リスクを適切に評価し，管理できることが示されている [7]．さらに，解析解の特徴を考慮した区分線形モデルも提案されている [11]．経験的にではあるが，反復アルゴリズムを使うことによって，よい近似最適解が得られることも示されている．シナリオ・ツリー・アプローチは多期間モデルの定番アプローチであるが，今後，シミュレーション・アプローチが広がることを期待している．

5.5 まとめ

本稿では資産運用のためのポートフォリオ最適化モデルを中心に金融工学のモデリングについて説明した．資産運用の最適化モデリングだけでも，計画期間は1期間か多期間か，問題の当事者は企業年金か，投資信託か，個人か，運用対象は現物の金融資産だけか派生証券を含むのか，などモデルを構築するためのキャッシュ・フロー・パターンや目的関数も異なる．筆者がモデリングにおいて最も重要だと考えていることは，ファイナンス理論の原則を理解し，実務において利用可能で使いやすいモデルを構築することである．本稿で示したモデルの考え方や方法は応用も含まれており，深く理解をすれば，実際にモデリングを行う際には大いに役立てることができるだろう．

最後に，金融工学モデリングに限らず，心がけてほしいことを3点示す．

(1) 問題解決の基本アイデアを思いついたら，数学モデルによる定式化，モデルの入力パラメータの設定もしくは推定，コンピュータによる実装，データ分析もしくは数値実験，モデルの検証・再検討という一連の作業を行い，フィードバックを繰り返すことが必要である．これはより良い

モデリングをするためには不可欠なプロセスである．

(2) 様々なタイプの問題に使える基本的なモデル化の方法を考える一方で，個々の問題に合わせたモデリングの技術を身につけることも必要である．実際の問題に直面したときに，言葉を数式にうまく換える技術やモデルの考え方を図でイメージする技術は（その逆や組み合わせも含めて），モデリング技術の向上に不可欠であると言っても過言ではない．

(3) 解析解を求める理論モデルを構築しようとして非現実的な仮定を置くことや，その一方で実務で使うためだからといって理論面が粗雑になり過ぎることは避けなければならない．モデルの複雑さは問題が求めている精度に合わせてバランスを勘案し，決めることが重要である．モデリングは「アート」であり，経験を積むことでその素養はさらに培われていくだろう．

参考文献

[1] Black, F., and Scholes, M.: The Pricing of Options and Corporate Liabilities, *Journal of Political Economy*, 81, 637–654, 1973.

[2] Cox, J. C., Ross, S. A., and Rubinstein, M.: Option Pricing: A Simplified Approach, *Journal of Financial Economics*, Vol.7, pp.229–263, 1979.

[3] 枇々木規雄：『金融工学と最適化』，朝倉書店，2001．

[4] 枇々木規雄：戦略的資産配分問題に対する多期間確率計画モデル，*Journal of the Operations Research Society of Japan*, Vol.44(2), pp.169–193, 2001.

[5] 枇々木規雄：最適資産配分問題に対するシミュレーション/ツリー混合型多期間確率計画モデル，高橋 一編，『ジャフィー・ジャーナル 金融工学の新展開』，pp.89–119, 東洋経済新報社，2001．

[6] 枇々木規雄，田辺隆人：『ポートフォリオ最適化と数理計画法』，朝倉書店，2005．

[7] Hibiki, N.: Multi-period Stochastic Optimization Models for Dynamic Asset Allocation, *Journal of Banking and Finance*, Vol. 30(2), pp.365–390, 2006.

[8] 枇々木規雄：多期間最適資産配分モデル，『リスクの科学——金融と保険のモデル分析』（小暮厚之 編著），pp.1–31，朝倉書店，2007．

[9] 枇々木規雄：多期間最適化によるアセットアロケーション，みずほ年金レポート，No.101, pp.18–33, 2012．

[10] 枇々木規雄：ポートフォリオ最適化入門，『オペレーションズ・リサーチ』，Vol.61(6),

pp.335–340, 2016.

[11] Hirano, S. and Hibiki, N.: Multi-period Stochastic Programming Model for State-Dependent Asset Allocation with CVaR, *Journal of the Operations Research Society of Japan*, Vol.58(4), pp.307–329, 2015.

[12] Hull, J. C.: *Options, Futures, and Other Derivative Securities*, 9th ed., Pearson, 2014.（三菱 UFJ モルガン・スタンレー証券 市場商品本部 訳,『フィナンシャルエンジニアリング 第 9 版』, 金融財政事情研究会, 2016.）

[13] Hull, J., and White, A.: Pricing Interest Rate Derivative Securities, *Review of Financial Studies*, Vol.3, pp.573–592, 1990.

[14] Luenberger, D.: *Investment Science*, 2nd Edition, Oxford University Press, 2014.（今野 浩, 鈴木賢一, 枇々木規雄 訳,『金融工学入門 第 2 版』, 日本経済新聞出版社, 2015.）

[15] Markowitz, H.: Portfolio Selection, *Journal of Finance*, Vol.7, No.1, pp.77–91, 1952.

[16] Merton, R. C.: On the Pricing of Corporate Debt: The Risk Structure of Interest Rates, *Journal of Finance*, Vol.29, pp.449–470, 1974.

[17] Zenios, S. A. and Ziemba, W. T.: *Handbook of Asset and Liability Management*, Volume 1: Theory and Methodology, 2006.

[18] Zenios, S. A. and Ziemba, W. T.: *Handbook of Asset and Liability Management*, Volume 2: Applications and Case Studies, 2007.

[19] Ziemba, W. T. and Mulvey, J. M.: *Worldwide Asset and Liability Modeling*, Cambridge University Press, 1998.

6章

待ち行列

滝根哲哉

6.1 はじめに

　誰しも日々の生活の中で何かを待つということを頻繁に経験している．しかし，待つということがあまりにも当たり前のように起こるため，なぜ待たなければならないのか，ということに思いを馳せたことがある人は少ないと思う．待たねばならない原因は様々であるが，その中に，自分が使いたいものが他人に使われているので，それが空くまで待つ，という場合がある．例えば，コンビニやスーパーマーケットのレジ，あるいは駅などのトイレにできる行列はこの典型例である．潜在的な利用者が多数いる一方で，設備や施設には数や処理能力に限りがあるため，運が悪ければ，使いたいと思ってもすぐには使えず，待たされることになる．

　目で直接見ることはできないが，電話やインターネットなど情報通信ネットワークにおいても待ちや混雑が生じる．例えば，広域災害が起こった際には親族・知人の安否を気遣う電話が殺到し，電話が通じにくくなることはよく知られているし，元旦には携帯電話回線が混み合うため，通話制限が掛けられる．インターネットにおいても回線が輻輳することは珍しいことではなく，情報配信を担う各種サーバでもしばしば輻輳が生じている．例えば，あるホームページにアクセスしてもすぐに表示されない，という経験をしたことがあると思うが，それはホームページの情報を格納しているWebサーバあるいはURLをIPアドレスに変換するDNSサーバへ過度の通信要求が到着していることに起因している場合が多い．

　待ち行列モデルとは，このような不特定多数の利用者が，共有する資源（設備や施設）を利用する際に生じる待ちや混雑現象を表現した確率モデルである．

6章 待ち行列

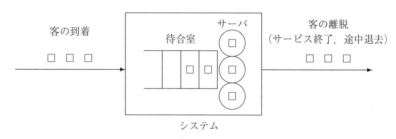

図 **6.1** 待ち行列モデル

本書で扱われている他のモデルと同様，考察対象となる様々なシステムを同一の待ち行列モデルを用いて表現できるため，通常，利用要求を客，共有資源をサーバ，客が一時的に待つ場所を待合室と呼び，サーバと待合室をまとめてシステムと呼ぶ（図 6.1 参照）．基本的な待ち行列モデルは以下の構成要素からなる [19]．

到着過程 客の到着パターンを記述する確率過程，あるいは到着間隔分布．ランダムな到着を表すポアソン過程（独立かつ同一の指数分布に従う到着間隔）が最も基本的であるが，一般の分布に従う到着間隔やバースト的な到着を表現可能なマルコフ型到着過程などもよく用いられる．なお，パラメタ λ ($\lambda > 0$) をもつ指数分布に従う確率変数 X の分布関数は $\Pr(X \leq x) = 1 - \exp(-\lambda x)$ ($x \geq 0$) で与えられ，$E[X] = \lambda^{-1}$ である．

サービス時間分布 一人の客が一つの共有資源を占有する時間の分布．指数分布が最も基本的であるが，分布の形を特に限定しない一般の分布を仮定することも多い．

サーバ数 共有資源の数．同時並行的にサービスを受けることができる客の最大数に対応している．

システム容量 システム内（サーバならびに待合室）に同時に存在できる客の最大数．人が作る行列であれば，通常，何人でも並ぶことができ，そのような場合のシステム容量は無限大である．一方，計算機のような機械の中にできる行列では，メモリが待合室に相当し，その容量は高々有限であるため，システム容量も有限となる．システム内の客数がシステム容量に等し

いときに到着した客はシステムに入れない（これを呼損という）．呼損した客はシステムを永久に去ると仮定する場合が多い．

サービス規律 システム内にいる客のサービス順序を決める規則．通常は先着順サービスだが，ランダム順サービス，後着順サービスなどもある．

上記で書いた五つの要素をそれぞれ確定させると，一つの待ち行列モデルができあがる．通常，上記の要素からなる待ち行列モデルを簡便に表すために，ケンドールの記号が用いられる．ケンドールの記号は $A/B/c/N$ の形をしており，それぞれの記号は到着間隔分布/サービス時間分布/サーバー数/システム容量に対応している．到着間隔分布，サービス時間分布に関しては，M（指数分布），D（一定），G（一般の分布：分布の形に制限を加えない），GI（独立な一般分布：独立性を強調したG）などが用いられる．例えば $M/G/1/3$ は到着間隔が指数分布に従い（ポアソン過程），サービス時間が一般の分布に従い，1サーバ，かつ待合室の容量が $3-1=2$ であるシステムを表す．システム容量が無限大の場合には四つ目の記号は省略して $M/G/1$ のように記す．また，サービス規律が先着順でない場合は，ケンドールの記号の前に明示的に書くことが多い（後着順サービス $M/G/1$ 等）．

考察の対象となるシステムに応じて，基本的な待ち行列モデルに様々な要素を付け加えた標準的なモデルも用意されている．

休暇付き待ち行列モデル 客のサービスが終了した時点で，待ち客がいるにもかかわらず，サーバーが休暇を取り，次の客のサービス開始が延期される可能性があるモデル．休暇の取り方には非常に多くのバリエーションがある．

一時中断する待ち行列モデル 故障などが原因で，客へのサービスが（サービス中でも）一時中断する可能性のあるモデル．

待ち客が途中退去する待ち行列モデル 待ち時間が長い客がサービスを受けることをあきらめ，システムを去る可能性があるモデル．

再呼のある待ち行列モデル システムに空きが無いためシステムに入れなかった到着客や，一旦，システムに入ったが途中退去した客が，後ほど，再びシステムに到着する（これを再呼という）可能性があるモデル．

優先権付き待ち行列モデル 到着客を複数のクラスに分け，特定のクラスの客を

6 章　待ち行列

優先的にサービスするモデル．

　待ち，あるいは混雑といった現象を特徴付ける量としては，系内客数（システム内にいる客の数）や客の待ち時間あるいは系内滞在時間（システム内に滞在している時間：待ち時間とサービス時間の和）が代表的である．また，システム容量が有限の場合は，到着した客の内，システムに入ることができない客の割合を表す呼損率にも興味がある．

　ここで注意すべきことは，これらの量は確定的なものではない，ということである．例えば，系内客数は時間とともに変化する量（連続時間確率過程）であり，待ち時間や系内滞在時間は客毎に異なる値をとる量（離散時間確率過程）である．そのため，系内客数や待ち時間に関して何が分かれば十分か，という点に関して一般論を展開することは難しい．これらの量に関する最も詳細な情報は，時刻 t における系内客数 $L(t)$ や n 番目の客の待ち時間 W_n に関する分布であるが，時刻や客に依存する分布が入手できたとしても，意思決定や問題解決にどの程度生かせるか，と問われると心許ない．むしろ，これらの情報は詳細すぎて使いにくいと感じることの方が多いのではないかと思う．

　それゆえ，粗い指標，例えば，平均系内客数や平均待ち時間でシステムの大まかな振る舞いを捉えるという話が出てくることになる．ここで，待ち行列モデルに関連して現れる平均には二通りあることに注意する．一つは，客毎に一つの値があり，それらの算術平均をとったものである．例えば，n 番目の客の待ち時間を W_n としたとき，最初の N 人に対する平均待ち時間 $\overline{W}_N$ は

$$\overline{W}_N = \frac{1}{N} \sum_{n=1}^{N} W_n$$

で与えられる．この算術平均という形は待ち時間の分布を考える際にも現れる．準備として，事象 χ に対する指示関数 $I(\chi)$ を次式で定義する．

$$I(\chi) = \begin{cases} 1, & 事象 \chi が起こる \\ 0, & その他 \end{cases}$$

このとき，最初の N 人の待ち時間に関する分布関数 $\overline{W}_N(x)$（待ち時間が x 以下である客の割合）は

6.1 はじめに

$$\overline{W}_N(x) = \frac{1}{N} \sum_{n=1}^{N} I(W_n \leq x) \tag{6.1}$$

で与えられる．システムに入ることができない客の割合を表す呼損率も同様で，最初の N 人に関する呼損率 $\overline{P}_{\text{loss},N}$ は

$$\overline{P}_{\text{loss},N} = \frac{1}{N} \sum_{n=1}^{N} I(n \text{ 番目の客が呼損する})$$

で与えられる．このように，個々の客がもつ指標の値の算術平均を客平均という．

では，系内客数に関してはどのようになるか．例えば，時間間隔 $(0, T]$ の間，系内客数 $L(t)$ を観測したとすると，平均系内客数 $\overline{L}_T$ は

$$\overline{L}_T = \frac{1}{T} \int_0^T L(t) \mathrm{d}t$$

で与えられる．これは観測期間 $(0, T]$ の間の延べ系内客数（次元は人数 × 時間）を観測期間長 T で割ったものになっている．また，系内客数が k 人 $(k = 0, 1, \ldots)$ である確率 $\overline{L}_T(k)$ は，時間間隔 $(0, T]$ の中で $L(t) = k$ となっている時間の割合

$$\overline{L}_T(k) = \frac{1}{T} \int_0^T I(L(t) = k) \mathrm{d}t$$

で与えられる．このように観測期間内で累積した指標の値を観測期間長で割った量を時間平均という．

待ち行列モデルを作って，計算機上でシミュレーション実験を行う場合には，入手したデータを上記のような形で性能指標に加工すればよい．ただし，W_n や $L(t)$ は確率変数であるため，上記であげた $\overline{W}_N$，$\overline{W}_N(x)$，$\overline{P}_{\text{loss},N}$，$\overline{L}_T$，$\overline{L}_T(k)$ も全て確率変数（標本平均）であることに注意しなければならない．すなわち，これらの値は確率的にしか定まらず，独立なシミュレーション実験を複数回行えば，毎回，異なる値を手にすることになる．

そのため，対象となる客数 N あるいは観測期間長 T を無限大としたときの極限を考えることが多い[1]．適当な条件が整っている場合には，上記の性能指標

---

[1] 客平均，時間平均という言葉は，通常，N あるいは T の極限を取った量に対して用いられるが，本章では，これらが有限の場合にも用いている．

6 章　待ち行列

は全て定数に収束するが，その収束速度はモデルに依存しており，どの程度の N あるいは T で十分かという事前の目安は，一般には存在しない．また，極限における値だけが分かったとしても，それが待ち行列モデルを規定する到着間隔分布やサービス時間分布とどのような関係にあるかという問いに対して，明確な答えを返すことはできない．

これが待ち行列モデルを数理的に扱う動機となる．すなわち，待ち行列モデルが与えられたとき，上記で例示したような性能指標に極限が存在するか否かの判定方法と，極限が存在する場合，その極限値が待ち行列モデルを規定する諸量とどのような関係にあるかを明らかにしたい．もし，その極限値が待ち行列モデルを規定する諸量によって明示的かつ簡便な形で与えられるならば，待ち行列モデルを数理的に取り扱う目的はほぼ達成されるが，残念ながら，このようなことができるのは比較的単純なモデルに限られる．

したがって，多くの場合，性能指標を計算する効率的なアルゴリズムの開発を目指すことになる．具体的には，待ち行列モデルにおける系内客数や待ち時間を乱歩やマルコフ連鎖など，確率過程として定式化し，その定常分布を解析的に求めたり，数値計算したりすることに帰着される．待ち行列モデルを扱う理論は待ち行列理論と呼ばれるが，これは待ち行列モデルに由来する確率過程の解析法を指し，応用確率論の一分野である．

例として，先着順サービス単一サーバ待ち行列モデル (G/G/1) の待ち時間過程を考える [9]．T_n $(n = 0, 1, \ldots)$ で n 番目の客の到着時刻を表し，S_n $(n = 0, 1, \ldots)$ で n 番目の客のサービス時間を表す．さらに W_n $(n = 0, 1, \ldots)$ で n 番目の客の待ち時間を表すと，リンドレーの式 (Lindley's equation)

$$W_{n+1} = \max(0, W_n + S_n - (T_{n+1} - T_n)), \quad n = 0, 1, \ldots \tag{6.2}$$

によって待ち時間 W_n $(n = 1, 2, \ldots)$ が逐次的に決定される．なお，$T_{n+1} - T_n$ は n 番目と $n + 1$ 番目の客の到着間隔を表している．

リンドレーの式 (6.2) は以下のような観察から得られる（図 6.2 参照）．まず，

$$W_n + S_n - (T_{n+1} - T_n) = T_n + W_n + S_n - T_{n+1}$$

に注意する．時刻 T_n で到着した n 番目の客は時刻 $T_n + W_n$ でサービスを開始

6.1 はじめに

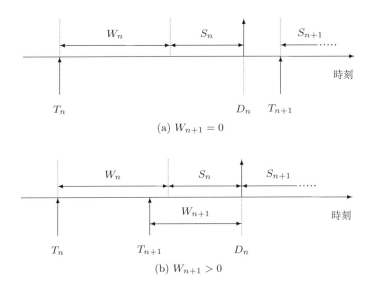

図 **6.2** G/G/1 の待ち時間（リンドレーの式）

した後，時刻 $D_n = T_n + W_n + S_n$ でサービスを終了してシステムから離脱する．もし，$D_n \leq T_{n+1}$ ならば，$n+1$ 番目の到着は n 番目の客の離脱後に起こるので，$W_{n+1} = 0$ である．一方，$T_{n+1} < D_n$ ならば，$n+1$ 番目の客は，n 番目の客のサービス終了まで待たなければならず，$W_{n+1} = D_n - T_{n+1}$ となる．これらをまとめると式 (6.2) が得られる．

リンドレーの式 (6.2) から，単一サーバ待ち行列モデルにおける待ち時間過程 $\{W_n\}_{n=1,2,\ldots}$ は，客の到着時刻とその客のサービス時間の組からなる入力過程 $\{(T_n, S_n)\}_{n=0,1,\ldots}$ と初期値 W_0 によって完全に特徴付けられることが分かる．なお，$\{(T_n, S_n)\}_{n=0,1,\ldots}$ の代わりに到着間隔とサービス時間の組 $\{(T_{n+1} - T_n, S_n)\}_{n=0,1,\ldots}$ を入力過程としても良い．

ここで，リンドレーの式 (6.2) を以下のように書き換える．

$$W_{n+1} = \max(0, W_n + U_n), \quad n = 0, 1, \ldots \qquad (6.3)$$

ただし，U_n は次式で与えられる．

$$U_n = S_n - (T_{n+1} - T_n), \quad n = 0, 1, \ldots \qquad (6.4)$$

165

6章 待ち行列

W_n $(n=1,2,\ldots)$ の物理的な意味を無視して,式 (6.3) によって生み出される系列 W_n $(n=1,2,\ldots)$ を,数直線上を動く点の位置としてとらえてみる.次の点の位置 W_{n+1} は,基本的には,現在の点の位置 W_n に確率的に定まる U_n を加えた位置となるが,その位置が負軸上となる場合は,全て原点に移動する ($W_{n+1}=0$).このような点の動作を表す確率過程は,(原点に非弾性的な壁をもつ)乱歩と呼ばれる.

式 (6.3) を再帰的に計算していくと $W_1 = \max(0, U_0+W_0)$,$W_2 = \max(0, \max(0, U_0+W_0) + U_1) = \max(0, U_1, U_1+U_0+W_0)$ のようになり,一般に次式が成立することが分かる.

$$W_n = \max(0, U_{n-1}, U_{n-1}+U_{n-2}, U_{n-1}+U_{n-2}+U_{n-3}, \ldots,$$
$$U_{n-1}+U_{n-2}+\cdots+U_1, U_{n-1}+U_{n-2}+\cdots+U_0+W_0)$$

もう少し話を先に進めるため,$\{U_n\}_{n=0,1,\ldots}$ が独立かつ同一の分布に従う確率変数列であると仮定する.これは元の待ち行列モデルが GI/G/1 であることに相当する.この場合,U_n と U_m $(n \neq m)$ を互いに交換しても分布は変わらない.そこで,U_i $(i=0,1,\ldots,n-1)$ の添え字 i を $n-1-i$ に付け替えることで,以下で与えられる W_n と同じ分布に従う確率変数 W'_n が得られる.

$$W'_n = \max(0, U_0, U_0+U_1, U_0+U_1+U_2, \ldots,$$
$$U_0+U_1+\cdots+U_{n-2}, U_0+U_1+\cdots+U_{n-1}+W_0)$$

さらに見通しを良くするため $W_0=0$(乱歩は原点から始まる,あるいは,時点 0 以降,初めて $W_m=0$ となった時点 m を改めて時点 0 と置き直す)と仮定し,$\overline{U}_n$ を次式で定義する.

$$\overline{U}_n = \sum_{m=0}^{n-1} U_m, \quad n=1,2,\ldots$$

このとき W_n と同じ分布に従う W'_n は次式で与えられる.

$$W'_n = \max(\overline{U}_0, \overline{U}_1, \overline{U}_2, \ldots, \overline{U}_{n-1}, \overline{U}_n) \tag{6.5}$$

ただし,$\overline{U}_0=0$ である.なお

6.1 はじめに

$$W'_{n+1} = \max(\overline{U}_0, \overline{U}_1, \overline{U}_2, \ldots, \overline{U}_n, \overline{U}_{n+1})$$
$$= \max(\max(\overline{U}_0, \overline{U}_1, \overline{U}_2, \ldots, \overline{U}_n), \overline{U}_{n+1})$$
$$= \max(W'_n, \overline{U}_{n+1}) \tag{6.6}$$

となるため，$\{W'_n\}_{n=1,2,\ldots}$ は標本路毎に非減少な値を取る確率変数列である．

$W_0 = 0$ のとき，元の GI/G/1 待ち行列モデルにおける n 番目の客の待ち時間 W_n は式 (6.5) で与えられる W'_n と同じ分布に従うが，$\{W'_n\}_{n=1,2,\ldots}$ とは異なり，$\{W_n\}_{n=1,2,\ldots}$ は標本路毎に非減少な値を取る確率変数列ではないことに注意する．ここで主張していることは，各 n に対して W_n と W'_n の分布が等しい，すなわち $\Pr(W_n \leq x) = \Pr(W'_n \leq x)$ $(x \geq 0)$ である．さらに，式 (6.6) で与えられる $\{W'_n\}_{n=1,2,\ldots}$ の構造から

$$\Pr(W_{n+1} \leq x) = \Pr(W'_{n+1} \leq x) = \Pr(\max(W'_n, \overline{U}_{n+1}) \leq x)$$
$$= \Pr(W'_n \leq x, \overline{U}_{n+1} \leq x) \leq \Pr(W'_n \leq x)$$

となり，$\Pr(W_{n+1} \leq x) \leq \Pr(W_n \leq x)$ $(x \geq 0)$ を得る．すなわち，$\Pr(W_n > x) \leq \Pr(W_{n+1} > x)$ が全ての x $(x \geq 0)$ について成立する．端的にいえば，$W_0 = 0$ のとき，W_n $(n = 1, 2, \ldots)$ は n が大きいほど，大きな値を取りやすくなる．

さらに，$\Pr(W_n \leq x)$ $(n = 0, 1, \ldots)$ は n に関して非増加であり，確率の下限は 0 であることから，極限分布関数 $W_\infty(x)$ が存在する．

$$W_\infty(x) = \lim_{n \to \infty} \Pr(W_n \leq x), \quad x \geq 0$$

この極限分布関数 $W_\infty(x)$ は，完全な場合 ($\lim_{x \to \infty} W_\infty(x) = W_\infty(\infty) = 1$) とそうではない場合がある．完全でない場合，到着した客の内，割合 $1 - W_\infty(\infty)$ の客の待ち時間は無限大となり，永久にサービスを受けることができない．一方，完全な場合には永久にサービスを受けることができない客が生じる確率は 0 であり，そのような場合，GI/G/1 待ち行列モデルは安定 といわれる．

増分過程 $\{U_n\}_{n=0,1,\ldots}$ の平均を $\mathrm{E}[U]$ とする．$\Pr(U_n = 0) < 1$ である（すなわち，恒等的に $U_n = 0$ ではない）場合，G/G/1 待ち行列モデルが安定であ

るための必要十分条件は

$$\mathrm{E}[U] < 0 \tag{6.7}$$

で与えられる．U_n の定義 (6.4) から，

$$\mathrm{E}[U_n] = \mathrm{E}[S_n - (T_{n+1} - T_n)] = \mathrm{E}[S_n] - \mathrm{E}[T_{n+1} - T_n]$$

となるため，平均サービス時間を $\mathrm{E}[S]$，平均到着間隔を $\mathrm{E}[I_A]$ とすると

$$\mathrm{E}[S] < \mathrm{E}[I_A] \tag{6.8}$$

が安定条件となる．すなわち，平均サービス時間よりも平均到着間隔の方が大きいとき，そのときに限りシステムは安定である．

待ち行列モデルを議論する際，客の到着を特徴付ける基本的な量として，客の平均到着間隔の代わりに平均到着率を用いることが多い．平均到着率 λ とは，単位時間当たりにシステムへ到着する客数の平均を指し，再生理論の結果から，これは平均到着間隔の逆数に等しくなる．

$$\lambda = \lim_{T \to \infty} \frac{N_A(T)}{T} = \frac{1}{\mathrm{E}[I_A]}$$

ただし，$N_A(T)$ は時間間隔 $(0, T]$ の間に到着する客数を表す．平均到着率が平均到着間隔の逆数で与えられるという結果を感覚的に理解するため，以下のような例を考える．あるバス停を出発するバスは，平均すると 20 分に 1 本あるとする．これを聞けば 1 時間に平均 3 本ぐらい，バスが出発すると思うだろう．すなわち，1 時間を単位時間にとると，$\mathrm{E}[I_A] = 1/3$ であり，それは $\lambda = 3$ ($= 1$ 時間$/\mathrm{E}[I_A]$) を意味している．

平均到着率 λ を用いると，式 (6.8) で与えられる G/G/1 待ち行列モデルの安定条件は

$$\lambda \mathrm{E}[S] < 1 \tag{6.9}$$

と書くことができる．なお，$\rho = \lambda \mathrm{E}[S]$ はトラヒック強度と呼ばれる．さらに $\Pr(U_n = 0) < 1$ であり，かつ安定な GI/G/1 待ち行列の場合，式 (6.1) で与

えた標本路上の分布関数の極限は，上記の極限分布関数に収束する．

$$\lim_{N\to\infty} \overline{W}_N(x) = W_\infty(x), \quad x \geq 0$$

このように，(i) 一つの標本路上において，極限 $\lim_{N\to\infty} \overline{W}_N(x)$ が確率 1 で存在し，かつ確率 1 で標本路に依存しない定数となり，(ii)（初期分布 $\Pr(W_0 \leq x)$ に依存せず）極限分布関数 $\lim_{n\to\infty} \Pr(W_n \leq x)$ が存在し，(iii) 両者が一致する，という性質をエルゴード性という．

系内客数過程 $\{L(t)\}_{t\geq 0}$ を考察する際には，到着間隔 $T_{n+1}-T_n$ $(n=0,1,\ldots)$ やサービス時間 S_n $(n=0,1,\ldots)$，あるいは，これらの組からなる確率変数が従う分布を特定の分布族に限定する場合が多い．その上で，系内客数過程 $\{L(t)\}_{t\geq 0}$，あるいはサービス終了直後や到着直前で観察した系内客数を表す離散時間過程 $\{L_n\}_{n=0,1,\ldots}$ をマルコフ性を利用して議論することになる．ここでも議論の中心は，待ち時間の場合と同様に，系内客数の極限分布である．

先に進む前に，待ち行列理論における最も基本的な結果である，リトルの法則 (Little's law) について触れておく．安定なシステムを考え，慣例にならって，そのシステムにおける平均到着率を λ，平均系内客数を L，平均系内滞在時間を W と記す．このとき，次式が成立する．

$$L = \lambda W \tag{6.10}$$

リトルの法則の本質的な部分は，時間平均である L と客平均である W を関連づけている点にある．厳密な証明は [13] に譲り，ここでは直感的にリトルの法則が成立することを説明する．ある待ち行列システムを運営しており，システム内にいる各客から 1 秒当たり 1 円の使用料金を徴収すると仮定する．平均系内客数が L ならば，1 秒当たり平均 L 円の収入が得られるため，このシステムを T 秒間，運営したとすると，総収入は平均 LT である．一方，平均到着率が λ ならば T 秒間に平均 λT 人の客がやってくる．これらの客は平均 W 秒だけシステムに滞在するので，一人当たり，平均 W 円支払うことになる．それゆえ，客が支払う使用料金の平均総額は $\lambda T \times W$ 円であり，これは総収入の平均 LT に等しい．よって，式 (6.10) が成立する．

リトルの法則はシステムの内部構造には何も言及していない．そのため，サー

バ数やサービス規律に関わらず成立する．また，ここでいうシステムは，図 6.1 で示した領域である必要はなく，待合室のみ，あるいはサーバ群のみをシステムと見なしても良い．待合室のみをシステムと見なしたとき，L は平均待ち客数，W は平均待ち時間である．また，サーバ群のみをシステムと見なしたとき，L はサービス中の客の平均数，W は平均サービス時間である（$L = \lambda \mathrm{E}[S]$）．すなわち，サービス中の客の平均数はトラヒック強度 $\rho = \lambda \mathrm{E}[S]$ と一致し，特に，単一サーバの場合

$$\text{サービス中の客の平均数} = 0 \times \Pr(\text{システムが空}) + 1 \times \Pr(\text{サービス中})$$

であるため，サーバがサービス中である確率（時間平均）と等しくなり，トラヒック強度 ρ は利用率とも呼ばれる．

6.2 系内客数分布と構造化されたマルコフ連鎖

本節では，到着間隔あるいはサービス時間が従う分布を特定の分布に限定した待ち行列モデルにおける系内客数分布について議論する．このような待ち行列モデルでは，モデルに応じて適切な観察点を選び，観察点における系内客数をマルコフ連鎖として表現することで，系内客数分布に関する情報をマルコフ連鎖の定常分布を通じて得るのが標準的な接近法である [17]．

6.2.1　M/G/1 待ち行列モデルと GI/M/1 待ち行列モデル

最初の例として，客の到着がポアソン過程に従い，サービス時間が独立かつ同一の一般分布に従う M/G/1 待ち行列モデル を考える．A_n $(n = 1, 2, \ldots)$ を n 番目の客のサービス時間の間に新たにシステムに到着した客数と定義する．このとき，n 番の客のサービスが終了し，客がシステムから離脱した直後の系内客数 L_n $(n = 0, 1, \ldots)$ は次式で特徴付けられる．

$$L_{n+1} = \max(0, L_n - 1) + A_{n+1}, \quad n = 0, 1, \ldots \tag{6.11}$$

式 (6.11) は以下のような観察から得られる．n 番目の客のサービス終了直後に系内客数が 0 であった場合 ($L_n = 0$)，サーバは次の到着を待ち，到着があると直ちにサービスを開始する．もし，サービス中に新たに k 人 ($k \geq 0$)

6.2 系内客数分布と構造化されたマルコフ連鎖

の客が到着すれば ($A_{n+1} = k$), そのサービスの終了直後には k 人の客がいる ($L_{n+1} = k$).

一方, n 番目の客のサービス終了直後に系内客数が m 人 ($m \geq 1$) であった場合 ($L_n = m$), サーバは直ちに次の客のサービスを開始する. もし, サービス中に新たに k 人 ($k \geq 0$) の客が到着すれば ($A_{n+1} = k$), そのサービスの終了直後には $m - 1 + k$ 人の客がいる ($L_{n+1} = m - 1 + k$). これらをまとめて式 (6.11) を得る.

平均到着率 λ をもつポアソン過程に従い客が到着するとき, 交わらない区間に到着する客数は互いに独立となる. さらに区間長 x の間に到着する客数は平均 λx のポアソン分布に従うため, サービス時間の分布関数を $S(x)$ とすると

$$a_k = \Pr(A_{n+1} = k) = \int_0^\infty e^{-\lambda x} \frac{(\lambda x)^k}{k!} dS(x), \quad k = 0, 1, \ldots$$

が全ての n ($n = 0, 1, \ldots$) に対して成立する. なお, 上式に現れる積分の被積分関数はサービス時間が x であったという条件下で, その間に k 人の客が到着する確率を表しており, それにサービス時間が (およそ) x である確率 $dS(x)$ をかけて, 全ての場合について足し合わせる (積分する) ことで, k 人到着する確率を求めている.

ここで $Q_n = \max(0, L_n - 1)$ ($n = 0, 1, \ldots$) と定義する. Q_n は n 番目のサービスの終了直後において, 引き続きサービスを待たなければならない待ち客数を表している. 式 (6.11) から, $L_{n+1} = Q_n + A_{n+1}$ に注意する. これを用いて式 (6.11) を書き換えると

$$Q_{n+1} = \max(0, Q_n + A_{n+1} - 1), \quad n = 0, 1, \ldots \tag{6.12}$$

を得る. $U_n = A_{n+1} - 1$ と見なせば, 式 (6.12) が式 (6.3) の特別な場合であることが分かる. また, M/G/1 待ち行列モデルは GI/G/1 待ち行列モデルの特別な場合であるため, 安定条件は式 (6.9) で与えられる.

サービス時間が独立かつ同一の分布に従う場合, L_n と A_{n+1} は独立となる. よって $\{L_n\}_{n=0,1,\ldots}$ は斉時な離散時間マルコフ連鎖となり, その遷移確率 $p_{i,j} = \Pr(L_{n+1} = j \mid L_n = i)$ ($i, j = 0, 1, \ldots$) は n とは独立に

6 章　待ち行列

$$p_{i,j} = \begin{cases} a_j, & i = 0 \\ a_{j-i+1}, & i \geq 1, j = i-1, i, i+1, \ldots \\ 0, & その他 \end{cases}$$

で与えられる．さらに $p_{i,j}$ を (i,j) 要素にもつ遷移確率行列 $\boldsymbol{P}$ は以下の形を取る．

$$\boldsymbol{P} = \begin{pmatrix} a_0 & a_1 & a_2 & a_3 & \cdots \\ a_0 & a_1 & a_2 & a_3 & \cdots \\ 0 & a_0 & a_1 & a_2 & \cdots \\ 0 & 0 & a_0 & a_1 & \cdots \\ \vdots & \vdots & \vdots & \vdots & \ddots \end{pmatrix} \tag{6.13}$$

式 (6.9) が成立する場合，式 (6.13) で与えられる遷移確率行列をもつ離散時間マルコフ連鎖 $\{L_n\}_{n=0,1,\ldots}$ はエルゴード的である．以下では，式 (6.9) が成立すると仮定する．さらに，サービス終了直後の系内客数過程 $\{L_n\}_{n=0,1,\ldots}$ の定常分布を $\boldsymbol{\pi} = (\pi_0 \ \pi_1 \ \cdots)$ と定義する．$\pi_k \ (k=0,1,\ldots)$ は定常状態において客の離脱直後の系内客数が k 人である確率を表す．

式 (6.13) に限らず，一般に，遷移確率行列 $\boldsymbol{P}$ をもつエルゴード的な離散時間マルコフ連鎖の定常分布 $\boldsymbol{\pi} = (\pi_0 \ \pi_1 \ \cdots)$ は

$$\boldsymbol{\pi} = \boldsymbol{\pi} \boldsymbol{P}, \qquad \boldsymbol{\pi} \mathbf{1} = 1$$

を満たす唯一の正ベクトルで与えられる．ただし，$\mathbf{1}$ は全ての要素が 1 の適当な次元をもつ列ベクトルである．なお，$\boldsymbol{\pi} = \boldsymbol{\pi} \boldsymbol{P}$ は大域平衡方程式と呼ばれる．トラヒック強度を $\rho = \lambda \mathrm{E}[S]$ としたとき，大域平衡方程式を吟味することで $\pi_0 = 1 - \rho$ が得られ，$\pi_k \ (k=1,2,\ldots)$ は次式によって再帰的に決定される．

$$\pi_k = \frac{1}{a_0} \left[\pi_0 \left(1 - \sum_{j=0}^{k-1} a_j \right) + \sum_{i=1}^{k-1} \pi_i \left(1 - \sum_{j=0}^{k-i} a_j \right) \right], \quad k = 1, 2, \ldots$$

この定常分布 $\boldsymbol{\pi} = (\pi_0 \ \pi_1 \ \cdots)$ は客平均であることに注意する．すなわち，サービスを終了した客毎に離脱時点における系内客数という量があり，総客数

6.2 系内客数分布と構造化されたマルコフ連鎖

を無限大の極限に取ったときの客平均がこの定常分布に対応する．

$$\pi_k = \lim_{N \to \infty} \frac{1}{N} \sum_{n=1}^{N} I(L_n = k), \quad k = 0, 1, \ldots$$

M/G/1 待ち行列モデルの場合，系内客数過程 $\{L(t)\}_{t \geq 0}$ が変化する時点における増減が ± 1 に制限されている単位階段関数であることから，客の離脱直後における系内客数の定常分布は客の到着直前における系内客数の定常分布と等しい．さらに，客の到着がポアソン過程に従うため，定常状態における客の到着直前の系内客数分布は時間平均で与えられる系内客数分布に等しい（この性質をパスタ (PASTA: Poisson Arrivals See Time Averages) という）．よって，時間平均で与えられる系内客数の定常分布は離脱直後の定常分布 $\boldsymbol{\pi} = (\pi_0 \ \pi_1 \cdots)$ と等しい．

系内客数分布が容易に計算可能なもう一つの代表例は，客の到着間隔が独立かつ同一の分布に従い，サービス時間が指数分布に従う GI/M/1 待ち行列モデル である．このモデルでは，客の到着直前の系内客数に注目すると都合がよい．n 番目の客の到着直前における系内客数 L_n $(n = 0, 1, \ldots)$ は

$$L_{n+1} = \max(0, L_n + 1 - B_{n+1}), \quad n = 0, 1, \ldots \tag{6.14}$$

で特徴付けられる．ただし B_{n+1} $(n = 0, 1, \ldots)$ は，n 番目と $n+1$ 番目の客の到着間隔の間にサーバが休むことなくサービスをし続けたと仮定した場合に，サービスを完了することができる客の数を表す．

式 (6.14) は以下のような観察から得られる．n 番目の客が到着する直前の系内客数は L_n なので，n 番目の客が到着した直後の系内客数は $L_n + 1$ である．その後，$n+1$ 番目の到着が起こるまでに X_{n+1} 人の客のサービスが完了すると，$n+1$ 番目の客の到着直前の系内客数 L_{n+1} は

$$L_{n+1} = L_n + 1 - X_{n+1}, \quad n = 0, 1, \ldots \tag{6.15}$$

で与えられる．待ち客数が十分に大きければ B_{n+1} 人の客のサービスが完了することになるが，実際には，次の到着までに高々 $L_n + 1$ 人のサービスしか行うことができない．すなわち

6章　待ち行列

$$X_{n+1} = \min(B_{n+1}, L_n + 1)$$

であり，これを用いて式 (6.15) を書き換えると式 (6.14) が得られる．

客のサービス時間が独立かつ同一の平均 μ^{-1} の指数分布に従う場合，交わらない区間にサービスを完了できる客数は互いに独立となるため，到着間隔の分布関数を $A(x)$ としたとき，

$$b_k = \Pr(B_{n+1} = k) = \int_0^\infty e^{-\mu x} \frac{(\mu x)^k}{k!} dA(x), \quad k = 0, 1, \ldots$$

が全ての n $(n = 0, 1, \ldots)$ に対して成立する．

再び，式 (6.14) が式 (6.3) の特別な場合であることに注意する．すなわち，GI/M/1 待ち行列の安定条件は，式 (6.7) より

$$\mathrm{E}[1 - B_{n+1}] = 1 - \mu \mathrm{E}[I_A] < 0 \tag{6.16}$$

で与えられる．ただし $\mathrm{E}[I_A]$ は平均到着間隔である．

到着間隔が独立かつ同一の分布に従う場合，L_n と B_{n+1} は独立な確率変数となる．よって $\{L_n\}_{n=0,1,\ldots}$ は斉時な離散時間マルコフ連鎖となり，その遷移確率 $p_{i,j} = \Pr(L_{n+1} = j \mid L_n = i)$ $(i, j = 0, 1, \ldots)$ は n とは独立に

$$p_{i,j} = \begin{cases} \overline{b}_{i+1} & j = 0 \\ b_{i+1-j}, & j = 1, 2, \ldots, i+1 \\ 0, & その他 \end{cases}$$

で与えられる．ただし

$$\overline{b}_k = \sum_{i=k}^\infty b_i = 1 - \sum_{i=0}^{k-1} b_i, \quad k = 1, 2, \ldots$$

さらに，この $p_{i,j}$ を (i,j) 要素にもつ遷移確率行列 $\boldsymbol{P}$ は以下の形を取る．

$$\boldsymbol{P} = \begin{pmatrix} \overline{b}_1 & b_0 & 0 & 0 & \cdots \\ \overline{b}_2 & b_1 & b_0 & 0 & \cdots \\ \overline{b}_3 & b_2 & b_1 & b_0 & \cdots \\ \overline{b}_4 & b_3 & b_2 & b_1 & \cdots \\ \vdots & \vdots & \vdots & \vdots & \ddots \end{pmatrix} \tag{6.17}$$

6.2 系内客数分布と構造化されたマルコフ連鎖

式 (6.16) が成立するとき，式 (6.17) で与えられる遷移確率行列をもつ離散時間マルコフ連鎖 $\{L_n\}_{n=0,1,\ldots}$ はエルゴード的である．以下では，式 (6.16) が成立すると仮定する．このとき，客の到着直前における系内客数過程 $\{L_n\}_{n=0,1,\ldots}$ の定常分布は，大域平衡方程式 $\boldsymbol{\pi} = \boldsymbol{\pi} \boldsymbol{P}$ ならびに正規化条件 $\boldsymbol{\pi} \mathbf{1} = 1$ を満たす唯一の正ベクトル $\boldsymbol{\pi} = (\pi_0 \ \pi_1 \ \cdots)$ である．式 (6.16) が成立するとき，$\omega = \sum_{k=0}^{\infty} b_k \omega^k$ を満たす 1 未満の正数 ω が唯一定まり，これを用いて，客の到着直前における系内客数過程 $\{L_n\}_{n=0,1,\ldots}$ の定常分布 $\{\pi_k\}_{k=0,1,\ldots}$ はパラメタ ω をもつ幾何分布で与えられる．

$$\pi_k = (1-\omega)\omega^k, \quad k = 0, 1, \ldots$$

M/G/1 待ち行列モデルの場合と同様に，GI/M/1 待ち行列モデルにおける客の到着直前の系内客数の定常分布 $\boldsymbol{\pi} = (\pi_0 \ \pi_1 \ \cdots)$ は客平均である．時間平均で与えられる系内客数の定常分布 $\boldsymbol{p} = (p_0 \ p_1 \ \cdots)$ は，半マルコフ過程 [3] の結果を利用すると，トラヒック強度 $\rho = (\mu \mathrm{E}[I_A])^{-1}$ を用いて，次式で与えられる．

$$p_0 = 1 - \rho, \qquad p_k = \rho \pi_{k-1}, \quad k = 1, 2, \ldots$$

離散時間マルコフ連鎖の定常分布を求めることは大域平衡方程式 $\boldsymbol{\pi} = \boldsymbol{\pi} \boldsymbol{P}$ の解を見いだすことに帰着されるが，状態数が無限の場合，一般には非常に困難である．M/G/1 ならびに GI/M/1 待ち行列モデルの系内客数過程から派生する離散時間マルコフ連鎖の定常分布が上記のように求まる理由は

 (i) 空間的同質性，　 (ii) 飛び越し無し (skip-free)

という二つの性質による．空間的同質性とは系内客数過程 $\{L_n\}_{n=0,1,\ldots}$ を数直線上の乱歩と見立てたとき，境界部分 ($L_n = 0$) を除いて，増分 U_n が L_n と独立であるという性質を指す．また，飛び越し無しとは，$\{L_n\}_{n=0,1,\ldots}$ における 1 ステップでの増加あるいは減少が高々 1 であることを指す．例えば，M/G/1 待ち行列モデルでは値が減少する方向には高々 1 しか進まず（左飛び越し無し），GI/M/1 待ち行列モデルでは値が増加する方向には高々 1 しか進まない（右飛

び越しなし).このように,空間的な同質性と飛び越し無しという性質があれば,定常分布を求めることができる.

6.2.2 相型分布

前項の例では到着間隔あるいはサービス時間が指数分布に従っていると仮定したが,より一般的なモデルを構築する数学的道具として,相型分布 (phase-type distribution) がある.相型分布とは,有限状態をもつ連続時間吸収マルコフ連鎖において,吸収されるまでの時間 A が従う分布の総称である.一般に,吸収マルコフ連鎖の状態は過渡的な状態と吸収状態に分類され,過渡的な状態間で推移を繰り返すうちに,いずれ吸収状態への推移が起こり,その後はその吸収状態に留まり続ける.以下では,相型分布を定める吸収マルコフ連鎖 $\{X(t);\ t \geq 0\}$ における過渡的状態を相 (phase) と呼び,相の総数を M,相の集合を $\mathcal{M} = \{1, 2, \ldots, M\}$ とする.

一般に,吸収マルコフ連鎖は初期時点での相の確率分布を表す M 次元行ベクトル $\boldsymbol{\alpha}$ と,吸収されるまでに起こる相の間での推移を表現する M 次元推移率行列 $\boldsymbol{Q}$ によって定められる.ただし,$\boldsymbol{\alpha}$ の i 番目 ($i \in \mathcal{M}$) の要素 $[\boldsymbol{\alpha}]_i$ は初期時点での相が i である確率を表し,これらの総和は 1 であると仮定する.また,行列 $\boldsymbol{Q}$ の (i, j) 番目の非対角要素 $q_{i,j}$ は相 i から相 j への推移率を表す.

$$q_{i,j} = \lim_{\Delta t \to 0} \frac{\Pr(X(t + \Delta t) = j \mid X(t) = i)}{\Delta t}$$

さらに,$\boldsymbol{Q}$ の i 番目の対角要素 $q_{i,i}$ は,相 i から,吸収状態あるいは他の相へ推移する率の総和に -1 を掛けたものとして与えられる.$\boldsymbol{\alpha}$,$\boldsymbol{Q}$ が与えられたとき,連続時間吸収マルコフ連鎖が吸収されるまでの時間は $(0, \infty)$ 上の確率分布を定め,これを表現 $(\boldsymbol{\alpha}, \boldsymbol{Q})$ をもつ相型分布という.

一般に,表現 $(\boldsymbol{\alpha}, \boldsymbol{Q})$ をもつ相型分布の分布関数 $F(x) = \Pr(A \leq x)$ は

$$F(x) = 1 - \boldsymbol{\alpha} \exp[\boldsymbol{Q}x] \mathbf{1}, \quad x \geq 0$$

で与えられ,その平均は $\boldsymbol{\alpha}(-\boldsymbol{Q})^{-1}\mathbf{1}$ である.すなわち,A の分布関数は初期時点での相が $i \in \mathcal{M}$ であるときの分布関数 $F_i(x) = 1 - [\exp[\boldsymbol{Q}x]\mathbf{1}]_i$ を,初期時点での相の確率分布に対応する重み α_i で混合した混合分布である.確率 1

6.2 系内客数分布と構造化されたマルコフ連鎖

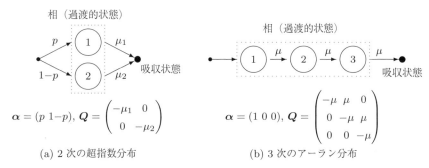

図 **6.3** 相型分布の例

で正の値をとるどのような確率分布であっても，相型分布を用いて任意の精度で近似できることが知られている．

相型分布の例を図 6.3 に示す．図 6.3(a) は以下で与える 2 次の超指数分布を相型分布で表現したものである．

$$\Pr(A \leq x) = p \cdot (1 - e^{-\mu_1 x}) + (1-p) \cdot (1 - e^{-\mu_2 x}), \quad x \geq 0$$

初期時点での相は確率 p で相 1，確率 $1-p$ で相 2 であり，そこでの滞在が終了すると吸収される．また，図 6.3(b) は 3 次のアーラン分布（独立同一な指数分布に従う 3 つの確率変数の和が従う分布）を相型分布で表現したものである．初期時点での相は確率 1 で相 1 であり，3 つの相に滞在した後，吸収される．

次に，客の到着間隔が表現 $(\boldsymbol{\alpha}, \boldsymbol{Q})$ をもつ相型分布に従う場合の到着過程（相型再生過程 (phase-type renewal process) という）を考える．この場合，たとえば，相 $i \in \mathcal{M}$ から率 $[(-\boldsymbol{Q})\mathbf{1}]_i$ で吸収が起こり客が到着すると同時に，確率分布 $\boldsymbol{\alpha}$ に従い，改めて相が選択される（図 6.4 参照）．言い換えると，相型再生過程は推移率行列 $\boldsymbol{Q} + (-\boldsymbol{Q})\mathbf{1}\boldsymbol{\alpha}$ をもつ M 状態連続時間マルコフ連鎖によって駆動され，$(-\boldsymbol{Q})\mathbf{1}\boldsymbol{\alpha}$ による推移が生じると客が到着することになる．このため，相型再生過程を表現するマルコフ連鎖には吸収状態が存在しない．相型再生過程は連続時間マルコフ連鎖の挙動によって規定されているため，ある時点での相が与えられると，その後の挙動は過去の挙動とは無関係に，現時点での相のみに依存することに注意する．以下では，行列 $\boldsymbol{Q} + (-\boldsymbol{Q})\mathbf{1}\boldsymbol{\alpha}$ は既約であると仮定する．

6章 待ち行列

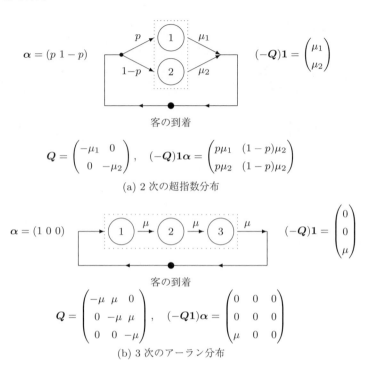

図 6.4 相型再生過程の例

6.2.3 PH/G/1 待ち行列モデルと M/G/1 型マルコフ連鎖

M/G/1 待ち行列モデルにおけるポアソン過程に従う到着（指数分布に従う到着間隔）を表現 $(\boldsymbol{\alpha}_A, \boldsymbol{Q}_A)$ をもつ相型分布に置き換えた PH/G/1 待ち行列モデルを考える．これは G/G/1 待ち行列モデルの特別な場合であるため，安定条件は

$$\mathrm{E}[S] < \boldsymbol{\alpha}_A(-\boldsymbol{Q}_A)^{-1}\mathbf{1} \tag{6.18}$$

で与えられる．以下では式 (6.18) が成立していると仮定し，表現 $(\boldsymbol{\alpha}_A, \boldsymbol{Q}_A)$ をもつ相型分布における相の集合を $\mathcal{M}_A = \{1, 2, \ldots, M_A\}$ とする．

PH/G/1 待ち行列モデルが M/G/1 待ち行列モデルと異なる点は，式 (6.11) において $\{A_n\}_{n=1,2,\ldots}$ が独立な確率変数列ではないことである．しかし，サービス終了直後の到着間隔を規定する相型分布の相（以下，到着過程の相とよぶ）

6.2 系内客数分布と構造化されたマルコフ連鎖

が与えられると，マルコフ性により，それ以前の履歴とは独立となる．

PH/G/1 待ち行列モデルにおいて，n 番目のサービス終了直後の系内客数 L_n とその時点での到着過程の相 J_n の組 (L_n, J_n) を用いてシステムの状態を定義すると，$\{(L_n, J_n)\}_{n=0,1,\ldots}$ は状態空間 $\{(k,i);\ k=0,1,\ldots,i\in\mathcal{M}_A\}$ 上の斉時な離散時間マルコフ連鎖となり，その遷移確率行列は

$$P = \begin{pmatrix} \hat{A}_0 & \hat{A}_1 & \hat{A}_2 & \hat{A}_3 & \cdots \\ A_0 & A_1 & A_2 & A_3 & \cdots \\ O & A_0 & A_1 & A_2 & \cdots \\ O & O & A_0 & A_1 & \cdots \\ \vdots & \vdots & \vdots & \vdots & \ddots \end{pmatrix} \tag{6.19}$$

の形を取る．ここで $A_k\ (k=0,1,\ldots)$ の (i,j) 要素は，あるサービスの終了直後の到着過程の相が i であったという条件の下で，次のサービス終了直後までの間に k 人の客が到着し，サービス終了直後に到着過程の相が j となる条件付き結合確率を表している．図 6.4 に示すように，到着過程の相は時間進展と共に変化し続けており，$(-Q_A)\mathbf{1}\alpha_A$ による推移が発生する度に客が到着する．よって $A_k\ (k=0,1,\ldots)$ は

$$\sum_{k=0}^{\infty} A_k z^k = \int_0^{\infty} \exp[(Q_A + z(-Q_A)\mathbf{1}\alpha_A)x]\mathrm{d}S(x)$$

を満たす非負正方行列として与えられ，境界に位置する行列は $\hat{A}_k = \mathbf{1}\alpha_A A_k$ $(k=0,1,\ldots)$ で与えられる．式 (6.19) から分かるように，PH/G/1 待ち行列モデルの系内客数過程から派生した離散時間マルコフ連鎖 $\{(L_n, J_n)\}_{n=0,1,\ldots}$ は空間的同質性ならびに系内客数 $\{L_n\}_{n=0,1,\ldots}$ に関して左飛び越し無しという性質を兼ね備えており，M/G/1 型マルコフ連鎖 と呼ばれる．

一般の M/G/1 型マルコフ連鎖における定常分布を計算する方法は行列解析法と呼ばれている [12, 15, 17]．PH/G/1 待ち行列モデルの系内客数過程から派生する遷移確率行列 (6.19) をもつ M/G/1 型マルコフ連鎖に対して行列解析法を適用すれば，サービス終了直後における系内客数の定常分布（客平均）を計算することができる．この客平均の定常分布から，定常状態における系内客数

6章 待ち行列

分布(時間平均)を求めるためには,一般には,半マルコフ過程の結果を援用する必要がある [3].しかし,PH/G/1 待ち行列モデルの場合,時間平均の系内客数分布は,遷移確率行列が

$$P^\dagger = \begin{pmatrix} A_0 & A_1 & A_2 & A_3 & \cdots \\ A_0 & A_1 & A_2 & A_3 & \cdots \\ O & A_0 & A_1 & A_2 & \cdots \\ O & O & A_0 & A_1 & \cdots \\ \vdots & \vdots & \vdots & \vdots & \ddots \end{pmatrix}$$

で与えられる離散時間 M/G/1 型マルコフ連鎖 $\{(L_n^\dagger, J_n^\dagger)\}_{n=0,1,\ldots}$ の定常分布と同一であることが知られている [18].よって,サービス終了直後の系内客数分布に興味が無ければ,遷移確率行列 $P^\dagger$ をもつ M/G/1 型マルコフ連鎖に対して,直接,行列解析法を適用し,定常分布 $\pi^\dagger = (\pi_0^\dagger \; \pi_1^\dagger \; \cdots)$ を計算すればよい.ただし,$\pi_k^\dagger$ の i 番目の要素は $(L_n^\dagger, J_n^\dagger) = (k, i)$ である定常確率を表す.$\pi^\dagger$ を計算する手順の概略は以下の通りである.

まず,次式を満たす $M_A \times M_A$ 確率行列 G を求める.

$$G = \sum_{k=0}^{\infty} A_k G^k$$

この行列 G は基本行列と呼ばれ,その (i,j) 要素は,任意の自然数 k に対して,$(L_0^\dagger, J_0^\dagger) = (k, i)$ から出発するという条件下で,初めて $L_n^\dagger = k-1$ となった時点 n において,$J_n^\dagger = j$ である条件付き確率を与える.

次に,この行列 G の不変確率ベクトル g を求める.

$$g = gG, \qquad g\mathbf{1} = 1$$

トラヒック強度を $\rho = \mathrm{E}[S]/(\boldsymbol{\alpha}_A(-\boldsymbol{Q}_A)^{-1}\mathbf{1})$ としたとき,$\pi_0^\dagger = (1-\rho)g$ であり,$\pi_k^\dagger \; (k=1,2,\ldots)$ は

$$\pi_k^\dagger = \left(\pi_0^\dagger \overline{A}_k + \sum_{j=1}^{k-1} \pi_j^\dagger \overline{A}_{k-j+1} \right) (I - \overline{A}_1)^{-1}$$

によって逐次的に計算される．ただし

$$\overline{A}_k = \sum_{j=k}^{\infty} A_j G^{j-k}, \quad k = 1, 2, \ldots$$

である．行列解析法に関する詳細は，例えば，[12, 15, 17] を参照．

6.2.4　GI/PH/1 待ち行列モデルと G/M/1 型マルコフ連鎖

GI/M/1 待ち行列モデルのサービス時間が従う分布を指数分布から表現 $(\boldsymbol{\alpha}_S, \boldsymbol{Q}_S)$ をもつ相型分布に置き換えた GI/PH/1 待ち行列モデルを考える．これは G/G/1 待ち行列モデルの特別な場合であるため，安定条件は

$$\boldsymbol{\alpha}_S(-\boldsymbol{Q}_S)^{-1}\boldsymbol{1} < \mathrm{E}[I_A] \tag{6.20}$$

で与えられる．以下では式 (6.20) が成立していると仮定し，表現 $(\boldsymbol{\alpha}_S, \boldsymbol{Q}_S)$ をもつ相型分布における相の集合を $\mathcal{M}_S = \{1, 2, \ldots, M_S\}$ とする．

GI/PH/1 待ち行列モデルにおいて，n 番目の到着直前の系内客数 L_n とその時点でのサービス時間を規定する相型分布の相（以下，サービス時間の相とよぶ）J_n の組 (L_n, J_n) を用いてシステムの状態を定義する．ただし，$L_n = 0$ の場合はサービスが行われていないため，$J_n = 0$ とする．このとき，$\{(L_n, J_n)\}_{n=0,1,\ldots}$ は状態空間 $\{(0,0)\} \cup \{(k,i); k = 1, 2, \ldots, i \in \mathcal{M}_S\}$ 上の斉時な離散時間マルコフ連鎖となり，その遷移確率行列は

$$P = \begin{pmatrix} \overline{b}_1 & b_0 & O & O & \cdots \\ \overline{b}_2 & B_1 & B_0 & O & \cdots \\ \overline{b}_3 & B_2 & B_1 & B_0 & \cdots \\ \overline{b}_4 & B_3 & B_2 & B_1 & \cdots \\ \vdots & \vdots & \vdots & \vdots & \ddots \end{pmatrix} \tag{6.21}$$

の形を取る．ここで B_k $(k = 0, 1, \ldots)$ の (i, j) 要素は，ある到着の直前におけるサービス時間の相が i であったという条件の下で，次の到着直前までの間に k 人の客のサービスが完了し，次の到着直前におけるサービス時間の相が j となる条件付き結合確率を表している．この B_k $(k = 0, 1, \ldots)$ は

6章 待ち行列

$$\sum_{k=0}^{\infty} \boldsymbol{B}_k z^k = \int_0^{\infty} \exp[(\boldsymbol{Q}_S + z(-\boldsymbol{Q}_S)\boldsymbol{1}\boldsymbol{\alpha}_S)x]\mathrm{d}A(x)$$

を満たす非負正方行列として与えられ，境界に位置するスカラーとベクトルは

$$b_0 = \boldsymbol{\alpha}_S \boldsymbol{B}_0, \quad \overline{b}_1 = 1 - \boldsymbol{\alpha}_S \boldsymbol{B}_0 \boldsymbol{1}, \quad \overline{b}_k = 1 - \sum_{l=0}^{k-1} \boldsymbol{B}_l \boldsymbol{1}, \quad k = 2, 3, \ldots$$

で与えられる．式 (6.21) で示されるように，GI/PH/1 待ち行列の系内客数過程から派生した離散時間マルコフ連鎖 $\{(L_n, J_n)\}_{n=0,1,\ldots}$ は空間的同質性ならびに系内客数 $\{L_n\}_{n=0,1,\ldots}$ に関して右飛び越し無しという性質を兼ね備えており，G/M/1 型マルコフ連鎖 と呼ばれる．

一般に，G/M/1 型マルコフ連鎖の定常分布は行列幾何形式解と呼ばれる，非常に綺麗な形を取る．ここで，GI/PH/1 待ち行列から派生する遷移確率行列 (6.21) で特徴付けられる離散時間 G/M/1 型マルコフ連鎖の定常分布 $\boldsymbol{\pi} = (\pi_0 \ \boldsymbol{\pi}_1 \ \boldsymbol{\pi}_2 \ \cdots)$ で表す．ただし，π_0 は状態 $(0,0)$ である定常確率であり，$\boldsymbol{\pi}_k$ $(k=1,2,\ldots)$ の i 番目の要素は状態 (k,i) である定常確率を表す．このとき，定常分布は

$$\pi_0 = \frac{1}{\boldsymbol{\alpha}_S(\boldsymbol{I}-\boldsymbol{R})^{-1}\boldsymbol{1}}, \quad \boldsymbol{\pi}_k = \pi_0 \boldsymbol{\alpha}_S \boldsymbol{R}^k, \quad k = 1, 2, \ldots$$

で与えられる．ただし，行列 $\boldsymbol{R}$ は公比行列と呼ばれ

$$\boldsymbol{R} = \sum_{k=0}^{\infty} \boldsymbol{R}^k \boldsymbol{B}_k$$

を満たす最小の非負行列で与えられる．公比行列 $\boldsymbol{R}$ の (i,j) 要素は，任意の自然数 k に対して，$(L_0, J_0) = (k,i)$ から出発して，その後，初めて $L_n \leq k$ となった時点 n $(n \geq 1)$ までに，状態 $(k+1, j)$ を訪れる平均回数を表す．

なお，この定常分布は客平均であることに注意する．この結果を基に，定常状態における系内客数（時間平均）を求めるためには，半マルコフ過程の結果を援用する必要がある．詳細は [14] 参照．

6.2.5 PH/PH/1 待ち行列モデルと準出生死滅過程

PH/G/1 待ち行列モデルや GI/PH/1 待ち行列モデルのように，モデルを規

6.2 系内客数分布と構造化されたマルコフ連鎖

定する分布に一般の分布を残しておく理由は，一定分布や一様分布など定義域が有界な分布を相型分布を用いて精度良く近似しようとすると，相型分布の状態数が大きくなり，数値計算が困難になるためである．逆にいえば，もし，到着間隔とサービス時間がともに連続な密度関数をもつ滑らかな分布に従っているならば，両者とも相型分布に従うモデルを用いることもできる．

そこで，到着間隔が表現 $(\boldsymbol{\alpha}_A, \boldsymbol{Q}_A)$ をもつ相型分布に従い，サービス時間が表現 $(\boldsymbol{\alpha}_S, \boldsymbol{Q}_S)$ をもつ相型分布に従う PH/PH/1 待ち行列モデルを考える．なお，このモデルの安定条件は，式 (6.8) より

$$\boldsymbol{\alpha}_S(-\boldsymbol{Q}_S)^{-1}\mathbf{1} < \boldsymbol{\alpha}_A(-\boldsymbol{Q}_A)^{-1}\mathbf{1} \tag{6.22}$$

で与えられる．以下では，到着過程の相の集合を $\mathcal{M}_A = \{1, 2, \ldots, M_A\}$，サービス時間の相の集合を $\mathcal{M}_S = \{1, 2, \ldots, M_S\}$ と記す．すなわち，$\boldsymbol{\alpha}_A$ は M_A 次元行ベクトル，$\boldsymbol{Q}_A$ は M_A 次元の正方行列であり，$\boldsymbol{\alpha}_S$ は M_S 次元行ベクトル，$\boldsymbol{Q}_S$ は M_S 次元の正方行列である．

PH/PH/1 待ち行列モデルは，PH/G/1 ならびに GI/PH/1 待ち行列モデルの特別な場合であるため，M/G/1 型あるいは G/M/1 型マルコフ連鎖の解法がそのまま適用できる．しかし，時刻 t における系内客数 $L(t)$，到着間隔分布を規定する相型分布の相 $J_A(t)$ の組，ならびに $L(t) \geq 1$ の場合，サービス時間分布を規定する相型分布の相 $J_S(t)$ を加えた三つ組が連続時間マルコフ連鎖となることを利用して定式化を行う方が自然である．

PH/PH/1 待ち行列モデルの系内客数過程の状態空間 Ω は，

$$\mathcal{L}_0 = \{0\} \times \mathcal{M}_A, \quad \mathcal{L}_k = \{k\} \times \mathcal{M}_A \times \mathcal{M}_S, \quad k = 1, 2, \ldots$$

で状態空間の部分集合（レベルと呼ぶ）を定義したとき，$\Omega = \cup_{k=0}^{\infty} \mathcal{L}_k$ となる．以下では $\mathcal{L}_k$ に含まれる状態を辞書式順序 $(k, 1, 1), (k, 1, 2), \ldots, (k, 1, M_S), (k, 2, 1), \ldots, (k, M_A, M_S - 1), (k, M_A, M_S)$ に従って並べる．さらに，レベル毎に区分けして推移率行列を書き下すと

$$Q = \begin{pmatrix} \hat{C}_1 & \hat{C}_0 & O & O & O & \cdots \\ \hat{C}_2 & C_1 & C_0 & O & O & \cdots \\ O & C_2 & C_1 & C_0 & O & \cdots \\ O & O & C_2 & C_1 & C_0 & \cdots \\ O & O & O & C_2 & C_1 & \cdots \\ \vdots & \vdots & \vdots & \vdots & \vdots & \ddots \end{pmatrix} \qquad (6.23)$$

が得られる.ただし,$\hat{C}_n$, C_n $(n=0,1,2)$ はクロネッカー積 $\otimes$ およびクロネッカー和 $\oplus$ を用いて以下のように与えられる.

$$\hat{C}_1 = Q_A, \qquad \hat{C}_0 = (-Q_A)\mathbf{1}\alpha_A \otimes \alpha_S, \qquad \hat{C}_2 = I \otimes (-Q_S)\mathbf{1}$$

$$C_0 = (-Q_A)\mathbf{1}\alpha_A \otimes I, \qquad C_1 = Q_A \oplus Q_S, \qquad C_2 = I \otimes (-Q_S)\mathbf{1}\alpha_S$$

式 (6.23) が示すように,PH/PH/1 待ち行列モデルの系内客数過程 $\{L(t)\}_{t\geq 0}$ は両側に飛び越しがなく,M/G/1 型と G/M/1 型の両方の性質を兼ね備えている.このようなマルコフ連鎖を準出生死滅過程という.なお,上記の準出生死滅過程は連続時間の確率過程であり,その定常分布は時間平均である.

以下では式 (6.22) が成立していると仮定する.推移率行列が式 (6.23) で与えられる連続時間準出生死滅過程の定常分布を $\boldsymbol{\pi} = (\boldsymbol{\pi}_0 \ \boldsymbol{\pi}_1 \ \cdots)$ としたとき,これは大域平衡方程式 $\boldsymbol{\pi}Q = \mathbf{0}$ ならびに正規化条件 $\boldsymbol{\pi}\mathbf{1} = 1$ を満たす.これより,$\boldsymbol{\pi}_0$, $\boldsymbol{\pi}_1$ は

$$\boldsymbol{\pi}_0 \hat{C}_1 + \boldsymbol{\pi}_1 \hat{C}_2 = \mathbf{0}, \qquad \boldsymbol{\pi}_0 C_0 + \boldsymbol{\pi}_1 (C_1 + RC_2) = \mathbf{0},$$

ならびに正規化条件 $\boldsymbol{\pi}_0 \mathbf{1} + \boldsymbol{\pi}_1 (I-R)^{-1}\mathbf{1} = 1$ によって一意に定められ,$\boldsymbol{\pi}_k$ $(k=2,3,\ldots)$ は $\boldsymbol{\pi}_1$ を用いて

$$\boldsymbol{\pi}_k = \boldsymbol{\pi}_1 R^{k-1}, \quad k=2,3,\ldots$$

で与えられる.ただし,公比行列 R は $R^2 C_2 + C_1 R + C_0 = O$ を満たす最小非負行列である.

一般に,M/G/1 型マルコフ連鎖ならびに G/M/1 型マルコフ連鎖における

定常分布を計算する際，最も計算量が大きい所は基本行列 G あるいは公比行列 R の計算である．準出生死滅過程では公比行列 R を基本行列 G を用いて表すことができる．例えば，式 (6.23) で与えられる遷移確率行列をもつ準出生死滅過程の場合には，基本行列 G は $C_2 + C_1 G + C_0 G^2 = O$ を満たす確率行列であり，これを用いて公比行列 R は $R = C_0(-C_1 - C_0 G)^{-1}$ で与えられる．準出生死滅過程の場合には，基本行列 G の効率的な計算手法が知られている．詳細は [11, 12] を参照．

6.3 待ち客が途中退去する待ち行列モデル：M/G/1+G

既に見てきたように，待ち行列モデルには待ち時間や系内客数が際限なく増加しないための安定条件がある．ここで，式 (6.9) で与えた GI/G/1 待ち行列モデルの安定条件を，客がシステムに到着して並ぶのではなく，客がシステムに仕事を運び込んでくると考えてみる．一人の客を処理するために必要な時間は平均 $\mathrm{E}[S]$ であり，これが一人の客によって運び込まれる仕事量の平均である．平均到着率 λ は単位時間当たりに到着する客数の平均なので，これらの積で定義されるトラヒック強度 $\rho = \lambda \mathrm{E}[S]$ は単位時間当たりにシステムに運び込まれる仕事量の平均である．式 (6.9) の安定条件は単位時間当たりにシステムへ運び込まれる平均仕事量がシステムの処理能力 1 未満ならシステムは安定であると主張している．逆にいえば，トラヒック強度がシステムの処理能力以上であれば，待ち時間や系内客数は際限なく大きくなる，ということである．

世の中には，待ち行列モデルを用いてモデル化できそうなものが多数あるが，待ち時間や系内客数が時間経過とともに際限なく大きくなっていく，という現象を見ることはほとんど無いと思う．それはなぜか．潜在的には，非常に多くの人がそのサービスを受けたいと思ってはいるのだが，余りの混雑に待ち行列に並ぶことを躊躇したり，一旦，待ち行列に並んではみたものの，途中でサービスを受けることをあきらめてしまうから，と考えれば合点がいく．本節では，待っている客がサービスを受けることをあきらめて，途中退去する可能性がある M/G/1 待ち行列モデルを紹介する．

6章 待ち行列

6.3.1 M/G/1+G 待ち行列モデル

システム容量が無限大の M/G/1 待ち行列モデルを考える．客の到着は平均到着率 λ ($\lambda > 0$) のポアソン過程に従う．ポアソン過程の性質から，時間間隔 $(t, t+\Delta t]$ の間に一人の客が到着する確率は，t の値に依らず $\lambda \Delta t + o(\Delta t)$ で与えられ，客が到着しない確率は $1 - \lambda \Delta t + o(\Delta t)$ で与えられる．サービス時間 S は独立かつ同一の分布に従うと仮定し，その分布関数を $S(x) = \Pr(S \leq x)$ ($x \geq 0$) と記す．システム内の客は（断らない限り）先着順にサービスされる．

通常の待ち行列とは異なり，それぞれの客は自身が許容できる最大待ち時間を持っており，もし，経過待ち時間が自身の最大許容待ち時間に達した場合，サービスを受けることをあきらめ，システムから永久に去ると仮定する．以下では，各客の最大許容待ち時間 G が独立かつ同一の分布に従うと仮定し，その分布関数を $G(x) = \Pr(G \leq x)$ ($x \geq 0$) と記す．ただし，客の中には最大許容待ち時間がなく，自身のサービスが開始されるまで待ち続ける者も含まれていると仮定し，このような客の最大許容待ち時間は無限大であるとする．よって，最大許容待ち時間の分布関数 $G(x)$ ($x \geq 0$) は劣的であり，一般に，以下のような定数 g_∞ ($0 \leq g_\infty < 1$) が存在する．

$$\lim_{x \to \infty} G(x) = 1 - g_\infty$$

この g_∞ は最大許容待ち時間が無限大である確率（客平均）である．通常，このモデルは M/G/1+G と表される．最後に現れる記号 G は最大許容待ち時間が従う分布を表している．

M/G/1+G 待ち行列モデル においても，系内客数が時間経過とともに際限なく増加しないとき安定であり，その必要十分条件は

$$\lambda < \infty, \qquad \mathrm{E}[S] < \infty, \qquad \lambda g_\infty \mathrm{E}[S] < 1 \tag{6.24}$$

で与えられる [1]．ただし，$\mathrm{E}[S]$ は平均サービス時間である．以下では式 (6.24) が成立していると仮定する．表記の都合上，$\overline{S}(x)$, $\overline{G}(x)$ を次式で定義する．

$$\overline{S}(x) = \Pr(S > x) = 1 - S(x), \qquad \overline{G}(x) = \Pr(G > x) = 1 - G(x)$$

また $S(0) = G(0) = 0$ と仮定する．すなわち，サービス時間，最大許容待ち時

6.3 待ち客が途中退去する待ち行列モデル：M/G/1+G

間は必ず正の値を取り，空のシステムに到着した客は必ずサービスを受ける．

6.3.2 仮待ち時間

　待ち行列モデルを解析的に扱う際に注目する量として，客の待ち時間（これは実待ち時間とも呼ばれる）や系内客数以外に，仮待ち時間がある．時刻 t における仮待ち時間 $V(t)$ とは，通常，時刻 t に客が到着したと仮定したときの，先着順サービス規律の下でのその客の待ち時間を指す．単一サーバ待ち行列モデルでは，仮待ち時間は系内仕事量と呼ぶこともある．これは次のような観察が元になっている．本項の最初で述べたように，待ち行列モデルを考える際に，到着した客はサーバの前にサービス時間分に相当する仕事を置いて立ち去るとみなす．このとき，時刻 t における仮待ち時間 $V(t)$ はその時点におけるサーバの前にある未処理の仕事の総量と等しくなる．なぜならば，先着順サービス規律の場合，到着した客のサービスは，到着時にサーバの前に積み上がっている仕事が全て片付いた時点で開始されるからである．

　待ち客の途中退去がある先着順サービス M/G/1+G 待ち行列モデルにおける仮待ち時間 $V(t)$ は，途中退去せず，実際にサービスを受けることになる客が持ち込んだ仕事の内，時刻 t において未処理で残っている仕事の総量として定義される．すなわち，時刻 t において待ち時間制約が無い ($G = \infty$) 客が到着したと仮定したとき，その客の待ち時間が仮待ち時間 $V(t)$ に相当する．

　図 6.5 は M/G/1+G 待ち行列モデルにおける仮待ち時間過程の例である．時刻 T_1 で空のシステムに客が到着しており，この客のサービス時間分だけ仮待ち時間は上へジャンプする．その後，傾き -1 で仮待ち時間は減少する．時刻 T_2 で次の客が到着する．この客はいずれサービスを受けることになるため，そのサービス時間分だけ仮待ち時間は上へジャンプし，その後，再び傾き -1 で仮待ち時間は減少する．時刻 T_3 で次の客が到着するが，この客は途中退去することになるため，仮待ち時間に上向きのジャンプが生じない．一旦，仮待ち時間が 0 になると，次の到着までの間，仮待ち時間は 0 のままである．

　仮待ち時間（系内仕事量）を考える利点は，この量が客のサービス順序に依らないという性質をもつ所にある．客の到着が無い間，サーバがどの客の持ち込んだ仕事を処理していようとも，系内仕事量は一定の速度で減少し，サービ

6章 待ち行列

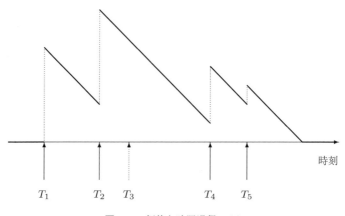

図 **6.5** 仮待ち時間過程 $V(t)$

スを受けることになる客の到着時点では，サービス時間に相当する仕事量だけ系内仕事量が増加する．すなわち，各時点でサーバがどの客の持ち込んだ仕事を処理しているかは，仮待ち時間だけを見ていても分からない．以下では，システムが定常，すなわち，仮待ち時間の分布が時刻 t に依存しない場合を考える．なお，この定常分布は時間平均である．

定常な M/G/1+G 待ち行列モデルの仮待ち時間 V の分布関数を $F_V(x) = \Pr(V \leq x)$ $(x \geq 0)$ と記す．また，システムが空である確率ならびに仮待ち時間が正であるときの確率密度関数をそれぞれ π_0, $v(x)$ と記す．

$$\pi_0 = F_V(0), \qquad v(x) = \frac{\mathrm{d}}{\mathrm{d}x} F_V(x) \quad (x > 0)$$

定常状態を仮定し，仮待ち時間の平衡方程式を書き下すと次式を得る．

$$\begin{aligned}F_V(x) = &(1 - \lambda \Delta x) F_V(x + \Delta x) + \lambda \Delta x \int_{0+}^{x} v(y) G(y) \mathrm{d}y \\ &+ \lambda \Delta x \left[F_V(0) S(x) + \int_{0+}^{x} v(y) \overline{G}(y) S(x - y) \mathrm{d}y \right] + o(\Delta x)\end{aligned}$$

上式の左辺はある時刻 $t + \Delta x$ において仮待ち時間が x 以下である確率を表しており，右辺はこの確率を与えるために，時間間隔 $(t, t + \Delta x]$ の間に起こる事象によって場合分けを行っている．右辺第一項は時間が Δx だけ経過する間に，

6.3 待ち客が途中退去する待ち行列モデル：M/G/1+G

客の到着が起こらない場合，右辺第二項は客の到着が起こるが，その客は途中退去することになる場合，右辺第三項は客の到着が起こり，その客は途中退去せずサービスを受けることになる場合を表している．さらに

$$F_V(x) = F_V(0) + \int_{0+}^{x} v(y) \mathrm{d}y$$

に注意して，上記の平衡方程式を元に $F_V(x)$ に関する微分方程式を考えると

$$\begin{aligned}\frac{\mathrm{d}}{\mathrm{d}x} F_V(x) =& \lambda F_V(x) - \lambda \int_{0+}^{x} v(y) G(y) \mathrm{d}y \\ & - \lambda \left[F_V(0) S(x) + \int_{0}^{x} v(y) \overline{G}(y) S(x-y) \mathrm{d}y \right] \\ =& \lambda \pi_0 \overline{S}(x) + \lambda \int_{0+}^{x} v(y) \overline{G}(y)(1 - S(x-y)) \mathrm{d}y, \quad x > 0\end{aligned}$$

となり，仮待ち時間の密度関数 $v(x)$ が満たす積分方程式が得られる [1,10]．

$$v(x) = \lambda \pi_0 \overline{S}(x) + \lambda \int_{0+}^{x} v(y) \overline{G}(y) \overline{S}(x-y) \mathrm{d}y, \quad x > 0 \tag{6.25}$$

式 (6.25) はヴォルテラの第 2 種積分方程式であり，その形式級数解は次式で与えられる [21]．

$$v(x) = \pi_0 \sum_{n=0}^{\infty} \lambda^n \phi_n(x), \quad x > 0 \tag{6.26}$$

ただし，$\{\phi_n(x); x > 0, n = 0, 1, \ldots\}$ は以下によって再帰的に決定される関数列である．

$$\phi_0(x) = \lambda \overline{S}(x), \qquad \phi_n(x) = \int_{0+}^{x} \phi_{n-1}(y) \overline{G}(y) \overline{S}(x-y) \mathrm{d}y, \ n = 1, 2, \ldots$$

さらにシステムが空である確率 π_0 は

$$\pi_0 = 1 - \int_{0+}^{\infty} v(x) \mathrm{d}x = 1 - \pi_0 \sum_{n=0}^{\infty} \lambda^n \int_{0+}^{\infty} \phi_n(x) \mathrm{d}x$$

より，次式で与えられる．

6章 待ち行列

$$\pi_0 = \left(1 + \sum_{n=0}^{\infty} \lambda^n \int_{0+}^{\infty} \phi_n(x)\mathrm{d}x\right)^{-1} \tag{6.27}$$

6.3.3 ロス率 (1)：モデル変換を用いた陽な解

仮待ち時間が与えられれば，実待ち時間分布や系内客数分布など，待ち行列モデルにおける標準的な性能指標を導くことができる [5,16]．待ち客が途中退去する待ち行列モデルでは，これらに加えて，システムに到着した客の内，サービスを受けずに途中退去する客の割合 P_{loss}（以下，ロス率と呼ぶ）に興味がある．リトルの法則より，サービス中の客の平均数は $\lambda(1-P_{\mathrm{loss}})\mathrm{E}[S] = 0\times\pi_0 + 1\times(1-\pi_0)$ で与えられるため，次式を得る [4]．

$$P_{\mathrm{loss}} = \frac{\rho - (1-\pi_0)}{\rho} \tag{6.28}$$

ただし，$\rho = \lambda\mathrm{E}[S]$ である．よって，ロス率 P_{loss} を求めることはシステムが空である確率 π_0 を求めることと等価である．式 (6.27) で示したように π_0 は形式的には求まってはいるが，再帰的に定義される関数を積分したものの無限和で表現されており，この式からは，ほとんど何も情報を得ることができない．待ち客が途中退去する M/G/1+G 待ち行列モデルは，平均到着率 λ，サービス時間の分布関数 $S(x)$，最大許容待ち時間の分布関数 $G(x)$ で特徴付けられており，これらと P_{loss} の間の関係を見通せる結果が欲しい．

実は，式 (6.27) の右辺にある無限和の各項を，以下のように，確率的な意味が解釈できる形に書き換えることができる [5]．

$$\lambda^n \int_{0+}^{\infty} \phi_n(x)\mathrm{d}x = \begin{cases} \rho, & n=0 \\ \rho^{n+1}\mathrm{E}\left[\prod_{i=1}^{n} \overline{G}(\sum_{j=1}^{i} \tilde{S}_j)\right], & n=1,2,\ldots \end{cases} \tag{6.29}$$

ただし，$\{\tilde{S}_j\}_{j=1,2,\ldots}$ は独立かつ同一のサービス時間の平衡分布に従う確率変数列であり，その分布関数 $S_{\mathrm{e}}(x) = \Pr(\tilde{S}_j \leq x)$ は平均サービス時間 $\mathrm{E}[S]$ とサービス時間分布の補分布関数 $\overline{S}(x)$ を用いて

$$S_{\mathrm{e}}(x) = \frac{1}{\mathrm{E}[S]}\int_0^x \overline{S}(y)\mathrm{d}y, \quad x \geq 0$$

6.3 待ち客が途中退去する待ち行列モデル：M/G/1+G

で与えられる．よって式 (6.27) は次式と等価である．

$$\pi_0 = \left(1 + \rho + \sum_{n=1}^{\infty} \rho^{n+1} \mathrm{E}\left[\prod_{i=1}^{n} \overline{G}(\sum_{j=1}^{i} \tilde{S}_j)\right]\right)^{-1} \quad (6.30)$$

いうまでもなく，式 (6.30) は元となる積分方程式 (6.25) から代数的に導くことができる．しかし，このような形にまとめることができる，ということが事前に分かっていなければ，容易にはこの結果にたどり着けない．[5] では，先着順サービス M/G/1+G 待ち行列モデルと同一の仮待ち時間をもつ，割り込み再開型後着順サービス (LCFS-PR: Last-Come, First-Served Preemptive Resume) 規律の下で動作する，系内仕事量に応じた呼損が生じる待ち行列モデルを吟味することで，この結果を導いている．

LCFS-PR サービス規律は以下のように動作する．客の到着時にサービスが行われているならば，到着した客はそのサービスに割り込み，自身のサービスを開始する（割り込み後着順）．このとき，割り込まれた客の残余サービス（未処理の仕事量）は一時保存され，その客が再びサービスを受ける機会が巡って来たとき，その処理が再開される（再開型）．客がサービスを終了しシステムから離脱したときは，サービスが一時中断している客の中で，最後にシステムに到着した客のサービスが再開される．このように，LCFS-PR サービス規律では，いかなる時刻においても，最後に到着した客がサービスを受けている．

先着順サービス M/G/1+G 待ち行列モデルの仮待ち時間は，最終的にサービスを受けることができる客の（残余）サービス時間のみで構成されている．それゆえ，対応する LCFS-PR M/G/1 待ち行列モデルでは，客の到着時点における系内仕事量が x である場合，確率 $\overline{G}(x)$ でシステムに入ることができ，確率 $G(x) = 1 - \overline{G}(x)$ で呼損となると仮定する．

図 6.6 は待ち客の途中退去がある先着順サービス待ち行列モデル，ならびに，それに対応する LCFS-PR 待ち行列モデルにおける仮待ち時間（系内仕事量）とそれを構成する残余サービス時間を示している．図中では，各時刻における i 番目 ($i = 1, 2, \ldots, 5$) に到着した客の残余サービス時間を ⓘ が置かれている実線と点線で囲まれたエリアの高さで示している．先着順サービスでは，最も早くシステムに到着した客の残余サービスのみが傾き -1 で減少する．一方，

6 章 待ち行列

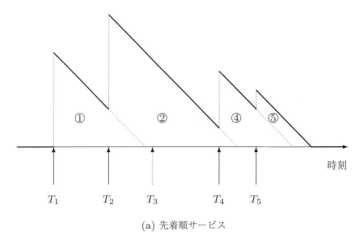

(a) 先着順サービス

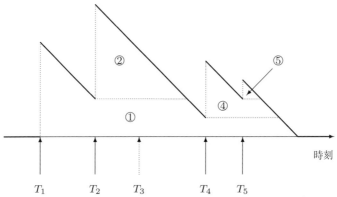

(b) 割り込み再開型降着順サービス (LCFS-PR)

図 6.6 仮待ち時間（系内仕事量）と残余サービス時間

LCFS-PR 待ち行列モデルでは，客の到着によって割り込みが発生すると，到着客以外の残余サービスが一時保存され，後続客のサービスが全て終了した時点でサービスが再開される．例えば時刻 T_1 に到着した客のサービスは時刻 T_2 に到着した客によって割り込まれ，時刻 T_2 に到着した客のサービスが行われている間，残余サービスは変化しない．時刻 T_2 に到着した客のサービスが終了した時点で，時刻 T_1 に到着した客のサービスが再開されるが，再び時刻 T_4

6.3 待ち客が途中退去する待ち行列モデル：M/G/1+G

に到着した客によって割り込まれ，サービスが中断している．

[5] では，M/G/1+G 待ち行列モデルと同一の仮待ち時間をもつ LCFS-PR 待ち行列モデルにおいて，システム内に n 人の客がいるという条件下での，各客の残余サービスに対する条件付き結合密度関数 $f(x_1, x_2, \ldots, x_n \mid n)$ が，サービス時間の平衡分布の密度関数 $s_\mathrm{e}(x) = \overline{S}(x)/\mathrm{E}[S]$ $(x \geq 0)$ を用いて

$$f(x_1, x_2, \ldots, x_n \mid n) = s_\mathrm{e}(x_1) \prod_{i=2}^{n} \overline{G}(\sum_{j=1}^{i-1} x_j) s_\mathrm{e}(x_i) \bigg/ \mathrm{E}\left[\prod_{i=1}^{n-1} \overline{G}(\sum_{j=1}^{i} \tilde{S}_j)\right]$$

で与えられること，ならびに，システム内に n 人の客がいる確率 p_n が

$$p_n = \pi_0 \rho^n \mathrm{E}\left[\prod_{i=1}^{n-1} \overline{G}(\sum_{j=1}^{i} \tilde{S}_j)\right]$$

となることを示すことで，式 (6.29) と式 (6.30) を導いている．

興味がある性能指標をモデルを規定する諸量を用いて明示的に表現することで，様々な副産物を得ることができる場合がある．M/G/1+G 待ち行列モデルの場合，特にその傾向が顕著であり，これは次項で紹介する．また，過去にM/G/1+G 待ち行列モデルの特別な場合に相当する，M/G/1+M 待ち行列モデル [4]，M/G/1+D 待ち行列モデル [2]，M/M/1+G 待ち行列モデル [16] が個別に研究されてきた．これらの待ち行列モデルにおけるシステムが空である確率 π_0 あるいはロス率 P_loss は，式 (6.30) を用いると簡単に導出できる [5]．

M/G/1+M 待ち行列モデル

最大許容待ち時間が平均 γ^{-1} の指数分布に従う場合を考える．すなわち $\overline{G}(x)$ は次式で与えられる．

$$\overline{G}(x) = e^{-\gamma x}, \quad x \geq 0 \tag{6.31}$$

この $\overline{G}(x)$ は半群の性質をもつ．

$$\overline{G}(x+y) = \overline{G}(x)\overline{G}(y), \quad x, y \geq 0$$

これを利用して，式 (6.30) に現れる期待値を

6章 待ち行列

$$\mathrm{E}\left[\prod_{i=1}^{n}\overline{G}(\sum_{j=1}^{i}\tilde{S}_j)\right] = \mathrm{E}\left[\prod_{i=1}^{n}\prod_{j=1}^{i}\overline{G}(\tilde{S}_j)\right] = \prod_{i=1}^{n}\mathrm{E}\left[\{\overline{G}(\tilde{S}_{n+1-i})\}^i\right]$$

のように書き換えることができる．ここで，式 (6.31) を用いると

$$\mathrm{E}\left[\{\overline{G}(\tilde{S}_{n+1-i})\}^i\right] = \mathrm{E}\left[e^{-i\gamma \tilde{S}_{n+1-i}}\right] = S_e^*(i\gamma)$$

を得る．ただし，$S_e^*(\theta)$ はサービス時間の平衡分布のラプラス・スティルチェス変換である．

$$S_e^*(\theta) = \int_0^\infty e^{-\theta x} dS_e(x), \quad \mathrm{Re}(\theta) > 0$$

さらに $S_e^*(\theta)$ はサービス時間分布のラプラス・スティルチェス変換

$$S^*(\theta) = \int_0^\infty e^{-\theta x} dS(x), \quad \mathrm{Re}(\theta) > 0$$

を用いて次のように書くことができる．

$$S_e^*(\theta) = \frac{1 - S^*(\theta)}{\mathrm{E}[S]\theta}$$

以上より M/G/1+M 待ち行列モデルにおける π_0 は次式で与えられる．

$$\pi_0 = \left(1 + \rho + \rho \sum_{n=1}^\infty \frac{1}{n!}\left(\frac{\lambda}{\gamma}\right)^n \prod_{i=1}^n (1 - S^*(i\gamma))\right)^{-1}$$

M/G/1+D 待ち行列モデル

最大許容待ち時間が定数 τ $(\tau > 0)$ である場合を考える．このとき $\overline{G}(x)$ は次式で与えられる．

$$\overline{G}(x) = \begin{cases} 1, & x < \tau \\ 0, & x \geq \tau \end{cases}$$

この場合，$\overline{G}(x)$ は引数の大きさを篩いにかける役割を果たしており，$x, y \geq 0$ に対して以下のような性質をもつ．

6.3 待ち客が途中退去する待ち行列モデル：M/G/1+G

(i) $\overline{G}(x) = 0 \quad \Rightarrow \quad \overline{G}(x+y) = 0$
(ii) $\overline{G}(x+y) = 1 \quad \Rightarrow \quad \overline{G}(x) = 1$

それゆえ，式 (6.30) の右辺に現れる期待値は以下のように評価できる．

$$\mathrm{E}\left[\prod_{i=1}^{n}\overline{G}(\sum_{j=1}^{i}\tilde{S}_j)\right] = \mathrm{E}\left[\overline{G}(\sum_{j=1}^{n}\tilde{S}_j)\right] = \Pr(\tilde{S}_1 + \tilde{S}_2 + \cdots + \tilde{S}_n < \tau)$$

よって，サービス時間の平衡分布の n 重たたみ込み $S_\mathrm{e}^{(n)}(x)$ $(n = 1, 2, \ldots)$ を

$$S_\mathrm{e}^{(1)}(x) = S_\mathrm{e}(x), \qquad S_\mathrm{e}^{(n)}(x) = \int_0^x S_\mathrm{e}^{(n-1)}(x-y)\mathrm{d}S_\mathrm{e}(y), \quad n = 2, 3, \ldots$$

で定義すると

$$\mathrm{E}\left[\prod_{i=1}^{n}\overline{G}(\sum_{j=1}^{i}\tilde{S}_j)\right] = S_\mathrm{e}^{(n)}(\tau)$$

となり，M/G/1+D 待ち行列モデルにおける π_0 は次式で与えられる．

$$\pi_0 = \left(1 + \rho + \sum_{n=1}^{\infty}\rho^{n+1}S_\mathrm{e}^{(n)}(\tau)\right)^{-1}$$

M/M/1+G 待ち行列モデル

サービス時間がパラメタ μ の指数分布に従う場合を考える．このとき，指数分布の無記憶性より，サービス時間の平衡分布は元のサービス時間の分布と等しくなる．さらに同じパラメタ μ をもつ指数分布の密度関数の積は

$$\mu e^{-\mu x_1} \cdot \mu e^{-\mu x_2} = \mu \cdot \mu e^{-\mu(x_1+x_2)}$$

のように定数と指数分布の密度関数の積で表現できる．よって，この性質を利用して式 (6.30) の右辺に現れる期待値を評価する．まず，定義から

$$\mathrm{E}\left[\prod_{i=1}^{n}\overline{G}(\sum_{j=1}^{i}\tilde{S}_j)\right] = \int_0^\infty \cdots \int_0^\infty \prod_{i=1}^{n}\overline{G}(\sum_{j=1}^{i}x_j)\mu e^{-\mu x_i}\mathrm{d}x_1\mathrm{d}x_2\cdots\mathrm{d}x_n$$

である．ここで $x_n = x - (x_1 + x_2 + \cdots + x_{n-1})$ と変数変換して右辺の積分を書き直すと

$$\mathrm{E}\left[\prod_{i=1}^{n}\overline{G}(\sum_{j=1}^{i}\tilde{S}_j)\right] = \mu^n \int_0^\infty \mathrm{d}x e^{-\mu x}\overline{G}(x)$$

$$\cdot \int_{\mathcal{D}(x|n-1)} \prod_{i=1}^{n-1}\overline{G}(\sum_{j=1}^{i}x_j)\mathrm{d}x_1\mathrm{d}x_2\cdots\mathrm{d}x_{n-1} \quad (6.32)$$

を得る．ただし，$n = 1, 2, \ldots$ に対して

$$\mathcal{D}(x \mid n) = \left\{(x_1\ x_2\ \cdots\ x_n); x_i > 0\ (i = 1, 2, \ldots, n), \sum_{i=1}^{n}x_i < x\right\}$$

である．式 (6.32) の右辺にある内側の積分の評価には少し技術が必要であるが，最終的に

$$\int_{\mathcal{D}(x|n-1)} \prod_{i=1}^{n-1}\overline{G}(\sum_{j=1}^{i}x_j)\mathrm{d}x_1\mathrm{d}x_2\cdots\mathrm{d}x_{n-1} = \frac{1}{(n-1)!}\left(\int_0^x \overline{G}(y)\mathrm{d}y\right)^{n-1}$$

となる．これを式 (6.32) へ代入した後，

$$\frac{\mathrm{d}}{\mathrm{d}x}\frac{1}{n!}\left(\int_0^x \overline{G}(y)\mathrm{d}y\right)^n = \frac{\overline{G}(x)}{(n-1)!}\left(\int_0^x \overline{G}(y)\mathrm{d}y\right)^{n-1}$$

に注意して部分積分すると以下を得る．

$$\mathrm{E}\left[\prod_{i=1}^{n}\overline{G}(\sum_{j=1}^{i}\tilde{S}_j)\right] = \frac{\mu^{n+1}}{n!}\int_0^\infty e^{-\mu x}\left(\int_0^x \overline{G}(y)\mathrm{d}y\right)^n \mathrm{d}x \quad (6.33)$$

式 (6.33) を式 (6.30) へ代入し整理すると，M/M/1+G 待ち行列モデルにおける π_0 は次式で与えられることが分かる．

$$\pi_0 = \left(1 + \lambda\int_0^\infty \exp\left[-\mu x + \lambda\int_0^x \overline{G}(y)\mathrm{d}y\right]\mathrm{d}x\right)^{-1}$$

6.3.4 ロス率 (2)：大小を決める要素

もう一度，式 (6.28) ならびに式 (6.30) へ立ち戻り，これらの結果から得ら

6.3 待ち客が途中退去する待ち行列モデル：M/G/1+G

れる M/G/1+G 待ち行列モデルに関する知見をまとめる．まず，これらの結果から，ロス率 P_{loss} の上下界が直ちに得られる．

$$\max\left(0, \frac{\rho-1}{\rho}\right) < P_{\mathrm{loss}} \leq \frac{\rho}{1+\rho} \tag{6.34}$$

下界は以下の観察から導かれている．サービス中の平均客数はリトルの法則から $\lambda(1 - P_{\mathrm{loss}})\mathrm{E}[S]$ で与えられ，システムが安定ならば，これは 1 未満である．また，$g_\infty < 1$ のときにはシステムを途中退去する客が必ず存在するため，

$$\lambda(1 - P_{\mathrm{loss}})\mathrm{E}[S] < 1, \qquad P_{\mathrm{loss}} > 0$$

が成立する．これら二つの不等式をまとめたものが下界である．一方，上界は式 (6.30) に現れる期待値が非負であることから導かれる．

$$\pi_0 = \left(1 + \rho + \sum_{n=1}^{\infty} \rho^{n+1} \mathrm{E}\left[\prod_{i=1}^{n} \overline{G}(\sum_{j=1}^{i} \tilde{S}_j)\right]\right)^{-1} \leq \frac{1}{1+\rho}$$

システムにかかる負荷が過負荷（すなわち $\rho \geq 1$）である場合，ロス率の上下界の差は以下のようになる．

$$\frac{\rho}{1+\rho} - \frac{\rho-1}{\rho} = \frac{1}{\rho(1+\rho)}$$

よって，負荷が非常に高い場合，式 (6.34) の上下界はロス率の荒い近似として採用することができる．例えば $\rho = 4$ ならば $0.75 < P_{\mathrm{loss}} \leq 0.8$ である．

待ち客の途中退去がない通常の単一サーバ待ち行列モデルでは，$\rho > 1$ の場合，常に待ち客がいるため，サーバは途切れること無くサービスし続けることになる．その結果，到着客のうち割合 $1/\rho$ の客だけに対してサービスが行われることになる．逆にいうと，到着客のうち割合 $(\rho-1)/\rho$ の客は永久にサービスを受けることができない．この割合 $(\rho-1)/\rho$ が過負荷の場合の下界に等しいことに注意する．待ち客が途中退去する M/G/1+G 待ち行列モデルでは，ロス率はこの下界よりも大きいが，ρ が大きい場合，待ち客の途中退去が原因でサービスを施すことができない客の割合はたかが知れており，$\rho = 4$ の例でいえば，高々 5% $(= 0.8 - 0.75)$ である．また，$\rho = 10$ ならば，これは 1% 未満

となる.この事実は,到着客が持ち込む仕事量と比較して,システムの処理能力が格段に低ければ,いかに途中退去しようとする客を引き留めても,実際に処理できる客数の割合には大差がないということを示している.

M/G/1+G 待ち行列モデルでは,ロス率 P_{loss} がモデルを規定するパラメタである平均到着率 λ,サービス時間の分布関数 $S(x)$,最大許容待ち時間の分布関数 $G(x)$ を用いて陽に与えられているため,これらのパラメタがロス率の大小関係とどのように結びついているかを議論することができる.

今,二つの異なる M/G/1+G 待ち行列モデルがあるとし,k 番目 ($k=1,2$) のモデルを規定するパラメタや性能指標を肩添え字 $\langle k \rangle$ を付すことで表す.例えば $\lambda^{\langle 1 \rangle}$ は 1 番目のモデルの平均到着率であり,$\overline{S}^{\langle 2 \rangle}(x)$ は 2 番目のモデルのサービス時間の補分布関数である.なお,$\overline{S}_e(x) = 1 - S_e(x)$ と定義する.このとき,以下の結果が知られている [5].

(i) 二つの M/G/1+G 待ち行列モデルが同一のサービス時間分布と同一の最大許容待ち時間分布をもつ場合,以下が成立する.

$$\lambda^{\langle 1 \rangle} \leq \lambda^{\langle 2 \rangle} \quad \Rightarrow \quad P_{\mathrm{loss}}^{\langle 1 \rangle} \leq P_{\mathrm{loss}}^{\langle 2 \rangle}$$

(ii) 二つの M/G/1+G 待ち行列モデルが同一のトラヒック強度 $\rho = \lambda \mathrm{E}[S]$ と同一の最大許容待ち時間分布をもつ場合,以下が成立する.

$$\forall x \geq 0, \ \overline{S}_e^{\langle 1 \rangle}(x) \leq \overline{S}_e^{\langle 2 \rangle}(x) \quad \Rightarrow \quad P_{\mathrm{loss}}^{\langle 1 \rangle} \leq P_{\mathrm{loss}}^{\langle 2 \rangle}$$

(iii) 二つの M/G/1+G 待ち行列モデルが同一の平均到着率と同一のサービス時間分布をもつ場合,以下が成立する.

$$\forall x \geq 0, \ \overline{G}^{\langle 1 \rangle}(x) \leq \overline{G}^{\langle 2 \rangle}(x) \quad \Rightarrow \quad P_{\mathrm{loss}}^{\langle 1 \rangle} \geq P_{\mathrm{loss}}^{\langle 2 \rangle}$$

(i) の結果は平均到着率が大きくなるとロス率も大きくなることを示している.これは直感的には自明のように思えるが,その証明はかなり手間がかかる.一方,(ii), (iii) の結果は平衡サービス時間が大きくなる,あるいは最大許容待ち時間が小さくなるとロス率は大きくなる,ということを示しており,これらは P_{loss} の陽表現から容易に導かれる.

さらに，M/G/1+G 待ち行列モデルのロス率 P_{loss} に関して次のような結果が知られている [6].

(i) 同一の平均到着率 λ，同一の平均サービス時間 $E[S]$，同一の最大許容待ち時間分布関数 $G(x)$ で特徴付けられる安定な M/G/1+G 待ち行列モデルの中で，ロス率を最小化するサービス時間分布は一定分布である．

(ii) 最大許容待ち時間が有限 ($g_\infty = 0$) の場合，同一の平均到着率 λ，同一のサービス時間分布関数 $S(x)$，同一の平均最大許容待ち時間 $E[G]$ で特徴付けられる安定な M/G/1+G 待ち行列モデルの中で，ロス率を最小化する最大許容待ち時間分布は一定分布である．

これらを組み合わせると，最大許容待ち時間の平均が有限 ($g_\infty = 0, E[G] < \infty$) の場合，同一の平均到着率 λ，同一の平均サービス時間 $E[S]$，同一の平均最大許容待ち時間 $E[G]$ で特徴付けられる M/G/1+G 待ち行列モデルの中で，M/D/1+D 待ち行列モデルが最小のロス率をもつ，ということが分かる [6].

6.4 おわりにかえて

随分前の話になるが，本書が属する「シリーズ：最適化モデリング」の編集委員でもある成蹊大学の池上敦子先生から，日本 OR 学会の研究発表会でモデリングというタイトルの特別セッションを企画するので講演してほしいという依頼があった．その際の講演の前半で話したこと [20] をベースに，もう一度，思うところを述べてみたい．

将来に起こることの大半は確定的ではなく，不確かさを伴っている．そうであるならば，待ち行列モデルを含む確率モデルが活躍できる場面は多数あるはずだが，実際にはあまり目にすることがない．それはなぜか？

考えられる理由の一つは，そもそも，どのように不確かであるかさえ，よく分からない場合があるからかも知れない．どう不確かであるかが分からなければ，合理的なモデルを構築する術がない．考えられるもう一つの理由は，不確かさがあったとしても，それを無視して決定論的なモデルで代用してしまう場合が多いからかも知れない．決定論的なモデルが広く活躍している一方で，確

6章 待ち行列

率モデルがそうでないとすれば，それは不確かさに目をつぶった決定論的モデルに取って代わられていると考えるのが自然である．

では，どうして確率モデルよりも決定論的モデルの方が好まれるのか？それは確率モデルがもつ固有の困難さに起因している，と私は考えている．例えば，数理計画のような最適化問題を考えてみよう．そこには，どのような制約の下で何を最大化あるいは最小化したいかが明示的に記述される．それゆえ，何をどうしたいのかということが，モデルが構築（定式化）された時点で確定し，他人でも理解できる．

一方，確率モデルはどうであろうか．一般に，確率モデルは実際のシステムの動きを模倣したものであり，何をモデル化したものかは分かるかも知れないが，一部の例外を除いて，何のためにモデル化したのかということは，モデルをいくら精査しても分からない．現実のシステムの動きを模倣する確率モデルを作るということと，そのモデルを使って何をしたいか，あるいは何を知りたいかということは，極論すれば，無関係である．

確率的な動特性をもつシステムの動作をモデリングするということは，起こり得るであろう様々な事象に対して，確率という重みを出力させる機構の構築に過ぎない．すなわち，モデルから得られる直接的な結果は高々この確率という重みだけである．モデリングを行った本人，あるいは，モデルの出力結果を利用する人は「このような重みを知ってどうする」という問いに答えることができるだろうか．もし，何らかの問題解決あるいは意思決定のためにモデリングを行っているとすれば，多くの場合，その出力である重みは最終的に欲しい情報ではなく，それを元にした更なる考察が必要となる場合が大半だろうと想像する．

さらに，ここでいう確率は，繰り返し試行を行ったときに注目する事象が生起する割合，あるいは長時間に渡って観察を行った際に，注目する事象が生起している時間割合を与えている場合が多く，個々の試行の結果に関してはほとんど何も情報がない．よって，本当に知りたいこと，すなわち，モデリング本来の目的とモデルから得られる情報には大きな齟齬があるかも知れない．特に，1回の試行の成否が問われている場面では，確率モデルは補助的な情報しか与えないと断言して良いと思う．

6.4 おわりにかえて

　ただし，これは確率モデルに問題解決や意思決定に資する力が欠けている，ということではなく，そもそも，確率モデルを用いたモデリングの対象となっている問題の多くは，合理的な解決が本質的に困難である，ということに起因しているからだと思う．例えば，世間の関心が高く，かつ確率モデルが利用されているものに，今後何十年の間にマグニチュード何とか以上の地震が確率何パーセントで起こる，という「地震発生可能性の長期評価」がある．公開されている地震調査研究推進本部の資料 [7] によれば，この確率を算出するための標準的な手法では，地震の元となる累積歪みの大きさを，時間に比例して一定の割合で増加する量に平均 0 の正規分布に従って確率的に定まる量を加えた連続確率過程（時不変ドリフトをもつブラウン運動）として定式化し，その累積歪みがある閾値を超えると地震が発生する，と考えることでモデル化を行っているそうである．このモデル化に用いられている確率過程のパラメタは，単位時間当たりに累積する歪みの平均を表すドリフトと確率的なばらつき度合いを示す拡散係数の二つであり，これらの値を過去のデータ等に基づいて推定することで長期予想がなされている．

　大阪に住む著者にとって関心の深い，南海トラフで発生する大地震に関していえば，次の地震発生までの平均間隔は 88.2 年と推定されるが，最後に起こった昭和東南海地震（1944 年），昭和南海地震（1946 年）から既に 70 年ほど経過しており，今後，30 年以内に 70% 程度の確率でマグニチュード 8〜9 クラスの地震が起こると予想されている [8]．一旦，地震が起これば悲惨な状況になるのは想像に難くないが，それではこの「30 年以内に 70%」という数字を踏まえて，私は一体何をすべきなのだろうかと途方に暮れてしまう．仮に「30 年以内に 70%」ではなく，「30 年以内に 80%」あるいは「30 年以内に 60%」と予想されているとすると，国や自治体が取るべき対策の何がどう変わるというのであろうか．確率モデルの出力は個々の事象が起こる確率だけであり，それを問題解決や意思決定に生かす技術は，多くの場合，未発達のようである．

参考文献

[1] Baccelli, F., Boyer, P., and Hebuterne, G.: Single-server queues with impatient customers, *Advances in Applied Probability*, Vol.16, pp.887–905, 1984.

[2] Bae, J., Kim, S., and Lee, E. Y.: The virtual waiting time of the M/G/1 queue with impatient customers, *Queueing Systems*, Vol.38, pp.485–494, 2001.

[3] Çinlar, E.: *Introduction to Stochastic Processes*, Prentice Hall, 1975.

[4] Daley, D. J.: General customer impatience in the queue GI/G/1, *Journal of Applied Probability*, Vol.2, pp.186–205, 1965.

[5] Inoue, Y. and Takine, T.: Analysis of the loss probability in the M/G/1+G queue, *Queueing Systems*, Vol.80, pp.363–386, 2015.

[6] Inoue, Y. and Takine, T.: The M/D/1+D queue has the minimum loss probability among M/G/1+G queues, *Operations Research Letters*, Vol.43, pp.629–632, 2016.

[7] 地震調査研究推進本部 地震調査委員会：長期的な地震発生確率の評価手法について，2001. http://www.jishin.go.jp/main/choukihyoka/01b/chouki020326.pdf

[8] 地震調査研究推進本部 地震調査委員会：南海トラフの地震活動の長期評価（第二版）について，2013. http://www.jishin.go.jp/main/chousa/13may_nankai/index.htm

[9] Kleinrock, L.: *Queueing Systems, Volume I: Theory*, John Wiley & Sons, 1975.

[10] Kovalenko, I. N.: Some queuing problems with restrictions, *Theory of Probability and Its Applications*, Vol.6, pp.205–208, 1961.

[11] Latouche, G. and Ramaswami, V.: *Introduction to Matrix Analytic Methods in Stochastic Modeling*, SIAM, 1999.

[12] 牧本直樹：『待ち行列アルゴリズム —行列解析アプローチ—』，朝倉書店，2001.

[13] 宮沢政清：『待ち行列の数理とその応用』，牧野書店，2006.

[14] Neuts, M. F.: *Matrix-Geometric Solutions in Stochastic Models: An Algorithmic Approach*, Johns Hopkins University Press, 1981.

[15] Neuts, M. F.: *Structured Stochastic Matrices of M/G/1 Type and Their Applications*, Marcel Dekker, 1989.

[16] Stanford, R. E.: Reneging phenomena in single channel queues, *Mathematics of Operations Research*, Vol.4, pp.162–178, 1979.

[17] 滝根哲哉：構造化されたマルコフ連鎖と待ち行列, 『システム/制御/情報』, Vol.43, pp.135–140, 1899.

[18] Takine, T.: A new recursion for the queue length distribution in the stationary BMAP/G/1 queue, *Stochastic Models*, Vol.16, pp.335–341, 2000.

[19] 滝根哲哉，伊藤大雄，西尾章治郎：『ネットワーク設計理論』，岩波書店，2001.

[20] 滝根哲哉：待ち行列モデルとモデリング，『日本オペレーションズ・リサーチ学会 2006 年春期研究発表会アブストラクト集』，pp.6–7，2006.

[21] 吉田耕作：『積分方程式論 第 2 版』，岩波書店，1977.

7章

統計的機械学習における損失関数とリスク尺度

金森敬文

7.1 はじめに

　さまざまなタイプのデータから有益な情報を取り出し，観測事実の背後にある本質を捉えることは，適切な意思決定を行う上で重要である．統計学や機械学習の分野では，不確実な状況を確率の言葉で表現し，大規模で複雑なデータを扱うための技術が開発されている．予測精度や推定精度を測るための尺度である損失関数を適切に設計することで，高精度の統計的推論と効率的な計算を両立することができる．例えば回帰分析における2乗誤差，判別問題におけるヒンジ損失などの例が挙げられる．一方，数理ファイナンスなどの分野では，意思決定のためのリスク評価という文脈で，不確実性を定量的に扱うための枠組が発展している．例えばポートフォリオの設計などにおいて資産を適切に配分することは，経済リスクの管理という観点から重要である．このとき，資産配分に対するリスクの大きさを適切に測る必要がある．例えば，損失の大きさを確率と関連させて表す量であるバリュー・アット・リスクや条件付きバリュー・アット・リスクなどのリスク尺度が実務に用いられている．

　本稿では，よく研究されている統計的判別の問題に焦点を絞り，機械学習において誤差の評価のために用いられる損失関数と，数理ファイナンスにおけるリスク尺度との関連について概説する．特に統計的学習の視点から，リスク尺度の新しい応用や統計的性質について，筆者らの最近の研究を含めて紹介する．

7.2 統計的判別問題

　機械学習ではさまざまな統計的問題を扱うが，その中でも判別問題は基本的な問題設定である．本節では判別問題の基礎事項を解説する．

7 章　統計的機械学習における損失関数とリスク尺度

まず本稿で用いる記号を準備しておく．定義関数 $\mathbf{1}[A]$ を，命題 A が真なら 1，偽なら 0 を返す関数とする．有限集合 S の要素数を $|S|$ とする．実数の集合を $\mathbb{R}$，非負実数の集合を $\mathbb{R}_{\geq 0}$ とする．d 次元ユークリッド空間 $\mathbb{R}^d$ の元を $\boldsymbol{x}$ と表し，通常は列ベクトルとする．ベクトルや行列の転置には $\cdot^T$ を付け，ベクトル $\boldsymbol{x}$ のユークリッド・ノルムを $\|\boldsymbol{x}\| = \sqrt{\boldsymbol{x}^T\boldsymbol{x}}$ とする．ベクトルの成分を $x_i, i = 1,\ldots,d$ のように表記し，$\boldsymbol{x} = (x_1,\ldots,x_d)^T \in \mathbb{R}^d$ のように表す．符号関数 $\mathrm{sign}: \mathbb{R} \to \{+1,-1\}$ を，$z \geq 0$ なら $\mathrm{sign}(z) = +1$，$z < 0$ なら $\mathrm{sign}(z) = -1$ と定める．また $z \in \mathbb{R}$ に対して $[z]_+ = \max\{z,0\}$ とする．確率変数 X の期待値と分散をそれぞれ $\mathbb{E}[X]$, $\mathbb{V}[X]$ とする．その他の記号については適宜説明する．

7.2.1　判別とは

データとして入力 $\boldsymbol{x}$ とラベル y の組 $(\boldsymbol{x},y)$ が得られているとする．例えば，$\boldsymbol{x}$ を 1 枚の画像データとし，y はその画像が人の顔か，そうでないかを表すラベルとする．具体的な表現としては，8×8 画素のモノクロ画像なら $\boldsymbol{x}$ は 64 次元のベクトルで，各要素が対応する画素のグレースケールを表すとする．カラー画像で画素ごとに RGB 値を割り当てるなら，$\boldsymbol{x}$ は 64×3 次元ベクトルになる．ラベルについては，顔が写っているなら $y = 1$，写っていないなら $y = -1$ などと決めておく．このようなデータは，デジカメなどで人の顔をキャプチャするためのアルゴリズムを設計するときに用いられる．たくさんのデータが与えられているとき，それらをまとめて $\{(\boldsymbol{x}_1,y_1),\ldots,(\boldsymbol{x}_m,y_m)\}$ などと書く．判別問題の主要な目標は，データに基づいて，将来観測される入力 $\boldsymbol{x}$ に対するラベルを予測することである．

判別問題では，ラベル y は有限集合に値をとると仮定する．以下，入力 $\boldsymbol{x}$ はある集合 $\mathcal{X}(\subset \mathbb{R}^d)$ の元とし，ラベル y は有限集合 $\mathcal{Y}$ の元とする．とくに 2 値判別 (binary classification) では，上で示した画像データの例のように，ラベルは $\mathcal{Y} = \{+1,-1\}$ に値をとるとする．ラベルは問題設定から定まる意味をもっているが，$\{+1,-1\}$ などの実数に値をとるとすることで，y の値自身を計算プロセスの中で用いることができる．

理論的な設定としては，データは集合 $\mathcal{X} \times \mathcal{Y}$ 上の確率分布にしたがって生

成されると考える.統計的学習では,複数のデータがそれぞれ統計的に独立に,$\mathcal{X} \times \mathcal{Y}$ 上の同一の確率分布 D にしたがって生成されると仮定することが多い.独立性の仮定の下で,大数の法則や中心極限定理など,確率論における重要な結果を用いることができる.一方,実際のデータが独立性を満たすかどうかは,統計的に検証する必要がある.またデータを収集するとき,独立性が満たされるように工夫するなどの注意が必要になる.本稿では,特に断らない限りデータ $(\boldsymbol{x}, y)$ はある確率分布から独立に生成されると仮定する.ただし,データ $(\boldsymbol{x}, y)$ の入力 $\boldsymbol{x}$ とラベル y は一般に独立ではなく,これらの間の相関や関連を推定することが重要な課題となる.

データには学習データ (training data) とテストデータ (test data) の 2 種類がある.学習データはすでに観測されたデータで,統計的推論のために用いられる.学習データを用いて推論を行うことを「学習する」と表現することが多い.これに対してテストデータは,学習した結果を運用する際に与えられることを想定している.テストデータに対する予測精度をできるだけ高めることが,判別問題の目標となる.人の顔認識の例では,判別を行うための機械やソフトウェアを作成する段階で提示されるのが学習データであり,実際に製品として出回った後で与えられるデータがテストデータということになる.学習データとテストデータは同じ確率分布にしたがうと仮定する.

7.2.2 問題の定式化

問題の定式化について説明する.入力集合 $\mathcal{X}$ からラベル集合 $\mathcal{Y}$ への関数 $h: \mathcal{X} \to \mathcal{Y}$ を判別器 (classifier) といい,判別器の集合 H を(判別器の)統計モデルという.統計モデルは,データの性質にしたがって適切に定める必要がある.学習データを $S = \{(\boldsymbol{x}_i, y_i) | i = 1, \ldots, m\}$ とする.数学的には,学習アルゴリズムは学習データから統計モデルへの変換 $S \mapsto h_S \in H$ として定義されるが,実際には具体的な計算プロセスを与える必要がある.学習して得られる判別器 h_S の予測精度は,テストデータのもとで評価される.テストデータを $(\boldsymbol{x}', y')$ とし,$\boldsymbol{x}'$ のラベルを $h_S(\boldsymbol{x}')$ で予測する.このとき,$y' = h_S(\boldsymbol{x}')$ なら予測は正しく,$y' \neq h_S(\boldsymbol{x}')$ なら予測が間違いということになる.学習した判別器 h_S の予測精度が平均的に高いほど好ましい.機械学習における重要な

7章　統計的機械学習における損失関数とリスク尺度

課題は，予測精度が高い判別器を与える効率的な学習アルゴリズムを設計することである．

2値判別でよく用いられる統計モデルの例を示す．入力集合を $\mathcal{X} = \mathbb{R}^d$ として線形判別器の統計モデルを

$$H = \{h(\boldsymbol{x}) = \mathrm{sign}(\boldsymbol{w}^T\boldsymbol{x} + b) \mid \boldsymbol{w} \in \mathbb{R}^d, b \in \mathbb{R}\}$$

と定める．線形判別器は $\mathbb{R}^d$ を超平面で2つの半空間に分け，一方にラベル $+1$，他方にラベル -1 を割り当てる．より一般に，基底関数 $\phi_1(\boldsymbol{x}), \ldots, \phi_D(\boldsymbol{x})$ を用意して関数集合 F を

$$F = \left\{f(\boldsymbol{x}) = \sum_{k=1}^{D} w_k \phi_k(\boldsymbol{x}) + b \,\middle|\, w_1, \ldots, w_D, b \in \mathbb{R}\right\}$$

と定め，この F から定まる統計モデル

$$H = \{h(\boldsymbol{x}) = \mathrm{sign}(f(\boldsymbol{x})) \mid f \in F\}$$

を用いることもできる．これを $\mathbb{R}^D$ 上の線形判別器とみなすこともできる．基底関数として1次と2次の関数を用いて，$\boldsymbol{x} = (x_1, \ldots, x_d)$ に対して

$$f(\boldsymbol{x}) = \sum_{i=1}^{d} \alpha_i x_i + \sum_{i,j=1}^{d} \alpha_{ij} x_i x_j + b$$

とすると，線形判別器よりも複雑な判別境界を表現できる．基底関数の数が十分多ければ，それだけ複雑な判別境界を表現することができる（図7.1を参照）．

判別器 $h(\boldsymbol{x})$ が実数値関数 $f(\boldsymbol{x})$ を用いて

$$h(\boldsymbol{x}) = \mathrm{sign}(f(\boldsymbol{x})) = \mathrm{sign}(f(\boldsymbol{x}))$$

と表されるとき，$f : \mathcal{X} \to \mathbb{R}$ を判別関数 (decision function) という．カーネル法と呼ばれる統計的手法では，判別関数の集合として無限次元の関数空間を用いることも可能であり，柔軟な学習法として発展している [8]．本章では簡単のため主に有限次元線形モデルを用いた方法を紹介するが，カーネル法に対しても同様の議論が成立する．

7.2 統計的判別問題

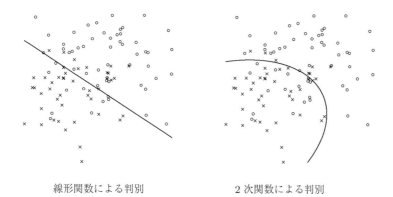

線形関数による判別　　　　2次関数による判別

図 **7.1**　2値データと判別器.

7.2.3 ベイズ誤差・ベイズ規則

判別問題では，予測ラベル $h(\boldsymbol{x})$ と実際に得られるラベル y が一致するかどうかによって予測精度を測ることができる．したがって，予測が当たれば損失は 0，外れたら損失は 1 と定めることは自然であろう．すなわち，データ $(\boldsymbol{x}, y)$ に対する h の損失の大きさを $\mathbf{1}[y \neq h(\boldsymbol{x})]$ とする．これは 0-1 損失 (zero-one loss) とよばれる損失である．より一般に，間違いの仕方によって損失の重みを変えることもできる．例えば医療診断である病気に罹患しているかどうかを予測するとき，健康な人を病気と診断するのとその逆の間違いでは，重みを変えるのが適切である．簡単のため，本稿では単純な 0-1 損失を予測誤差の評価尺度とする．

データ $(\boldsymbol{x}, y)$ の分布が D のとき，判別器 h の 0-1 損失の期待値を

$$R(h) = \mathbb{E}_{(\boldsymbol{x}, y) \sim D}[\mathbf{1}[y \neq h(\boldsymbol{x})]]$$

とし，h の予測誤差 (prediction error) とよぶ．予測誤差は判別器の平均的な性能を表し，小さいほど良い．ここで $R(h)$ は分布 D に依存するので $R_D(h)$ などと記すべきだが，とくに混乱のない限り D は省略する．

予測誤差に関して最適な判別器を導出する．これは $R(h) \geq R(h^*)$ を満たす判別器 h^* として定義され，h^* をベイズ規則 (Bayes rule)，そのときの予測

7章 統計的機械学習における損失関数とリスク尺度

誤差

$$R^* = R(h^*) = \inf_h R(h) \tag{7.1}$$

をベイズ誤差 (Bayes error) という．ベイズ規則は，分布 D におけるラベルの条件付き確率 $\Pr(y|\bm{x})$ を用いて

$$h^*(\bm{x}) = \underset{y \in \mathcal{Y}}{\operatorname{argmax}} \Pr(y|\bm{x})$$

と表すことができる [10]．すなわち，入力 $\bm{x}$ が与えらえたとき，最も出現する確率の高いラベルを予測ラベルとすれば，予測誤差が最小になる．またベイズ誤差は

$$R^* = \mathbb{E}_{\bm{x} \sim D}\left[1 - \max_{y' \in \mathcal{Y}} \Pr(y'|\bm{x}) \right]$$

で与えられる．ただし $\mathbb{E}_{\bm{x} \sim D}$ は，入力 $\bm{x}$ の周辺分布のもとで期待値をとることを意味する．2値判別の場合には

$$R^* = \mathbb{E}_{\bm{x} \sim D}\left[\min\{\Pr(Y = +1|\bm{x}), \Pr(Y = -1|\bm{x})\} \right]$$

と表せる．どのような判別器を用いても，データが分布 D にしたがう限りベイズ誤差 R^* より小さな予測誤差を達成することはできない．ベイズ誤差を達成する判別器を求めることが，学習アルゴリズムの主要な目標である．

通常の問題設定では，学習データ S は与えられるが，分布 D は未知である．データのみからベイズ規則を正確に求めることは一般には困難である．学習して得られる h_S の予測誤差 $R(h_S)$ ができるだけベイズ誤差に近くなるように，学習アルゴリズムを設計することが求められる．実際には予測精度だけでなく計算効率も重要な要素であるため，問題の性質や目的に合わせて適切に学習アルゴリズムを設計する必要がある．

7.3 学習アルゴリズム：サポートベクトルマシン

機械学習における代表的な学習アルゴリズムであるサポートベクトルマシン (SVM: Support Vector Machine) を紹介する．本節では線形モデルを学習す

7.3 学習アルゴリズム：サポートベクトルマシン

るアルゴリズムを示す．

7.3.1 C-サポートベクトルマシンの導出

線形判別器の判別関数を $f(\boldsymbol{x}) = \boldsymbol{w}^T\boldsymbol{x} + b, \boldsymbol{x} \in \mathbb{R}^d$ として，$f(\boldsymbol{x})$ の符号 $\mathrm{sign}(f(\boldsymbol{x}))$ で 2 値ラベル $y \in \{+1, -1\}$ を予測する．もし $yf(\boldsymbol{x}) > 0$ なら予測が正しく，逆に $yf(\boldsymbol{x}) < 0$ なら予測が誤りとなる．学習データを $(\boldsymbol{x}_i, y_i), i = 1, \ldots, m$ とする．できるだけ多くのデータ点で

$$y_i(\boldsymbol{w}^T\boldsymbol{x}_i + b) > 0 \tag{7.2}$$

が成り立つように $\boldsymbol{w} \in \mathbb{R}^d, b \in \mathbb{R}$ を選べば，学習データに対して正答率の高い判別器が得られる．式 (7.2) の左辺の値 $y_i(\boldsymbol{w}^T\boldsymbol{x}_i + b)$ を，データ点 $(\boldsymbol{x}_i, y_i)$ に対する判別関数 $f(\boldsymbol{x}) = \boldsymbol{w}^T\boldsymbol{x} + b$ のマージン (margin) という．本稿では負のマージン $-y(\boldsymbol{w}^T\boldsymbol{x}_i + b)$ を扱うことが多い．マージンが 0 以下，すなわち負のマージンが 0 以上になるデータ点の個数を最小化することで，適切なパラメータ $\boldsymbol{w}, b$ を得ることができる．よって次の最小化問題

$$\min_{\boldsymbol{w}, b} \frac{1}{m}\sum_{i=1}^{m} \mathbf{1}[-y_i(\boldsymbol{w}^T\boldsymbol{x}_i + b) \geq 0] \tag{7.3}$$

を解けばよい．これは，学習データの 0-1 損失の平均値を最小化することと同じである．上式はパラメータ空間 $(\boldsymbol{w}, b)$ 上で微分不可能な非凸関数であり，また微分可能な点での微分値は 0 なので，大域的な最適解を求めることは非常に困難である．

最小化が難しいのは，0-1 損失 $z \mapsto \mathbf{1}[z \geq 0]$ が非凸関数であることが主な原因と考えられる．そこで，式 (7.3) の代わりに単調増加な凸関数 $\phi(z)$ を用いて

$$\min_{\boldsymbol{w}, b} \frac{1}{m}\sum_{i=1}^{m} \phi(-y_i(\boldsymbol{w}^T\boldsymbol{x}_i + b)) \tag{7.4}$$

を解くことを考える．この最適化問題の目的関数はパラメータ $\boldsymbol{w}, b$ について凸である．単調増加性から，多くのデータ点で $-y_i(\boldsymbol{w}^T\boldsymbol{x}_i + b)$ の値が小さくなるパラメータ $\boldsymbol{w}, b$ が，最適解として得られると期待される．さらに関数 $\phi(z)$ が

209

7章 統計的機械学習における損失関数とリスク尺度

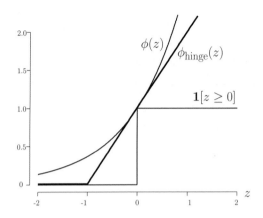

図 7.2 0-1 損失 $\mathbf{1}[z \geq 0]$, ヒンジ損失 $\phi_{\text{hinge}}(z)$, 凸関数 $\phi(z)$ のプロット. $\phi(z)$ は $\mathbf{1}[z \geq 0] \leq \phi(z)$ と $\phi'(0) = 1$ を満たす.

0-1 損失 $\mathbf{1}[z \geq 0]$ の上界となること, すなわち $z \in \mathbb{R}$ に対して $\mathbf{1}[z \geq 0] \leq \phi(z)$ を満たすと仮定すると, 式 (7.4) の最適値が式 (7.3) の最適値の上界を与える. したがって問題 (7.4) の最適解により, 0-1 損失も小さくなることが期待される.

凸関数 $\phi(z)$ のなかで 0-1 損失に最も近いものが, 次式で定義されるヒンジ損失 (hinge loss) である.

$$\phi_{\text{hinge}}(z) = \max\{1 + z, 0\}.$$

正確に述べると, $\mathbf{1}[z \geq 0] \leq \phi(z)$ と $\phi'(0) = 1$ を満たす任意の凸関数 $\phi(z)$ について,

$$\mathbf{1}[z \geq 0] \leq \phi_{\text{hinge}}(z) \leq \phi(z)$$

が成り立つ (図 7.2).

損失関数としてヒンジ損失を用いる学習アルゴリズムをサポートベクトルマシンという. 実際には, 判別器や判別関数が学習データに過剰に適合しないように, 正則化項 (例えば $\|\boldsymbol{w}\|^2$ に比例する項) を加え, 関数

$$\frac{C}{m} \sum_{i=1}^{m} \phi_{\text{hinge}}(-y_i(\boldsymbol{w}^T \boldsymbol{x}_i + b)) + \frac{\|\boldsymbol{w}\|^2}{2}$$

7.3 学習アルゴリズム：サポートベクトルマシン

を w, b に関して最小化する．ここで C は正定数のパラメータであり，ヒンジ損失と正則化項のバランスを調整する役割がある．適切に C を調整することで，予測精度の高い判別器を学習することができる．この学習法は C-サポートベクトルマシン (C-SVM) とよばれる．

7.3.2 ν-サポートベクトルマシン

ヒンジ損失を用いると，$1 > y_i f(x_i)$ なら損失 $1 - y_i f(x_i)$ を被り，$1 \leq y_i f(x_i)$ なら損失は 0 となる．つまり，マージンに対してしきい値 1 を基準にして損失が定まる．このしきい値を ρ と置いて可変にし，データから ρ を決めるように変更したのが ν-サポートベクトルマシン (ν-SVM) とよばれる学習法である．このとき損失は $\max\{\rho - y_i f(x_i), 0\}$ となるが，十分小さな ρ に対して損失は 0 となり，損失として意味がなくなってしまう．これを防ぐために定数 $\nu > 0$ を定め，ρ が小さな値を取るとペナルティとして $-\nu\rho$ が課せられるように

$$-\nu\rho + \max\{\rho - y_i f(x_i), 0\}$$

という損失を考える．これより，学習データに対する損失

$$\frac{1}{m} \sum_{i=1}^{m} (-\nu\rho + \max\{\rho - y_i f(x_i), 0\})$$
$$= -\nu\rho + \frac{1}{m} \sum_{i=1}^{m} \max\{\rho - y_i f(x_i), 0\}$$

が定まる．上式を線形モデル $f(x) = w^T x + b$ のパラメータ w, b と $\rho \in \mathbb{R}$ について最小化することで，線形判別器を学習することができる．さらに，C-SVM と同様に正則化項を加えることで予測精度を向上させることができる．標準的な 2 次の正則化項を加えると，線形モデル $w^T x + b$ を判別関数とする ν-SVM は

$$\min_{\substack{w \in \mathbb{R}^d, b \in \mathbb{R} \\ \rho \in \mathbb{R}}} -\nu\rho + \frac{1}{m} \sum_{i=1}^{m} \max\{\rho - y_i(w^T x_i + b), 0\} + \frac{1}{2}\|w\|^2 \qquad (7.5)$$

となる．この最適解 $\widehat{w}, \widehat{b}$ から線形判別器 $\mathrm{sign}(\widehat{w}^T x + \widehat{b})$ を構成し，予測に用いる．

7章 統計的機械学習における損失関数とリスク尺度

ν-SVM では，可変なしきい値を導入したことで 0-1 損失との関連が不明瞭になった．しかし，最適性条件から 0-1 損失との関連を見出すことができる [17]．以下に結果のみ示す．式 (7.5) の最適解を $(\widehat{\boldsymbol{w}}, \widehat{b}, \widehat{\rho})$ とすると $\widehat{\rho} \geq 0$ となり，また $\widehat{f}(x) = \widehat{\boldsymbol{w}}^T \boldsymbol{x} + \widehat{b}$ に対して

$$\frac{1}{m}\sum_{i=1}^{m} \mathbf{1}[y_i \widehat{f}(\boldsymbol{x}_i) < 0] \leq \frac{1}{m}\sum_{i=1}^{m} \mathbf{1}[y_i \widehat{f}(\boldsymbol{x}_i) < \widehat{\rho}] \leq \nu$$

が成り立つ．よって，ν は上式左辺の学習誤り率に対する上界を与える．

7.3.3 ν-SVM とリスク尺度

ν-SVM で用いられる損失は，数理ファイナンスで提案されているリスク尺度と関連が深い．数理ファイナンスの分野では，金融資産に投資したときのリスクなどを計量化するために，さまざまなリスク尺度が提案され，実務に応用されている．リスク尺度全般については 7.5 節で解説する．本節では，リスク尺度と ν-SVM の関連 [9] について解説する．

まずいくつかのシナリオ i $(i = 1, \ldots, m)$ を想定し，シナリオ i が実現したときに被る損失額の大きさを z_i とおく．簡単のため，それぞれのシナリオが実現する可能性は等確率（つまり $1/m$）とする．このような状況におけるリスクの大きさを測るための評価尺度として，バリュー・アット・リスクや条件付きバリュー・アット・リスクなどが提案されている．

まずバリュー・アット・リスク (VaR: Value at Risk) について説明する．確率値 $\nu \in (0, 1]$ の VaR は，損失の大きさを降順に

$$z_{(1)} \geq z_{(2)} \geq \cdots \geq z_{(m)}$$

と並べたときの $m\nu$ 番目の値 $z_{(m\nu)}$ と定義される（図 7.3 の VaR）．VaR は統計における分位点（パーセンタイル）と同義であり，$z_{(m\nu)}$ は損失 z_i の分布における上側 ν-点に一致する．ただし簡単のため $m\nu$ は自然数としておく．

次に，条件付きバリュー・アット・リスク (CVaR: Conditional Value at Risk) の定義を示す．確率値 $\nu \in (0, 1]$ の CVaR は

$$\text{CVaR}: \frac{1}{m\nu}\sum_{i=1}^{m\nu} z_{(i)}$$

7.3 学習アルゴリズム：サポートベクトルマシン

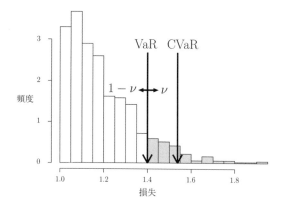

図 7.3 VaR と CVaR の図．CVaR は VaR 以上の損失（グレーの部分）の平均

と定義される．つまり VaR の値 $z_{(m\nu)}$ 以上の損失に対する平均値である（図7.3 の CVaR）．さらに CVaR は，最適化問題の最適値として

$$\frac{1}{m\nu}\sum_{i=1}^{m\nu} z_{(i)} = \min_{\rho \in \mathbb{R}} \left\{ -\rho + \frac{1}{m\nu}\sum_{i=1}^{m}[\rho + z_i]_+ \right\}. \tag{7.6}$$

のように与えられる [16]．実際，z_i の値は全て異なるとして目的関数を ρ で微分すると，(7.6) の右辺の極値条件は

$$-1 + \frac{1}{m\nu}\sum_{i=1}^{m}\mathbf{1}[\rho + z_i \geq 0] = 0 \implies \sum_{i=1}^{m}\mathbf{1}[\rho + z_i \geq 0] = m\nu$$

となり，$\rho = -z_{(m\nu)}$ を得る．これを ρ に代入すると，CVaR の定義に一致することが確認できる．上の計算では $m\nu$ が整数になることを仮定しているが，そうでないときもほぼ同様の結果が成り立つ．

損失 z_i として負のマージン $z_i = -y_i f(\boldsymbol{x}_i)$ を考える．このとき CVaR は，正則化項なしの場合の ν-SVM の損失に（ν 倍を除いて）一致する．また正則化項があるかどうかに関わらず，ν-SVM のしきい値 ρ の最適解は，確率値 ν に対する負のマージンの VaR に一致する．

7.3.4 ν-SVM の双対問題

ν-SVM に対して，双対問題を通して幾何学的な解釈が与えられる．まず，

7章 統計的機械学習における損失関数とリスク尺度

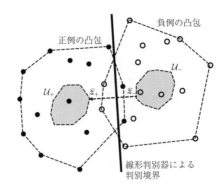

図 7.4 データ点の凸包と縮小凸包. ●は正例, ○は負例を表す. 異なる ν の値に対する縮小凸包を示す.

図 7.4 に示すようにラベル $+1$ をもつデータ点の凸包の部分集合 $\mathcal{U}_+$ を

$$\mathcal{U}_+ = \left\{ \sum_{i:y_i=+1} \alpha_i \boldsymbol{x}_i \;\middle|\; \sum_{i:y_i=+1} \alpha_i = 1,\; 0 \leq \alpha_i \leq \frac{2}{m\nu} \right\}$$

とおき, 同様にラベル -1 をもつデータ点の凸包の部分集合 $\mathcal{U}_-$ を

$$\mathcal{U}_- = \left\{ \sum_{i:y_i=-1} \alpha_i \boldsymbol{x}_i \;\middle|\; \sum_{i:y_i=-1} \alpha_i = 1,\; 0 \leq \alpha_i \leq \frac{2}{m\nu} \right\}$$

とする.

係数 α_i の上限が 1 ならば $\mathcal{U}_\pm$ はデータ点の凸包になり, 上限が 1 より小さい値なら $\mathcal{U}_\pm$ は凸包の部分集合になる. $\mathcal{U}_+, \mathcal{U}_-$ はそれぞれ, 正例の集合 $\{\boldsymbol{x}_i|y_i=+1\}$ と負例の集合 $\{\boldsymbol{x}_i|y_i=-1\}$ の縮小凸包 (reduced convex hull) とよばれる.

これらの集合を用いると, 式 (7.5) の双対問題は (定数倍すると)

$$\min_{\boldsymbol{z}_+,\boldsymbol{z}_-} \|\boldsymbol{z}_+ - \boldsymbol{z}_-\|^2 \quad \text{s.t.} \quad \boldsymbol{z}_+ \in \mathcal{U}_+,\; \boldsymbol{z}_- \in \mathcal{U}_-. \tag{7.7}$$

と表せる [3,4]. 式 (7.7) では 2 つの集合 $\mathcal{U}_\pm$ の間の距離を最小にする点のペアを求めているので, 最小距離問題 (minimum distance problem) とよばれる. この最適解を $\widehat{\boldsymbol{z}}_+, \widehat{\boldsymbol{z}}_-$ とすると, 線形判別器 $\mathrm{sign}(\boldsymbol{w}^T\boldsymbol{x}+b)$ のパラメータ $\boldsymbol{w}$ は, 図 7.4 のように $\widehat{\boldsymbol{z}}_+ - \widehat{\boldsymbol{z}}_-$ に比例するベクトルで与えられる. 定数項 b につ

いては別途計算を行って最適解を求める．

正例と負例の隙間（マージン）が出来るだけ大きくなるような判別関数を選ぶという基準を，マージン最大化という．これは，正例と負例それぞれデータの凸包に対する最小距離を考えることと等価である．マージン最大化では，2つの凸包が交わるとき解は自明 ($\boldsymbol{w} = \boldsymbol{0}$) となり，適切にデータから判別器を学習することができない．凸包を少し縮小した $\mathcal{U}_\pm$ のような集合に対して最小距離問題を考える方法は，マージン最大化の拡張とみなせる．

7.4 判別のための凸損失関数

7.3.1 項では，0-1 損失の凸関数による近似としてヒンジ損失を導出し，C-SVM の学習アルゴリズムを構成した．本節では，より一般の損失関数を用いる学習アルゴリズムを紹介し，予測精度などの統計的性質について簡単に解説する．

凸関数 $\phi: \mathbb{R} \to \mathbb{R}_{\geq 0}$ を用いて，データ点 $(\boldsymbol{x}, y)$ における判別器 $h(\boldsymbol{x}) = \mathrm{sign}(f(\boldsymbol{x}))$ の損失を $\phi(-yf(\boldsymbol{x}))$ と定義する．これを凸マージン損失 (convex margin loss) といい，学習データ上での平均を

$$\widehat{R}_\phi(f) = \frac{1}{m} \sum_{i=1}^{m} \phi(-y_i f(\boldsymbol{x}_i))$$

とおく．ここで ϕ を凸な単調非減少関数とする．7.3.1 項で示したように，$\widehat{R}_\phi(f)$ を最小化する凸最適化問題を解くことで，学習データを適切に判別するような判別器が得られる．

実用上よく用いられる凸マージン損失 $\phi(z)$ の例を以下に挙げる．

$$\begin{aligned}
\text{ヒンジ損失}: & \quad [1+z]_+, \\
\text{指数損失}: & \quad e^z, \\
\text{ロジスティック損失}: & \quad \log(1+e^z), \\
\text{打ち切り 2 乗損失}: & \quad \frac{1}{2}([1+z]_+)^2, \\
\text{2 乗損失}: & \quad \frac{1}{2}(1+z)^2.
\end{aligned}$$

これらはすべて凸関数であり，2 乗損失以外は単調非減少である．判別関数の

7 章 統計的機械学習における損失関数とリスク尺度

線形モデル $f(\boldsymbol{x}) = \boldsymbol{w}^T\boldsymbol{x} + b$ に対して,上の損失から定義される $\widehat{R}_\phi(f)$ は $\boldsymbol{w}, b$ について凸であり,0-1 損失と比較して最適化が容易である.ヒンジ損失はサポートベクトルマシンにおいて用いられ,また指数損失はブースティングとよばれる学習法で使われている [6, 7, 20]. ロジスティック損失は,数理統計学においてよく用いられる対数尤度関数と関連が深い.打ち切り 2 乗損失は L_2-サポートベクトルマシンで用いられる.判別分析において,ラベル ±1 の値そのものを線形モデルで予測するというアプローチも有効である.このとき,通常の回帰分析で用いられる 2 乗損失が利用できる.2 乗損失は単調な関数ではないが,線形モデルに対する最適解が行列演算から陽に求まるため,実データの解析に用いられることも多い.

ここで学習の本来の目的を思い出すと,高い予測精度を達成する判別器を構成することであった.計算上の理由から 0-1 損失を凸マージン損失で置き換えたが,その統計的な正当性を保証する必要がある.以下で,機械学習の分野で発展している判別適合的損失の理論について紹介する.判別適合的損失とは,(7.1) を満たすベイズ規則 h^* を学習することが可能な損失関数を意味する.英語では classification-calibrated loss, infinite-sample consistent loss, Fisher consistent loss [1, 13, 21] などの用語が用いられているが,定まった日本語訳はないようである.本稿では,判別問題に限定した損失関数について考察するので「判別適合的」という用語を用いることにする.

ここでの我々の関心は,凸マージン損失を用いて求めた判別器とベイズ規則 h^* との関係である.データが分布 D にしたがうとき,判別関数 $f : \mathcal{X} \to \mathbb{R}$ に対する凸マージン損失の期待値を

$$R_\phi(f) = \mathbb{E}_{(\boldsymbol{x},y) \sim D}[\phi(-yf(\boldsymbol{x}))]$$

とし,判別関数に関する下限を

$$R_\phi^* = \inf_f R_\phi(f)$$

とおく.ただし $\inf_f$ は $\mathcal{X}$ 上の任意の(可測)関数に関する下限を意味する.このとき,

7.4 判別のための凸損失関数

「$R_\phi(f)$ が R_ϕ^* に近いなら,$R(\mathrm{sign}(f))$ が R^* に近い」

ことが保証される ϕ を判別適合的損失という.

判別器 $\mathrm{sign}(f)$ の予測誤差と $R_\phi(f)$ について,以下の定理が知られている [1].

定理 7.1. $\phi(z)$ は非負値をとる $\mathbb{R}$ 上の凸関数であり,$z=0$ で微分可能で $\phi'(0) > 0$ を満たすと仮定する.関数 $\psi:[0,1] \to \mathbb{R}_{\geq 0}$ を

$$\psi(\theta) = \phi(0) - \inf_{z \in \mathbb{R}} \left\{ \frac{1+\theta}{2}\phi(-z) + \frac{1-\theta}{2}\phi(z) \right\}$$

と定義する.このとき以下が成り立つ.

(a) $\psi(\theta)$ は狭義単調増加な凸関数であり,$\theta = 0$ で連続かつ $\psi(0) = 0$ を満たす.

(b) 任意の分布 D と任意の判別関数 f に対して,

$$\psi(R(\mathrm{sign}(f)) - R^*) \leq R_\phi(f) - R_\phi^* \tag{7.8}$$

が成り立つ.

式 (7.8) と (a) の性質から,$R_\phi(f)$ が R_ϕ^* に十分近いなら,判別器 $\mathrm{sign}(f(\boldsymbol{x}))$ はベイズ規則をよく近似していると言える.定理の条件を満たす凸マージン損失を用いることは妥当と言える.

以下に例を示す.

例 7.1 (ヒンジ損失).サポートベクトルマシンで使われるヒンジ損失

$$\phi(z) = \max\{1+z, 0\}$$

は $z = -1$ で微分不可能だが,$z = 0$ で微分可能で $\phi'(0) = 1 > 0$ を満たすので判別適合的損失となる.このとき $\theta \in [0,1]$ に対して

$$\psi(\theta) = \theta$$

が得られる.   □

例 7.2 (指数損失).ブースティングで使われる指数損失

7 章 統計的機械学習における損失関数とリスク尺度

$$\phi(z) = e^z$$

は凸で $\phi'(0) = 1$ を満たすので判別適合的損失である．このとき

$$\psi(\theta) = 1 - \sqrt{1-\theta^2}$$

となる．関数 $\psi(\theta)$ は $\theta \in [0,1]$ で連続な狭義単調増加関数になっている． □

例 7.3 （ロジスティック損失）．ロジスティック回帰で使われる凸損失

$$\phi(z) = \log(1 + e^z)$$

は $\phi'(0) = 1/2$ となるので判別適合的損失である．関数 $\psi(\theta)$ は

$$\psi(\theta) = \log 2 + \frac{1+\theta}{2}\log\frac{1+\theta}{2} + \frac{1-\theta}{2}\log\frac{1-\theta}{2}$$

で与えられ，これは $\theta \in [0,1]$ で連続な狭義単調増加関数である． □

例 7.4 （打ち切り 2 乗損失）．L_2-サポートベクトルマシンとよばれる学習アルゴリズムでは，損失として

$$\phi(z) = \frac{1}{2}([1+z]_+)^2$$

が用いられる．この損失が 定理 7.1 の条件を満たすことはすぐ分かるので，判別適合的損失である．このとき

$$\psi(\theta) = \frac{\theta^2}{2}$$

となる． □

7.5 数理ファイナンスにおけるリスク尺度

7.3.3 項で示したように，ν-SVM の損失は数理ファイナンスの分野で提案されているリスク尺度である CVaR と関連が深い．CVaR 以外にも，ポートフォリオ選択などの場面でリスクの大きさを定量化するために，さまざまなリスク尺度 (risk measure) が提案されている．本節では，機械学習への応用を見据え

ながら，いくつかのリスク尺度を紹介する．

ポートフォリオ選択問題などにおける観測可能な損失額を，確率変数 Z などで表す．資産配分を決定する問題を考えると，現時点から一期先の損失額 Z について確率的な予想をすることはできるが，確定した値は分からない．また，各金融資産への投資割合など操作可能なパラメータに依存して，Z の分布が変わる状況を考えている．一定時間が経過すれば，確率変数 Z の実現値として損失額が確定する．

損失額を小さくするために最も単純な方法は，Z の期待値を小さくするような戦略（パラメータ設定）を採用することと考えられる．しかし，期待値が小さくても分散が大きければ，甚大な損害を被る可能性は少なくない．

そのような状況を避けるために，期待値ではなく分散をリスク尺度として用いることが考えられる．さらに，損失の期待値を制約として加えることで，ある程度の利得を確保しつつ，甚大な損害を抑えるような資産配分が実現できると期待できる．損失額の散らばりの程度に着目したリスク尺度として，実務の場面では損失の分散（または標準偏差）や 7.3.3 項で示した VaR が用いられることが多い．

損失額 Z の確率分布が分かっている状況でも，何に着目するかによって取るべき戦略が異なる．そこでリスクとして満たすべき条件を列挙し，公理的にリスクを取り扱うアプローチが考えらえる．その代表例を以下に示す．

定義 7.1（コヒーレント・リスク (coherent risk)）．次の 4 つの条件を満たす，確率変数から実数への関数 ρ をコヒーレント・リスクという．

単調性： 確率変数 X, Y が確率 1 で $X \leq Y$ のとき $\rho(X) \leq \rho(Y)$．
劣加法性： $\rho(X + Y) \leq \rho(X) + \rho(Y)$．
平行移動不変性： 定数 $c \in \mathbb{R}$ に対して $\rho(Z + c) = \rho(Z) + c$．
同次性： 正定数 $a > 0$ に対して $\rho(aZ) = a\rho(Z)$．

リスクの値 $\rho(Z)$ は小さいほうがよい．それぞれの性質について簡単に説明する．単調性はリスクが明らかに満たすべき条件と考えられる．劣加法性は分散投資するほうが望ましいことを意味する．平行移動不変性は，無リスク資産

などによって損失額が一様に変化するとき，それに応じてリスクも一様に変化することに対応する．同次性は，損失額が定数倍になったらリスクも定数倍になるという性質を指す．損失の標準偏差は単調性を満たさず，VaR は劣加法性を満たさないので，これらのリスク尺度はコヒーレント・リスクではない．したがって，これらのリスク尺度はリスクとして適切な性質を持たないと考えられ，運用の際は注意が必要である．

コヒーレント・リスク尺度の代表例として，7.3.3 項で示した CVaR がある．CVaR は，以下に示す期待損失と最大損失を 1 パラメータでつないだものと言える．

例 7.5 （期待損失・最大損失）．確率変数 X に対して，期待値 $\mathbb{E}[X]$ を X の期待損失，取り得る値の最大値 $\max X$ を X の最大損失という．これらはコヒーレント・リスクである．確率変数が離散値をとる場合は，期待損失と最大損失はともに CVaR の特別な場合として表せる．X が $x_1, \ldots, x_m$ の値を等確率（すなわち $1/m$）で取るとする．図 7.3 から分かるように，確率値 ν を $\nu = 1$ とすると対応する CVaR は期待損失になる．また $\nu = 1/m$ とすると，対応する CVaR は最大損失 $\max_{i=1,\ldots,m} x_i$ に等しい． □

コヒーレント・リスクの同次性については，その妥当性について議論がある．また機械学習への応用を考えるとき，同次性を満たさない損失もよく用いられる．そこで，同次性を要求しないリスク尺度のクラスについて考える．同次性と劣加法性から凸性

$$\rho(\alpha X + (1-\alpha)Y) \leq \alpha \rho(X) + (1-\alpha)\rho(Y), \quad 0 \leq \alpha \leq 1 \tag{7.9}$$

が導出される．このことから，コヒーレント・リスクを含むリスク尺度のクラスを次のように定義することができる．

定義 7.2 （凸リスク (convex risk) [5]）．コヒーレント・リスクにおける単調性，平行移動不変性，そして式 (7.9) の凸性を満たす，確率変数 Z から実数への関数 $\rho(Z)$ を凸リスクという．

凸リスク尺度を具体的に構成する方法として，OCE (OCE: Optimized Certainty Equivalent) がある [2]．OCE は単調非減少な凸関数 ϕ を用いて

7.5 数理ファイナンスにおけるリスク尺度

$$\phi_{\mathrm{OCE}}(Z) = \inf_{\rho \in \mathbb{R}} \{-\rho + \mathbb{E}[\phi(\rho + Z)]\} \tag{7.10}$$

と定義される．つまり，CVaR の式 (7.6) に現れるヒンジ損失 $[z]_+$ を一般の凸損失 $\phi(z)$ に置き換えたものである．関数 ϕ の非減少性から，OCE の単調性が分かる．また平行移動不変性は

$$\phi_{\mathrm{OCE}}(Z+c) = c + \inf_{\rho \in \mathbb{R}} \{-(\rho+c) + \mathbb{E}[\phi(\rho+c+Z)]\} = c + \phi_{\mathrm{OCE}}(Z)$$

から確認できる．さらに関数 ϕ の凸性と inf の性質から ϕ_{OCE} の凸性が導かれる．

凸リスク尺度の例を挙げる．次の 2 つの例は同次性を満たさないので，コヒーレント・リスクではない．

例 7.6. 指数関数 $\phi(z) = e^z$ に対して

$$\phi_{\mathrm{OCE}}(Z) = 1 + \log \mathbb{E}[e^Z]$$

となる．このとき $\phi_{\mathrm{OCE}}(Z)$ は $\mathbb{E}[\phi(Z)]$ を単調関数で変換して得られる．投資比率などのパラメータに関してリスクを最小化する場合には，$\mathbb{E}[\phi(Z)]$ を最小化すればよい． □

例 7.7. 凸関数 $\phi(z)$ として，打ち切り 2 乗損失

$$\phi(z) = \frac{1}{2}([z+1]_+)^2$$

を考える．ここで確率変数 Z が確率 1 で

$$Z - \mathbb{E}[Z] \geq -1 \tag{7.11}$$

を満たすとき，OCE で下限を達成する ρ は $\rho = -\mathbb{E}[X]$ で与えられる．実際，上の条件を満たす Z に対して $\rho = -\mathbb{E}[Z]$ とすると

$$\frac{\partial}{\partial \rho} \left\{ -\rho + \frac{1}{2}\mathbb{E}[[\rho + Z + 1]_+^2] \right\} \bigg|_{\rho = -\mathbb{E}[Z]}$$
$$= -1 + \mathbb{E}[[Z - \mathbb{E}[Z] + 1]_+ \cdot \mathbf{1}[Z - \mathbb{E}[Z] + 1 \geq 0]]$$

7章 統計的機械学習における損失関数とリスク尺度

$$= -1 + \mathbb{E}[Z - \mathbb{E}[Z] + 1] = 0$$

となり極値条件を満たす．よって，Z が式 (7.11) を満たすとき

$$\phi_{\mathrm{OCE}}(Z) = \mathbb{E}[Z] + \frac{\mathbb{V}[Z]}{2} + \frac{1}{2}$$

となる．これは期待値と分散の両方を考慮したリスクになっている． □

数理ファイナンスの分野では，OCE がコヒーレント・リスクになるための条件や，情報理論的な意味付け，また種々の効用関数との整合性などが研究されている [2]．

7.6 リスク尺度 OCE を用いる学習アルゴリズム

OCE を凸マージン損失とする学習アルゴリズムについて解説する．本節では ϕ_{OCE} として，式 (7.10) の $-\rho$ を -2ρ に変更した

$$\phi_{\mathrm{OCE}}(Z) = \inf_{\rho \in \mathbb{R}} \{-2\rho + \mathbb{E}[\phi(\rho + Z)]\}$$

を用いる．平行移動不変性は $\phi_{\mathrm{OCE}}(Z+c) = 2c + \phi_{\mathrm{OCE}}(Z)$ となるが，リスクの測り方を 2 倍にスケーリングしただけであり，本質的な違いは生じない．このように変更しておくことで，パラメータをスケーリングすることなしに，双対問題の幾何的描像が得られる．ここでは ϕ_{OCE} を OCE マージン損失とよぶ．

2 値判別では，シナリオ i における損失としてデータ $(\boldsymbol{x}_i, y_i)$ での負のマージン $-y_i f(x_i)$ を対応させる．等確率で $(\boldsymbol{x}_i, y_i), i = 1, \ldots, m$ の値をとる確率変数を (X, Y) として，$Z_{\boldsymbol{w},b} = -Y(\boldsymbol{w}^T X + b)$ とおく．判別関数のパラメータ $\boldsymbol{w}$ に対する正則化を制約式として導入し，OCE マージン損失の最小化

$$\min_{\boldsymbol{w} \in \mathbb{R}^d, b \in \mathbb{R}} \phi_{\mathrm{OCE}}(Z_{\boldsymbol{w},b}), \quad \text{s.t.} \ \|\boldsymbol{w}\|^2 \leq \lambda^2, \tag{7.12}$$

$$\phi_{\mathrm{OCE}}(Z_{\boldsymbol{w},b}) = \inf_{\rho \in \mathbb{R}} \left\{ -2\rho + \frac{1}{m} \sum_{i=1}^m \phi(\rho - y_i(\boldsymbol{w}^T \boldsymbol{x}_i + b)) \right\}$$

により学習を行うアルゴリズムを考える．この統計的性質などについて，以下で考察する．

7.6 リスク尺度 OCE を用いる学習アルゴリズム

7.6.1 OCE の判別適合性

OCE マージン損失の判別適合性について簡単に紹介する．OCE では平行移動不変性を保証するために，可変パラメータ ρ が導入されている．このため定理 7.1 より条件が繁雑になる．以下，凸関数 ϕ から定義される ϕ_{OCE} が判別適合的損失となるための十分条件について，概略を示す．詳細は [11] にある．

定理 7.2（OCE マージン損失の判別適合性）．関数 $\phi(z)$ は非負値，凸，単調非減少，また $z \geq -\phi(0)/2$ で 1 階微分可能で，この範囲で $\phi'(z) > 0$ とする．さらに $\lim_{z \to \infty} \phi'(z) = \infty$ とする．パラメータ $\theta \in [0,1], \rho \in \mathbb{R}$ の関数 $\psi(\theta, \rho), \psi(\theta)$ を

$$\psi(\theta, \rho) = \phi(\rho) - \inf_{z \in \mathbb{R}} \left\{ \frac{1+\theta}{2} \phi(\rho - z) + \frac{1-\theta}{2} \phi(\rho + z) \right\},$$

$$\psi(\theta) = \inf_{\rho \geq -\phi(0)/2} \psi(\theta, \rho)$$

と定める．判別関数 $g : \mathcal{X} \to \mathbb{R}$ に対して

$$R_{\phi, \mathrm{OCE}}(g, \rho) = -2\rho + \mathbb{E}_{(\boldsymbol{x}, y) \sim D}[\phi(\rho - y g(\boldsymbol{x}))]$$

とし，

$$R^*_{\phi, \mathrm{OCE}} = \inf_{g : 任意の関数} \inf_{\rho \in \mathbb{R}} R_{\phi, \mathrm{OCE}}(g, \rho)$$

とする．分布 D や（カーネル関数を用いた）判別関数のモデルに適当な解析的条件を仮定する．式 (7.12) の λ をデータ数 m に依存して適切に定める．このとき，OCE マージン損失 ϕ_{OCE} で学習した判別関数 $\widehat{g} = \widehat{f} + \widehat{b}$ に対して，$m \to \infty$ とすると

$$\psi_{\mathrm{conv}}(R(\mathrm{sign}(\widehat{g})) - R^*) \leq R_{\phi, \mathrm{OCE}}(\widehat{g}, \widehat{\rho}) - R^*_{\phi, \mathrm{OCE}} \longrightarrow 0$$

が成り立つ．ここで ψ_{conv} は関数 ψ の凸包（ψ の下界となる凸関数の上限）であり，また上式右辺の 0 への収束は確率収束を意味する．

以上より，$\psi_{\mathrm{conv}}(\theta)$ が $\theta = 0$ のまわりで連続かつ狭義単調増加なら，OCE

7章 統計的機械学習における損失関数とリスク尺度

マージン損失の最小化により，データ数が十分多ければベイズ規則をよく学習することができる．このとき ϕ_{OCE}（もしくは ϕ）を判別適合的損失という．関数 ϕ に対する条件として，微分 $\phi'(z)$ が $z \to \infty$ で発散することが仮定されている．このため，ヒンジ損失やロジスティック損失から定義される OCE マージン損失は定理の条件を満たさず，これらの判別適合性を定理 7.2 から判定することはできない．ヒンジ損失は CVaR と対応し，これを用いる ν-SVM の統計的性質については [18] で詳しく調べられている．しかし，判別適合性に関する議論は十分ではないと考えられる．

以下，判別適合的な OCE 損失の例を示す．

例 7.8. 指数損失 $\phi(z) = e^z$ に対して関数 $\psi(\theta, \rho), \psi(\theta)$ を直接計算すると

$$\psi(\theta, \rho) = e^\rho(1 - \sqrt{1 - \theta^2}), \qquad \psi(\theta) = e^{-1/2}(1 - \sqrt{1 - \theta^2})$$

となる．$\psi(\theta)$ は凸関数なので $\psi = \psi_{\text{conv}}$ であり，$\theta \geq 0$ で連続かつ狭義単調増加である．したがって指数損失から定義される OCE マージン損失は判別適合的である． □

例 7.9. 打ち切り 2 乗損失 $\phi(z) = \frac{1}{2}([z+1]_+)^2$ に対して，関数 $\psi(\theta, \rho), \psi(\theta)$ を $\rho \geq -\phi(0)/2 = -1/4$ の範囲で直接計算すると，

$$\psi(\theta, \rho) = \frac{(1+\rho)^2}{2}\theta^2, \qquad \psi(\theta) = \frac{9}{32}\theta^2$$

となる．したがって $\psi_{\text{conv}}(z) = 9\theta^2/32$ となり，$\theta \geq 0$ で連続かつ狭義単調増加である．よって，打ち切り 2 乗損失から定義される OCE マージン損失は判別適合的である． □

なお，$\psi(\theta, \rho)$ や $\psi(\theta)$ を直接計算しなくても，$\psi_{\text{conv}}(\theta)$ が $\theta = 0$ のまわりで連続かつ狭義単調増加となるための ϕ の十分条件が知られている [11]．詳細は省略するが，この十分条件から指数損失や打ち切り 2 乗損失が判別適合的であることを示すことができる．

7.6.2 双対表現：OCE と不確実集合

OCE マージン損失の最小化問題 (7.12) に対する双対問題から，学習アルゴ

7.6 リスク尺度 OCE を用いる学習アルゴリズム

リズムの幾何学的な解釈が得られる．この解釈を通して，不確実なデータに対するモデリングを直感的に理解することができる．

まず一般に多変数の凸関数 $L: \mathbb{R}^k \to \mathbb{R}$ の共役関数 (conjugate function) を

$$L^*(\boldsymbol{\alpha}) = \sup_{\boldsymbol{z} \in \mathbb{R}^k} \{\boldsymbol{\alpha}^T \boldsymbol{z} - L(\boldsymbol{z})\}, \quad \boldsymbol{\alpha} \in \mathbb{R}^k$$

と定義する．このとき L^* も凸関数である．凸関数 L に対して適当な条件のもとで $(L^*)^* = L$ が成り立つ．

7.3.4 項で示した ν-SVM の双対表現のように，OCE マージン損失最小化の双対問題を幾何的に記述する．実数 $c \in \mathbb{R}$ と，データ点の有限集合

$$\mathcal{Z} = \{\boldsymbol{z}_i \,|\, i \in I\} \subset \mathbb{R}^d \quad (I \text{ は添字集合})$$

に対して凸関数 $\phi: \mathbb{R} \to \mathbb{R}_{\geq 0}$ から定まる集合を

$$\mathcal{U}_\phi[c; \mathcal{Z}] = \left\{ \sum_{i \in I} \alpha_i \boldsymbol{z}_i \in \mathbb{R}^d \,\middle|\, \forall j,\, \alpha_j \geq 0,\, \sum_{i \in I} \alpha_i = 1,\, \sum_{i \in I} \phi^*(\alpha_i) \leq c \right\}$$

と定義する．この集合を不確実性集合 (uncertainty set) とよぶ．不確実性集合は ν-SVM における $\mathcal{U}_+, \mathcal{U}_-$ を一般化した集合である．$\mathcal{U}_\phi[c; \mathcal{Z}]$ は点集合 $\mathcal{Z}$ の凸包の部分集合であり，ϕ^* が凸関数であることから $\mathcal{U}_\phi[c; \mathcal{Z}]$ は凸集合となる．定義から $c_1 \leq c_2$ なら $\mathcal{U}_\phi[c_1; \mathcal{Z}] \subset \mathcal{U}_\phi[c_2;; \mathcal{Z}]$ という包含関係が成り立つ．

2 値データ $\{(\boldsymbol{x}_1, y_1), \ldots, (\boldsymbol{x}_m, y_m)\}$ に対して，正例（$y_i = +1$ となるデータ）の添字集合を I_+，正例のデータ点の集合を $\mathcal{X}_+ = \{\boldsymbol{x}_i \,|\, i \in I_+\}$ とし，負例（$y_i = -1$ となるデータ）に対しても同様に $I_-, \mathcal{X}_-$ を定義する．また関数 ϕ_m を

$$\phi_m(z) = \frac{1}{m} \phi(z), \quad z \in \mathbb{R}$$

とする．このとき式 (7.12) の双対問題は，凸関数 ϕ_m を用いて以下の一般化最小距離問題として表せる [11]：

$$\min_{\substack{\boldsymbol{z}_\pm \in \mathbb{R}^d, \\ c_\pm \in \mathbb{R}}} c_+ + c_- + \lambda \|\boldsymbol{z}_+ - \boldsymbol{z}_-\| \quad \text{s.t.} \quad \boldsymbol{z}_\pm \in \mathcal{U}_{\phi_m}[c_\pm; \mathcal{X}_\pm]. \tag{7.13}$$

7章　統計的機械学習における損失関数とリスク尺度

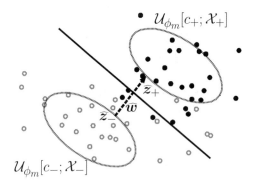

図 7.5 一般化最小距離問題の図．不確実性集合 $\mathcal{U}_{\phi_m}[c_\pm;\mathcal{X}_\pm]$ の大きさと距離の和を最小にする．

上式の制約条件は $\pm$ について複合同順とする．

　不確実性集合の大きさを表すパラメータ $c_\pm$ を固定して考えると，ノルム $\|z_+ - z_-\|$ の最小値は 2 つの不確実性集合 $\mathcal{U}_{\phi_m}[c_+;\mathcal{X}_+], \mathcal{U}_{\phi_m}[c_-;\mathcal{X}_-]$ の間の最小距離を表す．一方，$c_\pm$ が大きな値を取り，2 つの不確実性集合が重なると，$\|z_+ - z_-\|$ の最小値は 0 となる．したがって $c_\pm$ の最適解は，不確実性集合どうしが重ならない（もしくは接する）ような範囲に存在する．さらに主問題と双対問題の関係から，線形モデル $w^T x + b$ の w に対する最適解 $\widehat{w}$ は，双対問題の最適解 $\widehat{z}_\pm$ を用いて $\widehat{w} \propto \widehat{z}_+ - \widehat{z}_-$ と表せる（図 7.5）．

　大きさ $c_\pm$ が固定された不確実性集合を構成し，それらの間の距離を最小化することで線形判別器を推定する方法がいくつか提案されている [12, 14, 15, 19]．これらの方法では，不確実性集合と線形判別器の関係を，直感的に分かりやすく表すことができる．一方で，学習法が統計的に優れた性質を持つか，あまりよく調べられていない．幾何学的な直観に基づいて設計された学習アルゴリズムについて，OCE マージン損失と不確実性集合の関連を通して，判別適合性などの性質を考察することが可能になる．これについて 7.6.3 項でさらに解説する．

　以下，OCE マージン損失に対応する不確実性集合の例を示す．

例 7.10　（ヒンジ損失）．ν-SVM では，$\phi(z) = \max\{2z/\nu, 0\}$ から定義される OCE マージン損失を用いる．共役関数は

7.6 リスク尺度 OCE を用いる学習アルゴリズム

$$\phi_m^*(\alpha) = \begin{cases} 0, & 0 \leq \alpha \leq \dfrac{2}{m\nu}, \\ \infty, & \text{その他}, \end{cases}$$

となる．したがって，点集合 $\mathcal{Z} = \{z_i \mid i \in I\}$ から構成される不確実性集合は $c < 0$ に対して空集合，$c \geq 0$ に対して，縮小凸包

$$\mathcal{U}_{\phi_m}[c; \mathcal{Z}] = \left\{ \sum_{i \in I} \alpha_i z_i \,\middle|\, \sum_{i \in I} \alpha_i = 1,\, 0 \leq \alpha_i \leq \dfrac{2}{m\nu} \right\}$$

で与えられる．不確実性集合は $c \geq 0$ のとき c には依存しないので，式 (7.13) の $c_\pm$ の最適解は $c_+ = c_- = 0$ で与えられる．したがって双対問題は，大きさが固定された2つの縮小凸包の間の最小距離問題に帰着される． □

例 7.11（打ち切り2乗損失）．$\phi(z) = \frac{1}{2}([z+1]_+)^2$ から定義される不確実性集合を示す．共役関数は

$$\phi_m^*(\alpha) = \begin{cases} -\alpha + \dfrac{m}{2}\alpha^2, & \alpha \geq 0, \\ \infty, & \alpha < 0, \end{cases}$$

となる．よって点集合 $\mathcal{Z} = \{z_i \mid i \in I\}$ から構成される不確実性集合は

$$\mathcal{U}_{\phi_m}[c; \mathcal{Z}] = \left\{ \sum_{i \in I} \alpha_i z_i \,\middle|\, \sum_{i \in I} \alpha_i = 1,\, \alpha_i \geq 0,\, \sum_{i \in I} \alpha_i^2 \leq \dfrac{2(c+1)}{m} \right\}$$

となる．図 7.6 に打ち切り2乗損失から定義される不確実性集合を示す．パラメータ c の値がある程度小さく，条件 $\alpha_i \geq 0$ を除いても不確実性集合が変わらないときには，（球体 $\|\alpha\|^2 \leq 2(c+1)/m$ を斜交座標に変換しているとみなすと）$\mathcal{U}_{\phi_m}[c; \mathcal{Z}]$ は楕円体となる．パラメータ c の値が大きいときはデータ点の凸包に含まれ，一部が欠けた楕円のような形状になる．ただし，楕円体とデータの凸包の共通部分に等しくなるとは限らない[1]． □

例 7.12（指数損失）．指数損失 $\phi(z) = e^z$ に対して ϕ_m の共役関数は

---

[1] 楕円体に関連する不確実性集合について，東京大学博士課程の伊藤直紀さんからいろいろと御教示頂いた．

7章 統計的機械学習における損失関数とリスク尺度

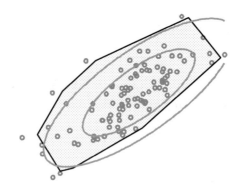

図 7.6 打ち切り 2 乗損失から定義される不確実性集合のイメージ．パラメータ c が小さいとき，内側の楕円が不確実性集合となる．一方，c が大きいときは，グレーの図形と外側の楕円体の共通部分が不確実性集合となる．

$$\phi_m^*(\alpha) = \begin{cases} -\alpha + \alpha \log(m\alpha), & \alpha \geq 0 \\ \infty, & \alpha < 0, \end{cases}$$

となる．点集合 $\mathcal{Z} = \{z_i \mid i \in I\}$ から構成される不確実性集合は

$$\mathcal{U}_{\phi_m}[c; \mathcal{Z}] = \left\{ \sum_{i \in I} \alpha_i \boldsymbol{x}_i \,\middle|\, \sum_{i \in I} \alpha_i = 1,\, \alpha_i \geq 0, \right.$$
$$\left. \sum_{i \in I} \alpha_i \log \frac{\alpha_i}{1/|I|} \leq c + 1 + \log \frac{|I|}{m} \right\}$$

となる．$(\alpha_i)_{i \in I}$ を確率ベクトルとみなすと，係数 α_i の制約は，一様分布までのカルバック・ライブラー擬距離で表される． □

次項では OCE マージン損失と不確実性集合の関連を積極的に応用して，統計的に優れた性質をもつ学習アルゴリズムを構成するための方法論を示す．

7.6.3 不確実性集合から OCE への変換

判別において，正例と負例のそれぞれに対して大きさが固定された不確実性集合を定義し，それらに関する最小距離問題を解くことで，線形判別器を学習することができる．このような方針で学習アルゴリズムを設計することを，不

7.6 リスク尺度 OCE を用いる学習アルゴリズム

確実性集合アプローチとよぶ．既存の不確実性集合アプローチを適切に修正することで，統計的に優れた性質が回復されることがある．以下に例を示す．

2値データの正例 $\mathcal{X}_+ = \{\bm{x}_i | i \in I_+\}$ と負例 $\mathcal{X}_- = \{\bm{x}_i | i \in I_-\}$ のそれぞれに，次式で定まる楕円体 $\mathcal{E}_+[c]$, $\mathcal{E}_-[c]$ を不確実性集合として定める：

$$\mathcal{E}_{\pm}[c] = \{\bm{x} \in \mathbb{R}^d \mid (\bm{x} - \bm{\mu}_{\pm})\Sigma_{\pm}^{-1}(\bm{x} - \bm{\mu}_{\pm}) \leq c\}.$$

ここで $\bm{\mu}_{\pm}$ と $\Sigma_{\pm}$ は，それぞれのラベルのデータから推定される平均ベクトルと分散共分散行列，すなわち

$$\bm{\mu}_{\pm} = \frac{1}{|I_{\pm}|}\sum_{i \in I_{\pm}} \bm{x}_i, \quad \Sigma_{\pm} = \frac{1}{|I_{\pm}|}\sum_{i \in I_{\pm}} (\bm{x}_i - \bm{\mu}_{\pm})(\bm{x}_i - \bm{\mu}_{\pm})^T$$

を表す．楕円体の大きさ c_+, c_- をある値に定め，最適化問題

$$\min_{\bm{z}_+, \bm{z}_-} \|\bm{z}_+ - \bm{z}_-\|, \quad \text{s.t.} \quad \bm{z}_{\pm} \in \mathcal{E}_{\pm}[c_{\pm}] \tag{7.14}$$

を解く．最適解を $\widehat{\bm{z}}_+, \widehat{\bm{z}}_-$ として，判別関数 $f(\bm{x}) = \bm{w}^T\bm{x} + b$ のベクトル $\bm{w}$ を $\widehat{\bm{z}}_+ - \widehat{\bm{z}}_-$ に比例するように定める．また定数項 b は，$\widehat{\bm{z}}_+$ と $\widehat{\bm{z}}_-$ を結ぶ線分の中点を通るように定めるか，もしくは学習誤り率などを基準にして決める．この学習法は [15] で提案され，最悪ケースでの学習誤り率を最小にするという統計的な解釈が与えられてる．しかし，学習した判別器とベイズ規則との関係や誤差評価などについては，不明な点もある．

上記の楕円体に基づく学習法を修正することで，判別適合性などの統計的性質が回復される．例 7.11 で示したように，不確実性集合としての楕円体は，打ち切り2乗損失から定まる OCE マージン損失と関連している．実際，楕円体 $\mathcal{E}_{\pm}[c]$ をデータ点の線形和で表現すると

$$\mathcal{E}_{\pm}[c] = \left\{ \sum_{i:y_i=\pm 1} \alpha_i \bm{x}_i \mid \sum_{i:y_i=\pm 1} \alpha_i = 1, \sum_{i:y_i=\pm 1} \alpha_i^2 \leq c + \frac{1}{|I_{\pm}|} \right\}$$

となる．なお $|I_{\pm}|$ は正例または負例のデータ数である．ここで次の操作を行う：

1. $\mathcal{E}_{\pm}[c_{\pm}]$ に条件 $\forall i, \alpha_i \geq 0$ を追加する．
2. 目的関数を $\|\bm{z}_+ - \bm{z}_-\|$ から $c_+ + c_- + \lambda\|\bm{z}_+ - \bm{z}_-\|$ に変更し，大きさ

7章 統計的機械学習における損失関数とリスク尺度

を指定するパラメータ $c_\pm$ についても最適化する.

対応する主問題は,打ち切り 2 乗誤差から定義される OCE マージン損失を最適化する問題と,マージンの定数倍などを除いて等価になる.7.6.1 項の例 7.9 で示したように,この損失は判別適合性をもつ.

以上のように,OCE マージン損失と不確実性集合との対応関係から次のことが可能になる:

- 統計的に良い性質が成り立つように,適切に不確実性集合を修正するための指針を得る.
- 不確実性集合アプローチの統計的性質を,OCE マージン損失との対応関係を用いて調べる.

一般の不確実性集合アプローチの性質を調べるために,OCE マージン損失と不確実性集合の関係を拡張しておく.正例のデータの集合を $\mathcal{X}_+ = \{\boldsymbol{x}_i \mid i \in I_+\}$ とする.凸関数 $\widetilde{\phi}_+ : \mathbb{R}^{|I_+|} \to \mathbb{R}$ は各要素ごとに単調増加関数とする.このとき不確実性集合を

$$\mathcal{U}_{\widetilde{\phi}_+}[c; \mathcal{X}_+] = \left\{ \sum_{i \in I_+} \alpha_i \boldsymbol{x}_i \in \mathbb{R}^d \,\middle|\, \forall j, \alpha_j \geq 0, \sum_{i \in I_+} \alpha_i = 1, \widetilde{\phi}_+^*((\alpha_i)_{i \in I_+}) \leq c \right\}$$

とする.同様に,負例のデータ集合と凸関数 $\widetilde{\phi}_-$ に対して $\mathcal{U}_{\widetilde{\phi}_-}[c; \mathcal{X}_-]$ を定義する.このとき一般化最小距離問題

$$\min_{\boldsymbol{z}_\pm, c_\pm} c_+ + c_- + \lambda \|\boldsymbol{z}_+ - \boldsymbol{z}_-\|, \quad c_\pm \in \mathbb{R},\ \boldsymbol{z}_\pm \in \mathcal{U}_{\widetilde{\phi}_\pm}[c_\pm; \mathcal{X}_\pm] \tag{7.15}$$

に対応する主問題は,$\widetilde{\phi}(u_1, \ldots, u_m) = \widetilde{\phi}_+((u_i)_{i \in I_+}) + \widetilde{\phi}_-((u_i)_{i \in I_-})$ として

$$\begin{aligned}&\inf_{\boldsymbol{w}, b, \rho} -2\rho + \widetilde{\phi}(\rho - y_1(\boldsymbol{w}^T \boldsymbol{x}_1 + b), \ldots, \rho - y_m(\boldsymbol{w}^T \boldsymbol{x}_m + b)) \\ &\text{s.t.} \quad \|\boldsymbol{w}\|^2 \leq \lambda^2\end{aligned} \tag{7.16}$$

となる.

式 (7.16) を用いて,不確実性集合から OCE マージン損失への変換を行うことができる.このとき,関数 $\widetilde{\phi}(u_1, \ldots, u_m)$ が 1 変数関数の和に分解されない

7.6 リスク尺度 OCE を用いる学習アルゴリズム

場合は，一般に損失関数はデータの標本平均として表されない．このような損失はデータ間の相関を考慮していると解釈できるが，具体的な統計的意味付けは難しいと考えられる．

大きさが定まった不確実性集合の最小距離問題を，適切に修正する方法について考察する．点集合 $\mathcal{Z} = \{z_i \mid i \in I\}$ と凸関数 $\widetilde{\phi} : \mathbb{R}^{|I|} \to \mathbb{R}$ から，集合 $\mathcal{V}_{\widetilde{\phi}}[c; \mathcal{Z}]$ が

$$\mathcal{V}_{\widetilde{\phi}}[c; \mathcal{Z}] = \left\{ \sum_{i \in I} \alpha_i z_i \in \mathbb{R}^d \,\middle|\, \widetilde{\phi}^*((\alpha_i)_{i \in I}) \leq c \right\}$$

と定義されるとする．このとき，固定された $c_{\pm}$ と正例と負例のデータ集合 $\mathcal{X}_{\pm}$ に対して，集合 $\mathcal{V}_{\widetilde{\phi}_{\pm}}[c_{\pm}; \mathcal{X}_{\pm}]$ の間の最小距離問題から線形判別器を求めることができる．しかし OCE マージン損失との簡単な対応関係は存在しないため，損失関数の性質から統計的性質を調べることは難しい．このとき，不確実性集合に次の修正を施す．

(a) $\mathcal{V}_{\widetilde{\phi}_{\pm}}[c_{\pm}; \mathcal{X}_{\pm}]$ の条件に単体条件

$$\sum_{i \in I_{\pm}} \alpha_i = 1, \quad \alpha_i \geq 0$$

を加え，不確実性集合を $\mathcal{U}_{\widetilde{\phi}_{\pm}}[c_{\pm}; \mathcal{X}_{\pm}]$ に変換する．

(b) 大きさ $c_{\pm}$ も最適化パラメータに含め，学習アルゴリズムを一般化最小距離問題式 (7.15) に変更する．

このように修正した不確実性集合アプローチには，主問題として式 (7.16) が対応する．

さらに一般の OCE マージン損失 $\widetilde{\phi}$ を，データの標本平均で近似する方法について考察する．そのために，$\widetilde{\phi}^*((\alpha_i)_{i \in I})$ を 1 変数関数の和 $\sum_{i \in I} \phi_m^*(\alpha_i)$ で近似する方法を与える (m は 2 値判別問題の総データ数)．方針としては，点 $(\alpha, \ldots, \alpha) \in \mathbb{R}_{\geq 0}^{|I|}$ における値が一致するように，

$$\widetilde{\phi}^*(\alpha, \ldots, \alpha) = \sum_{i \in I} \phi_m^*(\alpha) = |I| \cdot \phi_m^*(\alpha) \tag{7.17}$$

7 章 統計的機械学習における損失関数とリスク尺度

から定まる 1 変数凸関数を $\phi:\mathbb{R}\to\mathbb{R}$ とする[2]. そして不確実性集合 $\mathcal{V}_{\widetilde{\phi}}[c;\mathcal{Z}]$ における $\widetilde{\phi}^*$ のレベル集合を, $\sum_{i\in I}\phi_m^*$ のレベル集合で置き換える. この変換と上に示した (a),(b) の処方箋から, 修正版の不確実性集合 $\mathcal{U}_\phi[c;\mathcal{Z}]$ と一般化最小距離問題が得られる. これに対応して, データの標本平均から導出される OCE マージン損失

$$\inf_{\rho\in\mathbb{R}}\left\{-2\rho+\frac{1}{m}\sum_{i=1}^{m}\phi(\rho-y_i f(\boldsymbol{x}_i))\right\}$$

が導出され, 定理 7.2 などから統計的な性質を調べることができる.

以下に例を示す. 不確実性集合として楕円体を考え, さらに楕円の中心位置と形状にも不確実性を導入する. 具体的には, データ点の平均ベクトル $\boldsymbol{\mu}_0\in\mathbb{R}^{d\times d}$ と分散共分散行列 $\Sigma_0\in\mathbb{R}^{d\times d}$ に対して

$$\mathcal{U}[c]=\{\boldsymbol{z}\in\mathbb{R}^d\,|\,(\boldsymbol{z}-\boldsymbol{\mu})^T\Sigma^{-1}(\boldsymbol{z}-\boldsymbol{\mu})\leq c,\,\forall(\boldsymbol{\mu},\Sigma)\in\mathcal{M}\},$$
$$\mathcal{M}=\{(\boldsymbol{\mu},\Sigma)\in\mathbb{R}^d\times\mathbb{R}^{d\times d}\,|\,(\boldsymbol{\mu}-\boldsymbol{\mu}_0)^T\Sigma^{-1}(\boldsymbol{\mu}-\boldsymbol{\mu}_0)\leq r^2,$$
$$\|\Sigma^{-1}-\Sigma_0^{-1}\|_F\leq s\}$$

として $\mathcal{U}[c]$ を定める. ここで $\|\cdot\|_F$ は行列のフロベニウス・ノルムとする. これに類似した不確実性集合は [12] で提案されている. このときコーシー–シュワルツの不等式などを用いると

$$\mathcal{U}[c]=\{\boldsymbol{z}\in\mathbb{R}^d\,|\,h(\boldsymbol{z})\leq c\},$$
$$h(\boldsymbol{z})=\left\{\sqrt{(\boldsymbol{z}-\boldsymbol{\mu}_0)^T(\Sigma_0^{-1}+sI)(\boldsymbol{z}-\boldsymbol{\mu}_0)}+r\right\}^2$$

と表せることが分かる. データ点 $\{\boldsymbol{z}_1,\ldots,\boldsymbol{z}_{m_0}\}$ を用いて任意の点 $\boldsymbol{z}$ を

$$\boldsymbol{z}=\sum_{i=1}^{m_0}\alpha_i\boldsymbol{z}_i$$

と表し, $\mathcal{U}[c]$ を係数 α_i の制約として表現する. いま $\boldsymbol{\mu}_0=\frac{1}{m_0}\sum_{i=1}^{m_0}\boldsymbol{z}_i$ として

---
[2] 正確には式 (7.17) の後, $\phi_m^*(0)=0$ となるように定数を足し, $\alpha<0$ に対して $\phi_m^*(\alpha)=\infty$ とおく.

7.6 リスク尺度 OCE を用いる学習アルゴリズム

いるので,$(\alpha_1, \ldots, \alpha_{m_0}) = (\alpha, \ldots, \alpha)$ から定まる点 z を $h(z)$ に代入すると,式 (7.17) の近似公式から

$$m_0 \cdot \phi_m^*(\alpha) = h(\sum_i \alpha z_i) = \left\{ \left| \alpha \frac{m_0}{m} - 1 \right| \sqrt{\boldsymbol{\mu}_0^T (\Sigma_0^{-1} + sI) \boldsymbol{\mu}_0} + r \right\}^2$$

となる.さらに $\phi_m^*(0) = 0$, $\phi_m^*(\alpha) = \infty$ ($\alpha < 0$) となるように微修正すればよい.すると $\phi_m^*(\alpha)$ は,適当な実数 $w > 0, h \geq 0$ を用いて,

$$\phi_m^*(\alpha) \propto \begin{cases} (|\alpha - w| + h)^2 - (w + h)^2, & \alpha \geq 0 \\ \infty & \alpha < 0 \end{cases}$$

と表せる.実際には w, h は $\boldsymbol{\mu}_0, \Sigma_0$ を介してデータ点 z_i に依存しているが,データ数が十分多く,$\boldsymbol{\mu}_0, \Sigma_0$ は定数とみなせるとする.以上の計算から,$\mathcal{U}[c]$ を

$$\mathcal{U}_{\phi_m}[c; \mathcal{Z}] = \left\{ \sum_i \alpha_i z_i \,\middle|\, \sum_i \alpha_i = 1, \, \alpha_i \geq 0, \, \sum_i \phi_m^*(\alpha_i) \leq c \right\}$$

で近似できる.構成法から,$\mathcal{U}_{\phi_m}[c; \mathcal{Z}]$ の条件を満たす集合が $(\alpha_1, \ldots, \alpha_{m_0}) = (1/m_0, \ldots, 1/m_0)$ の近傍からなるとき,もとの形状 $\mathcal{U}[c]$ をよく近似していると考えられる.対応する凸関数 ϕ を図 7.7 に示す.関数 ϕ は原点付近がヒンジ損失,その両側が打ち切り 2 乗損失で表される.元々の不確実性集合 $\mathcal{U}[c]$ の s

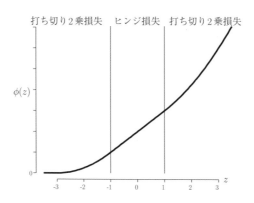

図 **7.7** $\mathcal{U}[c]$ を修正した不確実性集合に対応する損失関数 $\phi(z)$.

を固定して r を大きくすると, ϕ でヒンジ損失の占める割合いが大きくなる. この OCE マージン損失は判別適合的であることが [11] で示されている.

7.6.4 OCE マージン損失と条件付き確率

判別関数とデータの条件付き確率との間には対応関係があり,これから確率分布を推定することができる. データの分布が D のとき, OCE マージン損失の最適化

$$\inf_{g:\text{判別関数}} \inf_{\rho \in \mathbb{R}} \left\{ -2\rho + \mathbb{E}_{(\boldsymbol{x},y) \sim D}[\phi(\rho - yg(\boldsymbol{x}))] \right\}$$

を考え,最小値を達成する判別関数 g を求める. パラメータ ρ の最適解を ρ^* とする. 各 $\boldsymbol{x} \in \mathcal{X}$ ごとに最適な $g(\boldsymbol{x})$ の値を求めればよいので,

$$\mathbb{E}[\phi(\rho^* - yg(\boldsymbol{x}))|\boldsymbol{x}] = \sum_{y=\pm 1} \Pr(Y=y|\boldsymbol{x})\phi(\rho^* - yg(\boldsymbol{x}))$$

を $g(\boldsymbol{x})$ に関して最小化する. 極値条件

$$\frac{\partial}{\partial g(\boldsymbol{x})} \sum_{y=\pm 1} \Pr(Y=y|\boldsymbol{x})\phi(\rho^* - yg(\boldsymbol{x})) = 0$$

を解くと

$$\Pr(Y=+1|\boldsymbol{x}) = \frac{\phi'(\rho^* + g(\boldsymbol{x}))}{\phi'(\rho^* + g(\boldsymbol{x})) + \phi'(\rho^* - g(\boldsymbol{x}))} = \frac{1}{1 + \frac{\phi'(\rho^* - g(\boldsymbol{x}))}{\phi'(\rho^* + g(\boldsymbol{x}))}}$$

が得られる. この関係式の g と ρ に, OCE マージン損失で学習された判別関数 $\widehat{g}(\boldsymbol{x})$ とパラメータ $\widehat{\rho}$ を代入すれば,入力 $\boldsymbol{x}$ が与えらえれたときのラベル y 条件付き確率 $\Pr(Y=y|\boldsymbol{x})$ を推定するとができる. ただし,関数

$$b \longmapsto \frac{\phi'(\rho^* - b)}{\phi'(\rho^* + b)}, \quad b \in \mathbb{R}$$

の値域が正値全体とならない場合,条件付き確率として表現できない値が存在する. このときは,条件付き確率の値が限られた区間に入る場合のみ,推定可能となる.

7.6 リスク尺度 OCE を用いる学習アルゴリズム

以下に，判別関数 $g(\boldsymbol{x})$ と条件付き確率の関係について具体例に示す．

例 7.13. 指数損失 $\phi(z) = e^z$ に対して，対応する条件付き確率の統計モデルは次のようになる．

$$\Pr(Y=+1|\boldsymbol{x}) = \frac{1}{1+e^{-2g(\boldsymbol{x})}}.$$

これはロジスティック・モデルであり，統計学でよく用いられる． □

例 7.14. 打ち切り 2 乗損失 $\phi(z) = \frac{1}{2}([z+1]_+)^2$ に対して，対応する条件付き確率の統計モデルは次のようになる．

$$\Pr(Y=+1|\boldsymbol{x}) = \begin{cases} 1, & g(\boldsymbol{x}) > \rho+1, \\ \dfrac{g(\boldsymbol{x})+\rho+1}{2(\rho+1)}, & |g(\boldsymbol{x})| \leq \rho+1, \\ 0, & g(\boldsymbol{x}) < -\rho-1. \end{cases}$$

□

例 7.15. ヒンジ損失 $\phi(z) = [2z/\nu]_+$ に対して，劣微分を考慮して条件付き確率の統計モデルを計算すると，次のようにになる．

$$\Pr(Y=+1|\boldsymbol{x}) = \begin{cases} 1, & g(\boldsymbol{x}) > \rho, \\ [1/2, 1], & g(\boldsymbol{x}) = \rho, \\ 1/2, & |g(\boldsymbol{x})| < \rho, \\ [0, 1/2], & g(\boldsymbol{x}) = -\rho, \\ 0, & g(\boldsymbol{x}) < -\rho. \end{cases}$$

区間 $[0,1/2]$，$[1/2,1]$ は，その中のどの値でもよいことを意味する．したがってラベルの判別は可能であるが，条件付き確率の値を推定することはできない．さらに $|g(x)| \leq \rho$ のときは，ラベル予測の信頼性について注意する必要がある．

□

7章 統計的機械学習における損失関数とリスク尺度

7.7 おわりに

さまざまな損失やリスク尺度の中からどれを用いるかを決めることは，分析する対象のモデリングに密接に関わっている．

判別において，リスク尺度である OCE は双対表現を通して不確実性の直感的なモデリングと関連している．また適切なモデリングを行うという観点から，不確実性集合によるモデリングを補正し，統計的に良い性質を保証するための方法論を紹介した．7.6.4項では，OCE が確率分布のモデルを規定することを示したが，指数損失や打ち切り2乗損失とヒンジ損失では，非常に性質の異なる統計モデルが対応することを見た．

判別問題に限らず，損失やリスク尺度の統計的性質を調べることは，モデリングを行う上で極めて重要である．本稿の内容が，不確実性を適切にモデリングし，高い信頼性をもつ統計的推論を行うためための方法論として更に発展することを願い，結語とする．

参考文献

[1] Bartlett, P. L., Jordan, M., and McAuliffe, J. D.: Convexity, classification, and risk bounds, *Journal of the American Statistical Association*, 101:138–156, 2006.

[2] Ben-Tal, A. and Teboulle, M.: An old-new concept of convex risk measures: The optimized certainty equivalent. *Mathematical Finance*, 17(3):449–476, 2007.

[3] Bennett, K. P. and Bredensteiner, E. J.: Duality and geometry in svm classifiers. In *In Proc. 17th International Conf. on Machine Learning*, pages 57–64. Morgan Kaufmann, 2000.

[4] Crisp, D. J. and Burges, C. J. C.: A geometric interpretation of ν-SVM classifiers. In S. A. Solla, T. K. Leen, and K.-R. Müller, editors, *Advances in Neural Information Processing Systems 12*, pages 244–250. MIT Press, 2000.

[5] Föllmer, H. and Schied, A.: Convex measures of risk and trading constraints, *Finance Stoch.*, 6:429–447, 2002.

[6] Freund, Y. and Schapire, R. E.: A decision-theoretic generalization of on-line learning and an application to boosting, *Journal of Computer and System Sciences*, 55(1):119–139, 1997.

[7] Friedman, J., Hastie, T., and Tibshirani, R.: Additive logistic regression: a statistical view of boosting, *Annals of Statistics*, 28:337–407, 1998.

7.7 おわりに

- [8] 福水健次：『カーネル法入門』, 朝倉書店, 2010.
- [9] Gotoh, J. and Takeda, A.: A linear classification model based on conditional geometric score, *Pacific Journal of Optimization*, 1:277–296, 2005.
- [10] 金森敬文：『統計的学習理論』, 講談社, 2015.
- [11] Kanamori, T., Takeda, A., and Suzuki, T.: Conjugate relation between loss functions and uncertainty sets in classification problems, *Journal of Machine Learning Research*, 14:1461–1504, 2013.
- [12] Lanckriet, G. R. G., El Ghaoui, L., Bhattacharyya, C., and Jordan, M. I.: A robust minimax approach to classification, *Journal of Machine Learning Research*, 3:555–582, 2003.
- [13] Lin, Y.: Support vector machines and the bayes rule in classification, *Data Mining and Knowledge Discovery*, 6(3):259275, 2002.
- [14] Mavroforakis, M. E. and Theodoridis, S.: A geometric approach to support vector machine (svm) classification, *IEEE Transactions on Neural Networks*, 17(3):671–682, 2006.
- [15] Nath, J. S. and Bhattacharyya, C.: Maximum margin classifiers with specified false positive and false negative error rates, In *Proceedings of the seventh SIAM International Conference on Data mining*, pages 35–46, 2007.
- [16] Rockafellar, R. T. and Uryasev, S.: Conditional value-at-risk for general loss distributions, *Journal of Banking & Finance*, 26(7):1443–1472, 2002.
- [17] Schölkopf, B., Smola, A., Williamson, R., and Bartlett, P.: New support vector algorithms, *Neural Computation*, 12(5):1207–1245, 2000.
- [18] Steinwart, I.: On the optimal parameter choice for ν-support vector machines, *IEEE Trans. Pattern Anal. Mach. Intell.*, 25(10):1274–1284, 2003.
- [19] Takeda, A., Mitsugi, H., and Kanamori, T.: A unified classification model based on robust optimization, *Neural Computation*, 25(3):759–804, 2013.
- [20] Vapnik, V. N.: *Statistical Learning Theory*, Wiley, 1998.
- [21] Zhang, T.: Statistical analysis of some multi-category large margin classification methods, *Journal of Machine Learning Research*, 5:1225–1251, 2004.

索 引

数字・欧文

0-1 損失	207
1 期間モデル	131, 137, 148
2 乗損失	215
2 値判別	204
3 次元変分法	40
4 次元変分法	40, 41
AIMMS	4
AMPL	5, 109
BU 算法	9
Calderón の拡張定理	75
Cauchy 応力	71
CBC	110
Coin-OR	110
Dirichlet 境界	71
Euler 描像	74
Excel	108
Fréchet 微分	73
FreeFem++	90
GAMS	5
Garbage Patch	51
H^1 勾配法	83
Hilbert 空間	69
Hölder 空間	69
Jacobi 行列	77
Jacobi 行列式	77
KKT 条件	63
Lagrange（ラグランジュ）関数	60
Lagrange 乗数	60, 62
Lagrange 乗数法	62
Lagrange 描像	74
Lax–Milgram の定理	71, 83
Lipschitz 連続	69
LP 形式	108
MAP 推定	36
MathJax	25
MathType	24
MIP	105
MOVE/MRI.COM-G	43
MOVE/MRI.COM_WNP	45, 51
Neumann 境界	71
Numerical Optimizer	4
Nuorium	3
OCE	220
OCE マージン損失	222
pandas	110
PASTA	173
pulp	109
Python	109
Riesz の表現定理	83
SIMPLE	5
Sobolev 空間	69
Sobolev の埋蔵定理	69
TAMC	41
TAPENADE	42
TD 算法	8
Visual Analytics Platform	31
What's BEST	108
XpressMP	108

ア

アジョイント法	40

索　引

アジョイント方程式	41
安定	167
アンサンブルカルマンフィルター	42
一般化最小距離問題	225
遺伝的アルゴリズム	43
打ち切り2乗損失	215
海の天気予報	55
エルゴード性	169
エルニーニョ	35, 43, 44
演算子オーバーローディング	11
オペレーションズ・リサーチ	95
オメガレシオ	147

カ

海洋拡散モデル (SEA-GEARN)	51
海洋・地球インフォマティクス	55
拡張カルマンフィルター	42
確率密度分布関数	37
確率モデル	199
下方半分散	142
下方部分積率	139, 147
下方リスク	139
下方リスク尺度	139
仮待ち時間	187
カルマンフィルター	36, 39
関数解析	58
関数空間	59
関数の形状微分	74
関数の形状偏微分	74
観測演算子	38
観測誤差共分散行列	39
機械学習	203
企業事例交流会	125
起源海域	48
期待収益率	132, 134
北太平洋中層水	49
基本行列	180
客平均	163
共役関数	225

行列解析法	179
行列幾何形式解	182
金融工学	127, 149
空間の同質性	175
空間微分	74
組合せ最適化	100
黒潮	44
計算グラフ	6
形状勾配	73
形状微分	73
系内客数	162
系内仕事量	187
系内滞在時間	162
決定論的なモデル	199
ケンドールの記号	161
高速自動微分（法）	5, 41
好適棲息度指数	53
好適度指数	53
勾配法	65
公比行列	182
効率的フロンティア	135, 145
心得	111
呼損率	162
コヒーレント・リスク	219
混合型モデル	150, 153
混合整数計画問題	104
混合整数最適化問題	105

サ

最小距離問題	214
最小分散推定	36
最適化	1, 95, 128, 150
最適化手法	35, 40
最適化ソルバー	101
最適化モデリング	129
最適化理論	57, 58
最適形状設計問題	68, 73
最適設計問題	59
最適内挿法	36

索 引

最尤法	36
サポートベクトルマシン	208
C—	211
ν—	211
時間平均	163
自己随伴関係	63, 79
資産運用	127, 129
指数損失	215
指数分布	160
システム誤差	40
実待ち時間	187
シナリオ・ツリー型モデル	149
シナリオデータ	137, 144
シミュレーション	128, 150
シャープレシオ	145
弱形式	72
収益率	131
収益率の分散	132, 134
収益率分布	132, 137
終着海域	48
縮小凸包	214
準出生死滅過程	184
準ニュートン法	40
条件付きバリュー・アット・リスク	142, 212
状態決定問題	60, 71
状態推定	36
状態変数	58, 60
状態方程式	58, 60
情報レシオ	147
事例	113
震災漂流物	50
水塊	48
推定誤差	37
随伴変数	62
数理最適化	100
数理モデル	101
正則化項	210
成長ひずみ法	57
制約条件	101

制約条件付き最適化法	41
制約条件なしの最適化法	41
線形計画問題	104
線形最適化問題	104
線形弾性体	59
線形弾性問題	71
線形判別器	206
線形ひずみ	71
相	176
相型再生過程	177
相型分布	176
相関係数	133
双対空間	73
ソルティノレシオ	147

タ

大域平衡方程式	172
大気・海洋結合同化・予測システム (K7)	51
大蛇行流路	45
体積制約	61
多期間モデル	131, 148, 150
断面積微分	61
力法	85
逐次 2 次近似問題	66
チャップマン・コルモゴロフの式	49
定式化	101
データ同化	35, 36
典型問題	102
凸マージン損失	215
凸リスク	220
飛び越し無し	175
トラヒック強度	168
トレードオフ	131, 145

ハ

背景誤差共分散行列	39
パフォーマンス評価尺度	144
バリュー・アット・リスク	142, 212
汎関数	59

241

索　引

判別関数	206
判別器	205
判別適合的損失	217
汎用問題	102
ビジネスインテリジェンス	29
ひずみエネルギー密度	65
非線形混合整数計画問題	105
非線形混合整数最適化問題	105
評価関数	38
標準偏差	132, 145
ヒンジ損失	210
不確実性集合	225
不確実性集合アプローチ	229
物質微分	74
ブラックボックス最適化	30
分散化	134
分散投資	130, 133
平均コンプライアンス	61, 72
平均到着率	168
平均・分散モデル	134, 136, 144
ベイズ規則	207
ベイズ誤差	208
変数	101
偏微分方程式制約つき最適化問題	30
偏微分方程式の境界値問題	57
変分法	36
ポアソン過程	160, 171, 186
ポアソン分布	171
ポアソン方程式	21
ポートフォリオ	130, 131
ポートフォリオ最適化	129, 137, 149

マ

マージン	209
待ち行列モデル	159
GI/M/1—	173
M/G/1—	170
M/G/1+G—	186
M/G/1+M—	193
PH/G/1—	178
PH/PH/1—	183
待ち行列理論	164
マルコフ連鎖	170
G/M/1 型—	182
M/G/1 型—	179
目的関数	101
モデリング言語	5
モデルライブラリ	2
モンテカルロ近似	42
モンテカルロ法	137, 150

ヤ

有効制約法	67
予測誤差	207
予報誤差共分散行列	39

ラ

ラグランジュ変数	41
ラグランジュ未定乗数	41
ラグランジュ未定乗数法	41
ラニーニャ	35, 43
乱歩	166
リスク尺度	132, 134, 138, 218
リターン尺度	132, 134, 138
リトルの法則	169
リバランス	148, 153
粒子フィルター	42
利用率	170
リンドレーの式	164
連続最適化	100
連続体	57
ロジスティック損失	215

ワ

割り込み再開型後着順サービス	191

著者紹介

【編集委員】

室田一雄（むろた かずお）
1980 年東京大学工学系研究科計数工学専攻修士課程修了．その後，東京大学助手，筑波大学講師，東京大学助教授，京都大学助教授，教授，東京大学教授を経て，2015 年より首都大学東京教授．2016 年東京大学名誉教授．
博士（工学，東京大学，1983 年），博士（理学，京都大学，2002 年）

池上敦子（いけがみ あつこ）
立教大学理学部数学科卒業後，成蹊大学助手，講師，准教授を経て，2009 年より教授．
博士（工学，成蹊大学，2001 年）

土谷 隆（つちや たかし）
1986 年東京大学工学系研究科計数工学専攻修士課程修了．その後，統計数理研究所助手，助教授，教授を経て，2010 年より政策研究大学院大学教授．
博士（工学，東京大学，1991 年）

【執筆者（執筆順）】

山下 浩（やました ひろし）
1969 年　早稲田大学理工学部応用物理学科卒業
1971 年　早稲田大学大学院理工学研究科修士課程修了
1982 年　（株）数理システム設立　代表取締役社長
2012 年　（株）数理システム　取締役会長
2014 年　（株）NTT データ数理システム　顧問　現在に至る
主要著書：『非線形計画法』（共著）（日科技連，1978 年）
　　　　　『C++プログラミングスタイル』（共著）（オーム社，1992 年）

蒲地政文（かまち まさふみ）
1978 年　九州大学工学部水工土木学科卒業
1980 年　九州大学大学院工学研究科水工土木学専攻修士課程修了
1982 年　メルボルン大学数学教室研究生
1984 年　九州大学大学院工学研究科水工土木学専攻博士後期課程単位修得の上退学
1984 年　山口大学工学部建設工学科教務員
1984 年　工学博士（九州大学）

1986 年	九州大学応用力学研究所助手
1990 年	気象庁気象研究所海洋研究部研究官
1991 年	フロリダ州立大学気象・海洋学教室海洋物理学研究員
1993 年	気象庁気象研究所海洋研究部主任研究官
2003 年	気象庁気象研究所海洋研究部第 2 研究室室長
2010 年	気象庁気象研究所海洋研究部部長
2013 年	気象庁気象研究所海洋・地球化学研究部部長
2015 年	気象庁気象研究所研究総務官
2016 年	国立研究開発法人海洋研究開発機構地球情報基盤センター特任技術統括　現在に至る

主要著書：『データ同化』（共著）（京都大学出版会，2009 年）
　　　　　The Science of Ocean Prediction, The Sea Vol.17（共著）（Harvard University Press, 2017 年出版予定）

畔上秀幸（あぜがみ ひでゆき）

1979 年	山梨大学工学部機械工学科卒業
1982 年	東京大学 大学院 工学系研究科 修士課程（機械工学専攻）修了
1985 年	東京大学 大学院 工学系研究科 博士課程（機械工学専攻）修了，工学博士
1985 年	東京大学生産技術研究所助手
1986 年	豊橋技術科学大学工学部助手
1989 年	豊橋技術科学大学工学部講師
1991 年	豊橋技術科学大学工学部助教授
2003 年	名古屋大学情報科学研究科教授　現在に至る

主要著書：『形状最適化問題』（森北出版，2016 年）

斉藤 努（さいとう つとむ）

1989 年	東京工業大学理学部情報科学科卒業
1991 年	東京工業大学大学院理工学研究科情報科学専攻修士課程修了
1991 年	（株）構造計画研究所　現在に至る

主要著書：『マネージング・ザ・サプライ・チェイン』（翻訳）（朝倉書店，2005 年）
　　　　　『今日から使える！ 組合せ最適化 離散問題ガイドブック』（共著）（講談社，2015 年）

枇々木 規雄（ひびき のりお）

1988 年	慶應義塾大学理工学部管理工学科卒業
1990 年	慶應義塾大学大学院理工学研究科管理工学専攻修士課程修了
1994 年	慶應義塾大学大学院理工学研究科管理工学専攻博士課程修了，博士（工学）
1992 年	慶應義塾大学理工学部助手
1997 年	慶應義塾大学理工学部専任講師
2002 年	慶應義塾大学理工学部助教授
2007 年	慶應義塾大学理工学部准教授（呼称変更）
2009 年	慶應義塾大学理工学部教授　現在に至る

主要著書:『金融工学と最適化』(朝倉書店, 2001 年)
　　　　　『ポートフォリオ最適化と数理計画法』(共著) (朝倉書店, 2005 年)
　　　　　『金融工学入門 第 2 版』(共訳) (日本経済新聞出版社, 2015 年)

滝根哲哉 (たきね てつや)

1984 年　京都大学工学部数理工学科卒業
1986 年　京都大学大学院工学研究科修士課程修了
1989 年　京都大学大学院工学研究科博士後期課程修了, 工学博士
1989 年　京都大学工学部助手
1994 年　大阪大学工学部講師
1994 年　大阪大学工学部助教授
1998 年　京都大学大学院情報学研究科助教授
2004 年　大阪大学大学院工学研究科教授　現在に至る
主要著書:『ネットワーク設計理論』(共著) (岩波書店, 2001 年)
　　　　　『情報通信ネットワーク』(編著) (オーム社, 2015 年)

金森敬文 (かなもり たかふみ)

2016 年　名古屋大学情報科学研究科教授　現在に至る
主要著書: 知能情報科学シリーズ『ブースティング—学習アルゴリズムの設計技法』(共著) (森北出版, 2006 年)
　　　　　R で学ぶデータサイエンスシリーズ『パターン認識』(共著) (共立出版, 2009 年)
　　　　　Density Ratio Estimation in Machine Learning (共著) (Cambridge University Press, 2012 年)
　　　　　『統計的学習理論』(講談社, 2015 年)

公益社団法人 日本オペレーションズ・リサーチ学会について

1957年6月15日設立．会員数約2000人（2015年2月現在）．オペレーションズ・リサーチの研究，手法開発，企業経営や行政における具体的な問題解決への活用を促進することを目的とする学会であり，会員相互の情報交換，海外との交流を積極的に推進している．
（ホームページ：http://www.orsj.or.jp/）

シリーズ：最適化モデリング 5
モデリングの諸相
―― OR と数理科学の交叉点 ――

© 2016 Kazuo Murota, Atsuko Ikegami, Takashi Tsuchiya,
Hiroshi Yamashita, Masafumi Kamachi, Hideyuki Azegami,
Tsutomu Saito, Norio Hibiki, Tetsuya Takine, Takafumi Kanamori
　　　　　　　　　　　　　　　　　　　　Printed in Japan

2016年9月30日　初版第1刷発行

編　者　室田一雄・池上敦子・土谷　隆

著　者　山下　浩・蒲地政文・畔上秀幸・斉藤　努
　　　　枇々木規雄・滝根哲哉・金森敬文

発行者　小　山　　透

発行所　株式会社 近代科学社

〒162-0843　東京都新宿区谷田町 2-7-15
電　話　03-3260-6161　振　替　00160-5-7625
http://www.kindaikagaku.co.jp

藤原印刷　　　　ISBN978-4-7649-0519-1
　　　　　　定価はカバーに表示してあります．